长白山地理系统研究

RESEARCH ON GEOSYSTEMS OF
THE CHANGBAI MOUNTAINS
(VOL. 1)

第一辑

(1956～1981)

主编　张子祯

U0345921

东北师范大学出版社
NORTHEAST NORMAL UNIVERSITY PRESS

长　春

图书在版编目（CIP）数据

长白山地理系统研究：第1辑/张子祯主编.—2版.
—长春：东北师范大学出版社，2015.3（2024.8重印）
ISBN 978 - 7 - 5681 - 0624 - 5

Ⅰ.①长…　Ⅱ.①张…　Ⅲ.①长白山—区域地理—
自然地理—研究　Ⅳ.①P942.307.6

中国版本图书馆 CIP 数据核字（2015）第 012287 号

审图号：GS（2009）1729 号

□责任编辑：王宏志　□封面设计：李冰彬
□责任校对：曲　颖　□责任印制：刘兆辉

东北师范大学出版社出版发行
长春净月经济开发区金宝街 118 号（邮政编码：130117）
网址：http：//www.nenup.com
东北师范大学出版社激光照排中心制版
河北省廊坊市永清县晔盛亚胶印有限公司
河北省廊坊市永清燃气工业园榕花路 3 号（065600）
2015 年 3 月第 2 版　2024 年 8 月第 3 次印刷
幅面尺寸：185 mm×260 mm　印张：18　字数：407 千

定价：63.00 元

原《长白山地理系统论文集》第一集

(1956～1981)

编 委 会

主　　编　张子祯

副 主 编　张力果　王文卿

编　　辑　（按姓氏笔画排序）：

李振泉　李　桢　李太叶　李惠明　陈　鹏　肖荣寰

张文奎　杨秉赓　杨美华　柴　岫　钱家驹　景贵和

责任编辑　李煜之

封面设计　肖荣寰

本系列专著的出版得到了东北师范大学"十一五"科技创新平台建设计划培育项目"长白山国际地缘生态安全与数据集成（106111065202）"、中华人民共和国教育部与香港李嘉诚基金会"长江学者奖励计划"、中华人民共和国科技部国家重点基础研究发展规划（973）项目"长白山地区土地利用/覆被变化与生态安全监测控制研究（2009CB426305）"的资助。

This book series was supported by the Northeast Normal University's Science and Technology Innovation Platforms under the project "Ecological Security and Data Assemblage of the Changbai Mountains international Georegion (Project No. 106111065202)"; The Changjiang (Yangtze River) Scholar Award Program sponsored by the Ministry of Education of the People's Republic of China and the Li Ka Sheng Foundation of Hong Kong; and the National Grand Fundamental Research 973 Program of China under project "(No. 2009CB426305)".

长 白 山 简 介

　　广义上的长白山是中国辽宁、吉林、黑龙江三省东部山地的总称。长白山脉东北——西南走向，北起位于黑龙江省的三江平原的南侧，向南延伸至辽东半岛与千山相接，主要山地包括长白山、老爷岭、张广才岭、吉林哈达岭等平行的断块山地。山地海拔多在800～1 500米，以中段位于吉林省境内的长白山为最高。狭义的长白山是指中国吉林省东部与朝鲜接壤的以长白山为主峰的山地，为东北山地的最高部分。长白山是闻名中外的复式火山，其地形可分为熔岩高原和火山锥体两大单元。火山锥体矗立于熔岩高原的中心，系多次火山喷发而成。火山锥体由粗面岩组成，夏季白岩裸露，冬季白雪皑皑，长白山故此得名。火山锥体顶部成巨大椭圆形火口湖，称为长白山天池。长白山天池湖水水面海拔高度为2 188米，面积为9.8平方千米，湖水平均深度为204米，最深处达313米，被火山锥体上16座海拔2 500米以上的山峰所环绕。其中白云峰海拔高度为2 691米。白头峰海拔高度为2 749米，为长白山第一高峰。

　　长白山森林茂密，是中国的主要林区。由于地形、气候、水文、土壤等因素的共同影响和制约，长白山锥体区的植被和土壤呈明显的垂直带状分布。海拔600～1 600米之间为山地针阔混交林带，占有最大垂直宽度。海拔1 600～1 800米之间为山地暗针叶林带。海拔1 800～2 100米之间为岳桦林带。海拔2 100～2 400米为高山苔原带。海拔2 400米以上为高山荒漠带。

　　长白山是亚欧大陆北半部最具代表性的典型自然综合体。中国于1960年在长白山建立了以长白山天池为中心，境内总面积为196 465公顷的自然保护区。该保护区是中国建立最早、最重要的自然保护区之一。联合国教科文组织1980年批准将长白山自然保护区纳入国际生物圈保护区网，并将其列为世界自然保留地。长白山保护区贵为东北亚物种基因库，长白山地被视为中国东北的生态屏障。长白山是松花江、鸭绿江和图们江的源头。国际河流的水资源和水环境是该地区的热点问题之一。长白山的生态安全在多重自然和人为因素的干扰之下面临重大考验。

　　长白山国际地缘人文历史悠久，多民族文化并存。长白山曾经受到历代帝王的关注，被推崇为神山圣地。清代统治阶级把长白山视为祖先发祥地，进而封禁，限制进入。因此，近代对长白山开发较晚，使长白山保护区内基本保持着原始状态。其国际地缘的地理位置及其与周边国家的政治经济关系，更为长白山地理系统和人地关系的研究增添了独特的社会因素。

About the Changbai Mountains

Changbai Mountains is a mountain range that extends along the border between Northeast China and D P R Korea. The range consists of the paralleled broken mountains of Changbai Mountain, Laoye Ling, Wanda Shan, Zhang-Guang-Cai Ling, and Hada Ling. It extends towards southwest connecting the Qian-Shan Mountains in the Liaodong Peninsula of China and towards northeast connecting the Sikhote-Alin Mountains in the Russian Far East. Geologically the region is on the border of the Pacific competent zone. Volcanic geomorphology of the region composed of volcanic cones, inclined plateau and lava table lands.

The Changbai Mountain Natural Reserve (CMNR) is centered by a volcanic summit at 2,749 meters above the sea level and has the largest protected temperate forests and the biodiversity in the Northeast Asia. The summit cups a crater lake with spectacular views and magnificent surrounding landscape. The CMNR was established in 1960 and admitted into the UNESCO's Man and Biosphere Program in 1980. The climate and terrain conditions support four distinctive vertically distributed vegetation zones. The needle- and broad-leaf mixed forest zone is distributed between 700 and 1,100 meters. The dominant tree species include Korean pine (*Pinus koraiensis*) and temperate hardwoods such as aspen (*Poplus davidiana*), birch (*Betula platyphylla*), basswood (*Tilia amurensis*), oak (*Quercuc mongolica*), maple (*Acer mono*) and elm (*Ulmus propinqua*), among others. The evergreen coniferous forest zone is distributed between 1,100 and 1,800 meters with dominant species of spruce (*Pieca jezoensis, Pieca koreana*) and fir (*Abies nephrolepis*) that form the "dark" coniferous forests, and larch (*Larix olgensis*) and Changbai pine (*Pinus sylvestris var sylvestriformis*) that forms the "bright" coniferous forests. Between 1,800 and 2,100 meters distributes the zone of subalpine birch (*Betula ermanii*) forests with other species such as *Larix olgensis*. The Alpine tundra zone is distributed between 2,100 and 2,600 meters with representative species such as short Rhododendron shrubs (*Rhododendron chrysanthum Pall*) and *Vaccinium uliginosum* L. This unique and distinctive vertical zonal pattern of vegetation and the ecosystems showcase a condensed configuration and composition of temperate and boreal forests found across the Northeast Asia.

Socioeconomic development, aggressive logging, intensified urban and agricultural land use, demographic change and pollutions through air and water systems accelerate the degradation of natural resources of this region. Human-induced land use and resource change and the uncertainties from potential volcanic eruption and climate change threaten ecosystems of this very unique geographic entity. The CMNR and adjacent lands have been a focus of scientific research in terms of ecosystem structure, function, service, biodiversity and ecological security, among others.

序

　　长白山地处欧亚大陆东岸，主体在中国东北境内，北连俄罗斯远东的锡霍特山地，向东南进入朝鲜半岛并成为其地理单元的骨架。太平洋季风气候的影响，山体的屏障作用，地形因素的制约等对长白山自然景观的形成起到了主导作用。由于地形、气候、水文等因素的共同影响，长白山火山锥体区的植被和土壤呈明显的垂直带状分布，拥有中国温带乃至东北亚地区谱系最多的山地垂直带系统。长白山是松花江、鸭绿江和图们江等国际河流的源头。长白山景观空间广大，生态廊道跨国连接。朝鲜半岛居民在近代跨国迁移，与同时期在中国东北地区开拓的中原居民形成了地域性的人地关系。

　　长白山被视为东北亚地区最重要的生态屏障，其主要的生态安全问题包括森林资源变化、全球气候变化和人类活动的生态响应、生态安全的指示性生物物种的变化、国际地缘主要动植物物种的生态安全、火山地震活动以及其他潜在灾害风险。国际河流的水资源与水环境是影响国际关系的焦点问题。

　　中国现代对长白山的科学研究始于 1950 年代。东北师范大学对长白山地理系统的研究已经有 60 余年的历史和雄厚的科学积累，研究内容涉及区域开发、环境生态和地理系统的各个领域，具有坚实的研究基础和系列化的研究成果。例如在 20 世纪 50 年代便与当时的苏联专家首次共同开展了对黑龙江—松花江流域的地理科学考察。黄锡畴、刘德生、李祯先生于 1959 年在《地理学报》发表了关于长白山北坡自然景观带的论文。从 1970 年代开始研究图们江的水环境问题，并设立了国内最早研究长白山地区环境问题的科研机构。1980 年代初期在国内首次编印了《长白山地理系统论文集》第一集（1956~1981），既本书的内部发行版。1990 年代，东北师范大学首先提出了对图们江地区国际合作开发的研究。1997~1999 年完成了国际合作课题《图们江地区经济地图集》，是国际社会首次对图们江和长白山地区自然环境和社会经济信息的综合整理。同期与联合国开发项目（UNDP）合作完成的"图们江地区国际物流预测"对地区开发有关的数据进行了系统的搜集与整理。2001~2002 年与全球环境基金（GEF）合作完成了图们江地区国际交通走廊、城市化地区与生态环境关系、图们江地区跨国界保护区可行性的研究，完成了国际地区生物多样性的研究。近年完成了"东北地区 100 年土地利用/土地覆盖变化及其生态环境效应研究"等一些涉及东北问题的重大课题，为深入研究长白山的资源与环境演变，人地关系耦合的变化响应提供了前提条件。

　　科学在进步，手段在更新，环境在变化。为了强化和深化对长白山地理系统的研究和人才队伍建设，东北师范大学于 2007 年底启动了题为"长白山国际地缘生态安全与数据集成"的科技创新平台。该平台采用了多学科和交叉学科综合的创新科技手段，地面调查研究与遥感观测、GPS 定位、地理信息系统数据集成的方法，结合对宏观地理系统及其微观组成的研究，探索长白山地理系统的历史成因、景观现状、动态演变过程、人类活动干扰，及其在全球和区域尺度的相互作用关系和规律，以完善关于长白山地理系统研究的理论和方法，为国际地缘生态安全提供理论研究和实践管理的科学基础和依据。

为了坚持对长白山地理系统科学研究的长期性和系统性，总结东北师范大学对长白山地理系统研究的历史，利用科技创新平台的工作机会，我们组织出版关于长白山地理系统研究的系列论文集专著。原内部发行的《长白山地理系统论文集》第一集（本书）总结了东北师范大学 1956～1981 年间关于长白山地理系统科学研究和考察的历史记录。本着温故而知新的原则，我们整理出版该论文集，并以此作为本系列专著的第一辑。

此论文集唤起了我们对科学前辈们的景仰和敬意。本文集原编委会和文集中的许多论文作者，都是我们的老师，已经永远的离开了我们。在论文集的整理过程中，我们看到的是东北师范大学关于长白山地理系统研究的历史和传统，我们感受到的是老师和前辈们的精神、鼓励和希望，我们面临的是对长白山地理科学研究的机遇和挑战。

限于当时的社会背景和科研条件，本论文集中的论文尚存在不尽人意之处。但是为了尊重历史，如实反映我们对自然界认识不断前进的过程，经征求原编委会先生们的意见，我们采取按照原文排印出版的原则，除各别明显文字错误外，并未对原论文进行修订。个别论文中的插图因年代太久，原图模糊不清，不得已而重新绘制或略去。愿本专著文集的出版铺就我们关于长白山地理系统研究的基础，使我们科学研究工作的历史得到记载、科学研究的方向得到继续、科学研究的思想得到传承和发扬。

王野乔　　吴正方

前　言

　　"作出新发现时感到的快乐，肯定是人类心灵所能感受的最鲜明而真实的感情"，"搞科学工作既要广泛吸取前人的经验，那就必须占有充分的资料"。科学家的名言，启示我们去发现，去占有充分资料。

　　长白山是我们伟大祖国的骄傲，人们常以"白山黑水"赞美东北的壮丽山河，长白山占其首位，它有 2 691 m 的东北第一高峰，它以白色浮石和九个月的积雪而著称，世世代代的汉族、满族和朝鲜族以及其他少数民族，勤劳勇敢地经营了这片土地和森林，养育了中华民族的优秀儿女。

　　长白山的雄伟地势，是地理环境长期发展演化的结果，在喜马拉雅造山运动以前，还是一块准平原，到了距今约 1 200 万年以前的更新世至上新世，因断裂隆起并喷溢出大量玄武岩，形成了高位玄武岩台地，这个台地又经过火山运动，形成了长白山天池为主要火山通道的火山锥。距历史记载最近的三次喷发为 1597 年 8 月、1668 年 4 月和 1702 年 4 月。最后一次喷发距今 279 年，目前还是个休眠的活火山。

　　1960 年国家在长白山建立了自然保护区，以保护丰富的动植物资源及比较完整的自然环境和生态系统，并开展了综合性的研究工作。长白山树木参天，树种繁多，素有"长白林海"之称，蕴藏着许多珍贵稀有的鸟兽和名贵药材，"东北三宝"就盛产于此。它独特的地质地貌，气候、土壤、动植物的分布，构成了典型的温带季风山地自然综合体，是一座天然的博物馆，也是风景绮丽的游览胜地。1979 年，《人与生物圈计划》国际协调理事会决定，长白山为国际生物圈保留地网组成部分，并在此建立了森林生态系统研究定位站。长白山自然保护区，这个举世稀有的自然宝库，它将为全人类的子孙后代造福。

　　长白山蕴育着丰富的自然资源，人们长期以来不断地去发现，去认识，去利用，去改造，但就目前来看，人们对长白山的认识，还处在一个必然王国的阶段，急待人们去探索研究长白山地理环境的形成、演化的规律，进而提出合理利用自然资源、改善与控制自然地理过程使其为人类造福，这就是我们研究长白山的目的。

　　东北师范大学地理系对长白山的研究断断续续已有二十几年的历史。"四人帮"割断了这段历史，党的三中全会和六中全会精神鼓励我们继续前进，为祖国的社会主义四个现代化作出新贡献。现在组织起来，重整旗鼓，运用现代科学技术，向长白山进军。

　　《长白山地理系统论文集》第一集是我系既往研究成果的汇编，虽然对长白山的研究还很不完整，很不系统，只是些零星的基础性材料，但它是向长白山进军的新起点，随着研究工作的深入，将继续编辑出版，供科研与教学参考。希望得到地理学界同志们的支持。

编　者

目　录

1. 长白山高度冰缘地带的地貌组合 …………………… 肖荣寰　胡俭彬　1

2. 长白山火山地貌的卫片解译与分析 ……………… 李继强　肖荣寰　5

3. 长白山地貌图的内容与表现方法 ………………… 肖荣寰　胡俭彬　12

4. 长白山的气候特征及北坡垂直气候带 ……………………… 杨美华　17

5. 长白山温泉谷地小气候 ……………………………………… 李栖筠　27

6. 长白山人参气候的综合评价
　　——模糊贴近度与模糊评判在人参气候鉴定中的应用 …… 杨美华　刘蕴薰　39

7. 长白山区人参栽培气候条件的初步分析 ……………… 刘蕴薰　杨美华　45

8. 第二松花江源头区水文特征 ………………………………… 杨秉庚　50

9. 长白山北麓水化学本底值分布模式 ……………… 杨秉庚　李惠明　59

10. 吉林省东部沼泽的类型及其农业利用 ……………… 柴　岫　郎惠卿

　　　　　　　　　　　　　　　　　　　　　　　　金树仁　祖文辰

　　　　　　　　　　　　　　　　　　　　　　　　张则有　马学慧　70

11. 长白山山地苔原土的形成及其剖面性状 ………………… 陈淑云　80

12. 长白山无林带的冰缘环境与土壤发育 ……………………… 张　一　84

13. 长白山北坡各垂直带的典型植被调查报告 ………………… 钱家驹　89

14. 长白山产的新植物 ………………………………………… 钱家驹　116

15. 长白山蕨类植物垂直分布名录（增订） ………………… 钱家驹　126

16. 中国东北兔儿伞属 Cacalia L 植物的分类地理学初步研究 …… 钱家驹　133

17. 长白山上岳桦林的调查研究 ……………………………… 钱家驹　143

18. 对长白松的初步研究 ……………………………………… 钱家驹　158

19. 如何划分长白山的垂直植被带 …………………………… 钱家驹　168

20. 对开蕨属首次在我国发现 ………………………………… 钱家驹　173

21. 长白山高山冻原植物的调查研究简报（1） …………… 钱家驹　张文仲　175

22. 长白山西侧中部森林植物调查报告 ……………………… 钱家驹　184

23. 长白山的植物地理 ……………………………… 郎惠卿　李　祯　202

24. 长白山鸟类及其垂直分布 ……………………………………… 陈　鹏　209

25. 人类开发活动对鸟类的影响
　　——长白山二道白河附近鸟类组成和数量的变化 ……………… 陈　鹏　226

26. 长白山北坡森林生态系统土壤动物初步调查
　　……………………… 张荣祖　杨明宪　陈　鹏　张庭伟　232

27. 长白山北坡针叶林带土壤动物调查 …………………… 陈　鹏　张　一　250

28. 长白山北侧的自然景观带 ……………… 黄锡畴　刘德生　李　祯　255

29. 关于专题卫星影像地图和地图集的编制实验 ……………… 张力果　266

长白山高度冰缘地带的地貌组合

肖荣寰　胡俭彬①

一

　　长白山的主峰位于北纬 42°，东经 128°附近，海拔 2 700 m 左右。它雄伟地矗立在中朝两国的边界，是我国东北最高的山峰。

　　长白山是一座在人类历史上有过多次活动的高大的火山，其地形轮廓可分为熔岩高原和火山锥体两大单元。

　　熔岩高原由火山锥体的坡麓向四周缓缓倾斜，其高程在北坡由 1 200 m 逐渐降到 600 m 左右，全长约 50 km，在南坡由 1 600 m 逐渐降到 1 000 m 左右，全长约 60 km。熔岩高原的周围，群山峥嵘，海拔多在 1 000 m 以上，明显高出熔岩高原的边缘。因此，由高原向四周遥望，常不觉身在高原，倒恰似群山环抱的一个熔岩盆地。高原熔岩以第三纪晚期的喷溢为主，即所谓军舰山玄武岩。熔岩地面的坡度一般在 1°～3°左右。在平缓的高原面上，发育着幼年期河谷，并偶尔见有岛状孤山平地突起。这种岛状孤山或为较小的火山锥体，或为由较老岩系组成的不曾被高原熔岩淹没的突兀的山峰。

　　火山锥体矗立于熔岩高原的中心。大致由 1 200 m 左右以上地势明显隆起。在 1 200～1 800 m 之间可谓坡麓地段，这里的坡度一般在 5°～10°左右。1 800 m 以上逐渐过渡为陡坡地段，坡度一般都在 15°以上。火山锥顶有一巨大火口，蓄水成湖，名曰长白山天池（中朝界湖）。长白山天池东西长 3.5 km，南北长 4.5 km，水面海拔 2 188 m，最大水深达 300 余米。天池周围，环绕耸立着十几座山峰，峭拔陡峻，巉岩裸露，其高都在 2 500 m 以上。1 800 m 以上的火山锥体主要由中更新统的碱性粗面岩即长白山组构成。山顶披覆着灰白色浮岩或灰黑色凝灰角砾岩，即全新统冰场组火山堆积。在冰场组堆积期间，还曾有大量的火山灰向四周飘散，由于风向的影响，火山灰在山体的东北侧堆积较厚。

　　长白山由于地势高峻，气候和生物土壤都具有明显的垂直带性。1 200 m 左右以下的熔岩高原属针阔混交林带，这里年平均温度在 0℃以上；1 200 m 以上的火山锥坡麓地带，属针叶林带，年平均温度在 0℃左右；1 800～2 000 m 的狭窄地带为岳桦林带；2 000 m 左右以上明显地过渡为无林的高山苔原带。根据长白山天池气象站（2 670 m）的观察资料，这里年降水达 1 400 mm，一月份平均气温－24℃，七月份平均气温 8.5℃，年平均气温－7.3℃。如取气温的高度递减率为 0.6℃/100 m，那么年平均 0℃线在 1 500 m 左

---

　　① 【作者单位】东北师范大学地理系。

右，约当暗针叶林的下界。2 600 m 以上的山峰，一般寸草不生，岩石尽裸，呈高山寒漠景观。这里每年日最低气温≤0℃的初终期间在三百天以上。

如果亚洲东部现代纬度冰缘带的南界大致划在北纬 48°左右，那么长白山，特别是在林线以上，从其气候环境来说，显然具有现代高度冰缘带的性质。火山作用奠定了长白山山体的基本轮廓，冰缘环境下的外力作用则使这座火山明显地打上了气候地貌的烙印，冰缘营力目前只是塑造了这座火山锥体的无数个细节，但是由于这是一种遍布山体的塑造，因此它自然地又具有了典型的中纬度高寒冰缘山地的面貌。

二

一般认为，融冻作用是冰缘地区的主导地貌营力。然而，由于气候地貌条件、原始地面形态和地表物质的差异，不同冰缘环境下往往有不同的冰缘营力组合和不同的地貌组合，融冻作用也有各种各样的表现。

在长白山的现代冰缘营力中，起主导作用者应首推寒冻风化，因为地面碎屑的移运和地面形态的演化，都明显地制约着这种风化物质的特性。

关于寒冻风化，特里喀尔（J. Tricart）曾划分为巨型寒冻风化（粗粒岩屑化）与微型寒冻风化（细粒岩屑化）两大类型。前者形成致密岩石的巨石碎块，后者则形成细微的粉质颗粒。巨型风化的斜坡，以重力作用为主，斜坡比较陡峻，微型风化的斜坡，泥流作用发育，斜坡大多平缓。

长白山由于火山岩极为发育的节理，大大地促进了这里的巨型寒冻风化（粗粒盐屑化）与微型寒冻风化（细粒盐屑化）两大类型。前者形成致密岩石的巨大碎块，后者则形成细微的粉质颗粒。巨型风化的斜坡，以重力作用为主，斜坡比较陡峻；微型风化的斜坡，泥流作用发育，斜坡大多平缓。

长白山由于火山岩极为发育的节理，大大地促进了这里的巨型寒冻风化。据访，在火山口内壁有时会听到岩石劈裂的响声，这种现象不妨称做"鸣石"，这在许多高寒冰缘山区并不罕见。由风化碎石组成的倒石堆，在陡峭的岩壁之下，几乎比比皆是，并常连成倒石堆积，其表面坡度多在 40°左右，较陡处可达 50°。规模较大的倒石堆，高度可近百米，其上更有悬崖峭壁，岩柱耸峙，甚为壮观。

强烈的巨型风化与河谷地貌发育有着密切的关系。如二道白河，源自长白山天池，在距天池约 1 km 处，突然形成一个落差达 68 m 的瀑布。瀑布下为一谷坡峭立的箱形河谷，其平面轮廓亦呈 U 形，宽、高均在 300 m 左右。有人认为这种箱形河谷是冰川槽谷，其实，除了其横剖面的槽形特征之外，并无其他冰川作用的痕迹。实际上，二道白河的源头原系一沿多组断裂构造开析出来的峡谷，由于原始地面落差甚大，水流以极大的能量向下掏蚀，待由构造控制的具有箱形特征的峭壁一经形成，便开始了强烈的巨型风化和岩屑崩落，由于倒石不断地被河流携去，峭壁也不断地后退，遂使河谷源头出现箱形扩张的局面，这种箱形扩张的宽度视地面高差和河流搬运的能力而定。目前，由于地面构造上升，河床已进一步切入基岩，因此大部分倒石堆已得到了一个暂时稳定的坡脚。

应该特别指出的是，这里河谷的谷底，常有巨大的块石，或孤立或堆叠，其长径可达数米，而表面形态又每每十分浑圆，这种巨石是常态流水难以搬运的，因为直径 2 m 的砾石，其推移临界流速要在 9 m/s 左右，这已是自然界中十分罕见的流速了。它也并非什么冰川的"漂砾",因为周围并无其他冰川遗迹为佐证。这实际上是一种残留下来的孤立的倒石。由于谷坡的后退,倒石被遗留在远离基坡的谷底,其中较小的碎石被流水侵蚀殆尽,只有较大的块石残居下来。

在长白山顶,由于原始地面崎岖陡峭,虽然巨型风化甚为发育,却不见大片石海。在那些稍为平缓的坡段,由于营力组合的变化反倒出现了细粒风化。这里有苔原植物被覆,水分条件较好,块体移动明显减慢,化学风化得到了不同程度的发展。在这种以细粒风化为主且原始地面比较平缓的条件下,相应地出现了不同的地貌过程和地貌形态。

首先,由于地面颗粒较细,片状流水发挥了明显的作用。冰缘区的片蚀往往不被人们注目,倒是泥流作用常常被人们过分地夸大了。实际上,地面冻结并不减弱而是加强了这里的片蚀—坡移作用。长白山降雨集中,年暴雨日可在三天以上,暴雨下的片蚀就更显突出了。

在地表细粒风化的基础上,表土含水量显著增加,这就大大增强了融冻蠕流作用(包括泥流与草皮蠕动)。目前,在欧洲高度冰缘带的研究中,有人认为泥流形态分布的下界即为冰缘现象发育的下界(H. Peter, 1977)。在长白山北麓,泥流主要见于气象站公路上侧的无林苔原地带,地面坡度在 $10°\sim20°$ 左右,分布并不连续。较大的蠕流阶坎高 30 cm,长宽 1 m 左右,但高几厘米、长宽几十厘米的微型阶坎更为普遍,其相互交错就像坡地上的一身鳞片,由于草皮蠕动,连续的苔原植被被扒裂开来,裸露的部分在雨季再遭冲刷,于是便使这种"鳞片"更加突出醒目。泥流规模较小,无疑与疏松风化物质较薄有关。

细粒风化与雪蚀作用亦有密切的关系。在雪盖环境下的风化往往也产生了大量的粗粒碎屑,但这种粗粒碎屑很难大规模地被搬离原地,只有那些细粒物质才可能经常地被融雪水携去。在崎岖不平的坡地上,一些裸露岩体的基部,由于积雪较多,寒冻风化和化学风化均较强烈,随着融雪水不断地将风化碎屑带走,这里便形成了一个龛状凹穴。这种雪蚀龛横向深度可达 1 m 以上,犹如流水侧方掏蚀而成的凹穴。由于凹穴加深,上部岩体会因失去支撑而崩坠垮落,造成倒石。接着,在新暴露的裸岩的坡脚,还会形成新的岩龛。这种现象在山体北坡主要见于 $1500\sim1600$ m 左右的山麓或崎岖不平的剥蚀阶地的表面。

在气象站以下 $1800\sim2400$ m 左右的北坡上见有一系列高夷平阶地,阶地的前缘大多亦有这种雪蚀岩龛。这说明雪蚀对于高夷平阶地的形成起到了不可忽视的作用。这里的高夷平阶地相对高度为数米至数十米,一般很少连续成片,而是一阶一阶自下而上呈叠瓦状分布。有人曾将其解释为不同时期的熔岩先后叠置而成,其实也不无道理,只是阶地的前缘并非就是熔岩流的前缘。应该说,融冻风化、雪蚀作用以及融冻蠕流等,只是适应了这里多层熔岩的层面的弱线,但它们远远地改造了原始熔岩构造的面貌,这种改造使它完全具备了高夷平阶地的特征。因此可以说,它是在特殊的岩性、构造与自身形态的基础上,由多种冰缘营力塑造而成的。

长白山上部冬季积雪甚厚,一年内积雪深≥30 cm 的初终期日数达 285 天。由于地形复杂,风力较大,积雪并不均匀,因此雪蚀作用各处亦有明显差异。除形成上述雪蚀岩龛和高夷平阶地之外,在 $2400\sim2500$ m 左右背阴的北坡,夏季可见多处规模不大的雪斑,雪斑的下面发育有典型的围椅状雪蚀洼地,其长宽一般仅数十米,围椅背后斜坡较缓,更无尖耸的角峰,洼地出口则为融雪水的通道,而无明显岩槛。有些雪斑可能越年,这种越年雪斑处于普通积雪与冰川的中间形态,十分明显,它们集中于海拔 $2400\sim2500$ m 的高度，绝非偶然。

山顶浮岩或凝灰角砾岩，在雪盖之下尤其容易形成细粒风化碎屑。不过这种现象主要出现在山顶的局部洼地，洼地周围的裸岩则依然盛行着巨型崩解。由此，洼地中便堆积了丰富的粗细混杂的碎屑，它为泥石流的发育创造了条件。

综上所述，长白山现代冰缘地貌的营力组合大致可划为两大类型：一为巨型风化、重力作用与强烈的流水切割；二为微型风化、融冻蠕流以及强烈的片蚀与雪蚀。前者形成高大的裸露峭壁、倒石堆与箱形河谷；后者则形成平缓的高夷平阶地、雪蚀岩龛、雪蚀洼地以及蠕流阶坎。在后一类型中，与雪蚀相关的形态多出现在原始坡面较为崎岖的地方，而大片的泥流阶地则出现在比较均一且平缓的坡地。

不难看出，营力组合的分异，明显地决定于地面自身的原始形态、地表岩性以及近地表的生物气候状况。可以说，正是在不同的原始地面形态与不同的地面组成物质上发育或"寄生"了不同的冰缘形态。现代冰缘形态对原始地面形态的这种依赖性，进一步说明了"地貌自我发育"的机制。

三

由于长白山所处的中纬高寒的位置，在晚更新世以来冷暖交替的气候变化中，使人想到这里的冰缘环境显然具有继承性的特征。应该指出的是，在火山口内壁和天池以上有几处十分醒目的围椅状形态，其底部座落的高度在 2 200～2 300 m 左右，宽达六七百米，周围明显的刃脊角峰，至今仍巉岩裸露，围椅的底部布满风化碎屑，前缘没有明显的岩槛。考虑在大理冰期，亚洲东部具有明显的干寒特征，雪线普遍提高，如我国的太白山雪线高 3 500 m，日本飞騨山 2 500～2 700 m，日本北海道 1 600 m。长白山在 2 200 m 的高度出现粒雪盆或冰斗冰川不无可能。

更新世晚期的冰缘环境，在广阔的熔岩高原上留下了厚度不一的黄土状土。残坡积黄土分布于熔岩高原面上；冲积黄土分布于二级超河漫滩阶地，构成基座阶地上部的漫滩相物质。遗憾的是，由于长白山下森林茂密，天然露头十分稀少，保留在剖面中的冰缘构造，目前尚很少发现。

在大理冰期之后，长白山又有明显的火山活动，然而由于规模较小，对前期气候地貌并无明显破坏。这时，高原上的冰缘环境显然又持续了相当的时期，接着河谷在黄土状土的冲积面积明显下切，并左右拓宽。由于谷坡巨型风化的发育，在谷底残留下有大量孤立的倒石。在冰场组火山碎屑堆积期间，火山灰砂顿时为流水搬运提供了丰富的疏散物质，它们构成了现今一级超河漫滩阶地的主要物质来源。一级阶地实际上成了火山灰砂的阶地，许多地方火山灰砂充填了早期谷底的玄武岩巨砾，造成砂包砾的结构。在火山灰喷发之际，林木焚毁，冰雪消融，洪水猛然上涨，于是火山灰砂几乎在其喷溢的同时，便大量地被携往谷底堆积下来，当时洪水的高度甚至超越了二级阶地，因为在二级阶地黄土状土的表面大多也留下了薄薄一层火山灰沉积或浮岩的碎屑。十分明显，火山活动以及由此而引起的地热等现象，使这里冰缘的历史更趋复杂。

冰后期，雪线上升，东北广袤的冰缘地区逐渐退缩，在今日 2 400～2 500 m 的高度，形成雪斑，但它们终究未成冰川，倒成为今日长白山冰缘环境的核心。在长白林海以下，目前属温带湿润的气候地貌环境，而这座火山的山顶，竟成为孤悬在林海中的一个冰缘的"岛屿"。

长白山火山地貌的卫片解译与分析

李继强　肖荣寰①

　　长白山位于我国吉林省的东部。最高峰海拔 2 700 m 左右，座落在中朝两国的边境线上，是闻名中外的巨型复式火山。火山周围为大片熔岩台地，台地周围为群山环抱。火山地貌的分布面积达一万多平方千米。

　　结合地貌图的编绘工作，笔者对长白山幅卫星相片进行了目视解译分析。判译资料主要为 MSS_4、MSS_5、MSS_6 和 MSS_7 四个波段的一百万分之一和五十万分之一的黑白相片，以及一百万分之一标准假彩色合成相片。判译和分析的内容包括火山地貌形态、熔岩的划分和分期，以及火山地貌的发育等。

一、火山地貌

（一）基性熔岩台地

　　基性熔岩台地在卫星相片上的解译标志，同其他地物或地质一样，概括起来主要表现在两个方面，即色调特征信息和形态特征信息。

　　色调特征：不同的地质或地物，常常具有不同的特征颜色。这些颜色是由于它们反射、吸收和透射太阳辐射电磁波中的可见光部分造成的。由于不同的地物或地质体，对太阳光中可见光波具有不同的吸收、反射和透射能力，所以不同地物或地质体在颜色上就会千差万别，它反应了地质体或地物在物质组成上的差别，是地物或地质体本质属性的反映。

　　基性熔岩——玄武岩，颜色一般较深，由于它对太阳光可见光波有较强的吸收能力，所以在卫星相片上一般表现为灰——暗灰——深灰色，有时呈黑灰色。色调深浅变化决定于岩石的组成成分。在岩浆岩中，一般偏基性的含橄榄石较多的橄榄玄武岩，色调就深些，普通玄武岩色调相对浅些，越偏酸性色调越浅。如长白山熔岩台地，由多次基性熔岩溢出，漫流覆盖地面而成，由于形成时代的不同和熔岩成分的差异，反映在卫星相片上色调有很大的差别。以长白山巨型火山锥体为中心，不同的色调呈同心圆状分布。在熔岩台地的边缘地区，表层由普通玄武岩组成，在卫片上色调较浅，呈灰色（不同波段色调深浅也有变化）；靠近中心地区由橄榄玄武岩构成，色调较前者要深，呈灰黑色；长白山巨型火山锥，由碱性粗面岩类岩石组成，上部覆盖一层灰白色浮岩。因碱性粗面岩含有较多的钠和二氧化硅的成分，故锥体部分色调较浅，呈灰白色。色调较浅的变化，除了和岩石的组成成分直接有关外，还受其他因素的影响，如岩石反光的强弱，岩石表面的湿度、粗糙

---

　　① 【作者单位】东北师范大学地理系。

程度，地表风化物质的性质以及植被情况等。总之，呈较均匀的灰——暗灰——灰黑的色调，是基性熔岩的重要解译标志。

形态特征标志主要包括影像的外形轮廓和内部的花纹结构。特定的地质体常常有它固定的形态，如大的酸性侵入岩体多成岩基或岩株产出，沉积岩层在应力作用下形成褶皱构造，当这些岩体或构造被剥露以后，在平面上前者多呈圆形或椭圆形，后者多呈封闭的曲线形。喷出地表的熔岩，有的沿低洼处流动形成舌状熔岩，有的在较平坦的地区形成大面积覆盖——熔岩被，在平面上多呈不规则的圆形、方形或多边形轮廓。

不同的岩性地层，因抗风化和抗剥蚀能力的差异，造成地面起伏不平，形成坡向和坡度的差别。在太阳光直接照射的坡面，光照强，亮度大；背阴坡接受的是散射光线，光照弱，亮度小，形成不同的地物阴影。因此，不同的坡向和坡度反射太阳光能的强度不同，成像时在色调上就会有浓淡的差异，产生所谓的阴影效应，在卫星相片上形成各种花纹结构。

长白山熔岩台地的外形轮廓呈不太规则的椭圆形，长轴约 140 km，呈北东向延伸，短轴约 120 km，表面较平坦光滑。这种特点与它周围山峦起伏的地形所形成的粗糙花纹成明显的对照。长白山熔岩台地由多次喷溢重迭而成，因火山活动的趋势逐渐减弱，溢出的熔岩数量也逐渐减少，在熔岩台地表面留下多次熔岩漫流的平台（岩坪）和前缘陡坎，形成了以长白山巨型火山锥体为中心，向周围成阶梯状的盾形形态。每次溢出的熔岩都覆于前次岩流之上，有的熔岩呈舌状向前伸展，形成舌状熔岩，这在长白山熔岩台地的西北侧表现最为明显（在 ERTS—1972 年 10 月 31 日 MSS$_6$ 的卫星相片上，地面低洼局部积雪处影像呈白色，使熔岩陡坎及舌状岩流的影像表现得更为清晰）。另外，在台地的东部，熔岩表面的流动痕迹也清晰可见，卫星相片上在白色背景中呈灰色的蠕虫状花纹，熔岩台地的西部及西北部，突出在台地面上孤立的低山丘陵及小火山锥体，使色调均匀的背景上呈现许多斑点状花纹影像。

水系发育的特点，是解释不同岩性地层的另一标志之一。水系是构成花纹图案的另一表现，不同岩性地层分布区，水系类型和密度常常有很大区别。熔岩台地的水系，多呈稀疏的树枝状，这和周围群山中密集的树枝状水系成鲜明对比。发育在熔岩台地上的河谷形态，与其他岩性的谷地亦有显著差别，熔岩台地的谷地类型最常见的有两种。沿节理或断裂方向发育的谷地，大多狭窄，两壁陡峭，并多成嶂谷或峡谷，谷宽有时一步可以越过，深却达几米或十几米，甚至几十米。这种谷地在长白山周围及台地的南部都有发育，在卫星相片上，这类谷地呈色调很深的较直的线条，借助于放大镜，可以看到两壁近于直立。另一种河谷为流水作用沿熔岩表面低洼处逐渐开析而成，不受节理或断裂控制。这种河谷大多宽浅，河间地成低缓的漫岗，台地表面呈微波状起伏。这类谷地在台地的北部及西北部较为发育，在卫星相片上谷地影像模糊不清，要从下游向上追索才能看得清楚，用放大镜观察，谷地两侧无明显的坡坎。

熔岩台地的另一解译标志，是常常有火山锥或火山机构存在，火山锥在均匀色调的背景中呈较深色调的圆点，十分醒目，它们有的按一定方向排列。长白山熔岩台地上有大量的小火山锥，主要集中在北部及西北部，西部及南部较少，多数呈北东、北西及东西三个方向排列，在长白山巨型火山锥体周围多呈放射状排列。火山机构是火山锥体被外力破坏后留下的踪迹，火山活动休止时，火山通道往往为熔岩所堵塞而成为火山颈，通道周围放射状裂隙被熔岩充填成岩墙,当火山锥体被外力削平后,火山颈及周围放射状岩墙抗剥蚀力较强,在地形上较突起,卫星相片上多围绕一个中心呈放射影像。

综上所述,根据颜色较深、色调均匀、平面形态、光滑的表面、斑点状或蠕虫状花纹、稀疏的树枝状水系、特殊的谷地类型和特有的火山群的分布,在卫星相片对熔岩台地是不难判别的。

由于原始熔岩地面的差异,以及新构造运动和河流切割的影响,地表具有不同的形态,其中可进一步划分为波状熔岩台地、微倾斜熔岩台地、穹状隆起倾斜熔岩台地和桌状熔岩台地等。

1. 波状熔岩台地主要分布在西、北两侧,海拔 700～1 000 m 左右,台面向外微微倾斜,宽浅的台地与平缓的分水高地相间排列,使地面呈微波状起伏,台面上有前中生代和中生代岩层及不同时期的花岗岩构成的低山丘陵(它们是没有被熔岩完全覆盖的突出于台面上的孤丘),以及星罗棋布的小火山锥体,使波状熔岩台地显得十分复杂。

2. 微倾斜熔岩台地主要分布在波状熔岩台地的内侧,围绕巨型火山锥体呈环状分布,海拔也在 700～1 000 m 左右。台面呈阶梯状微向外倾斜,地面平缓,轻微切割,水系发育较前者稀疏。台面上散布着许多外形完整的小火山锥。

3. 穹状隆起倾斜熔岩台地以望天鹅峰为中心,海拔 1 400～2 000 m,是熔岩台地上唯一可与长白山媲美的高地。这里地壳强烈隆起,地面较陡,一般在 5°～10° 左右,放射状水系把地面切割成垄状。沿断裂线发育的十五道沟,由鸭绿江边直通望天鹅峰附近,十五道沟下切极深,两侧支沟密集平行排列,呈羽状水系,影像如蜈蚣。隆起的中心部位,由于强烈切割,下伏基岩(侏罗纪及燕山期花岗岩)已被剥露,因抗风化力较熔岩弱,成为中间凹的崎岖山地。

4. 桌状熔岩台地主要分布于鸭绿江右岸的十三道沟至十九道沟之间,因这里地壳上升幅度较大,距黄海的侵蚀基面又近,流水切割深度、密度都较大,河谷幽深,台面被峡谷分割成许多南北向延伸的长条形桌状台地。

(二)复式巨型火山锥体

复式巨型火山锥体位于盾形熔岩台地的中央,按外表形态及其物质组成可分为上部截顶火山锥体和下部盾形基座两大部分。

下部基座由橄榄玄武岩构成,呈灰黑色影像,绕锥体成环状分布,熔岩流动痕迹呈蠕虫状影像十分清晰,由于多旋回溢出熔岩叠加而成,使地面呈阶梯状岩坪向四周微倾,坡度一般在 3°～5°,在卫星相片上借助放大镜观察,岩坪及前缘坡坎均可区分。在海拔 1 100 m 左右,有明显的陡坎与下部熔岩台地分开。由于坡度较陡,河流下蚀作用增强,地面切割密度和深度都明显加大,有的沿节理或断裂下蚀,形成深度和宽度相差悬殊的嶂谷,具典型的放射状水系。坡面上分布许多较小的火山,锥体甚少,多数不具火山口即所谓胎火山。

上部截顶火山锥体,海拔自 1 800 m 以上,最高峰(在朝鲜境内)海拔 2 749.2 m,锥体主要由碱性粗面盐类岩石构成,顶部覆有灰白色碱性浮岩,呈浅灰色影像,冬季白雪皑皑,夏季白岩裸露,终年灰白色。在 ERTS—1972 年 10 月 31 日成像的卫星相片上,因锥体有雪盖,呈灰白—白色椭圆形的影像十分醒目,长轴呈北西—南东方向,在一百万分之一的卫星相片上量得锥体底部长约 30 km,宽约 18 km,在卫星相片上可见到有明显的陡坎与下部基座相区分。锥体部分坡度较陡，一般在 $10°\sim15°$ 左右，局部地段成陡壁悬崖，坡面上流水切割明显增强，沟谷成深色线条呈放射状排列，羊尾沟较发育。锥体中央有一多边形黑色影像，此乃顶部火口湖——天池，四周的十六座山峰及刃形山脊，外侧较缓，内侧陡立，天池东南侧有一粗浅黑影，这就是周围山峰及刃形山脊的阴影所成的影像，其他方位因朝阳坡不显阴影。天池的北侧有一出口与二道白河相通，是第二松花江的源头，著名的长白山瀑布和温泉都位于这里。二道白河上源有一较大黑点与其相连接，就是小天池。

（三）小火山群

火山活动造成像长白山这样巨型的火山锥体是比较少见的，更常见的是形成一些规模较小的小火山锥，这些小火山锥一般高十几米、几十米至百余米，直径几十米到几百米，它们在一个地区出现往往不只一个，而是几个、十几个甚至几十个成群地出现，组成小火山群。东北地区輓近时期这种小火山群很多，长白山是东北地区分布面积最大，数量最多的火山群，在熔岩台地上围绕长白山巨型火山体尚有 100 多个小火山。小火山锥的影像特征，在较均匀的色调背景中呈不同色调的小圆点出现，在一百万分之一的卫星相片上像小米粒，有的像高粱米粒，还有的像黄豆粒，无论或大或小，外观都很圆，用放大镜观察，这些小圆点都向上突起，有的中央向下凹即小火口，个别火口积水成湖——火口湖，在 $MSS_{6,7}$ 波段上呈黑色。个别规模较大的锥体形成放射水系，如松江河上游西马鞍山东南约 5 km 的一座火山是个典型的例子（在 1/100 万卫星相片上像高粱米粒大小，四周呈放射状短线，影像上像一只臭虫）；在西马鞍山北面另一个规模更大的复式火山，在影像上呈环状和放射状，环形中央有一突起的黑点，周围也呈放射状，外面两层环形放射状为两个外轮山，中间黑色突起部分是破火山口里最后形成的火山锥，在长白山东南面朝鲜境内，还有几个被剥蚀残存的火山机构，在影像上也呈环形构造，在环形构造中有一个或两个最后形成的火山锥。

概括起来说，小火山锥的解释标志是：在背景色调中有不同色调的圆形小点（多数呈较深色调）；把卫星相片倒过来，用放大镜观察，突起明显，立体感清楚，在一百万分之一的卫星相片上，大小似小米粒或高粱米粒，个别大的像黄豆粒，火山口积水后呈黑色圆点影像，破坏后的火山机构呈环形放射状影像；小火山都成群出现，有一定的排列方向，有的等距离出现，都分布在熔岩台地或熔岩流上面，或其周围附近，根据上述标志，一般是不难判别的。

长白山小火山群在形态特征及分布上有以下特点：

一种是没有喷火口的熔岩锥，这类小火山规模最小，比高只有十几米或三四十米，数量不少，大部分分布在靠近熔岩台地的中心部位或巨型火山基座部分，多数绕巨型火山体呈放射状分布，有的近于等距离出现，外形完整，小圆点影像十分醒目。这类火山是沿巨型火山的放射状断裂，熔岩被挤出地表凝固而成，形成时代都较晚。另一种是锥体较大些，外形也较完整，有明显的喷火口，有些已积水成火口湖，多数成北东、北西及东西方向排列。这类小火山多数分布在前一类的外侧，呈环形放射状影像。这类火山数量较少，时代最老，多分布在台地的最外侧。

（四）熔岩低山与中山

分布在长白山熔岩台地的东北部边缘——长虹岭，以及西部湾沟附近，为时代较老的玄武岩构成的中山、低山。熔岩山地地貌的特征，色调比其他岩性组成的山地要深些，一般为暗灰—灰黑色，因岩性较坚硬，抗剥蚀力较强，切割密度较其他山地要小，山体较大，表现在影像上山坡较完整，表面较平坦光滑，水系呈稀疏的树枝状，具粗糙的花纹。根据上述特点，在卫星相片上容易和其他岩性组成的山地区分开来。东北其他地区的熔岩山地，如敦化盆地东北面的二龙山、老爷岭、张广才岭及牡丹江流域西侧等一些山地，凡是山体较大且完整，切割密度小，山坡表面光滑，稀疏的树枝状水系，呈暗黑—灰黑的均匀色调，都是玄武岩构成的山地。有的整个山体都由玄武岩组成，有的只在山顶上残存一部分，形成熔岩盖。

二、熔岩的划分与分期

一个地区的火山活动和岩流溢出，常常不是一次活动就停止的，多数具有多期（多旋回）性的特点，它和地壳活动的周期性密切相关。不同时期喷出的熔岩成分及数量有所差别，不同时期形成的熔岩遭受外力破坏的程度也不一样，在地貌形态上常常各具特征，这些差别反映在卫星相片上就构成了色调和形态特征的不同。这就为我们利用卫星相片对熔岩划分和分期提供了依据，组成长白山熔岩台地的熔岩，在黑白卫星相片上明显地以不同的色调（灰阶）呈环带分布，在 ERST—1972 年 10 月 31 日成像的 MSS_5 的相片上，熔岩台地的外圈呈灰—暗灰色（雪盖地区呈白—灰白色调），中间为灰黑色，在这一带的东部有一片（在一百万分之一相片上约 $6cm^2$ 的面积）呈灰白色调，长白山火山锥体呈椭圆形灰白色调（雪盖呈白色），在 ERTS—1975 年 6 月 21 日 MSS_7 及其波段的卫片上，上述各带也都呈现出不同的色调。其次，在形态上各带岩流迭加关系的接触界线亦较清楚，每带都以较明显的陡坎相区分，陡坎的前缘有许多岩流向前伸展成舌状熔岩。形态上的坡坎界线和上述色调分界是一致的。第三，在不同分带上，小火山锥的大小、类型、排列方向以及破坏程度都有显著的差别。如前所述，外带，小火山锥数量较少，锥体较大，破坏程度严重，有的只有外轮山及中央火山，多数具有火口湖，大都呈北东、北西以及东西三个方向排列。内带，小火山锥体较小。数量多，多数不具喷火口，保存较完整，围绕长白山巨型锥体呈放射状排列。根据上述影像特征，长白山熔岩台地及其锥体部分，基本上是由五个时期喷发的熔岩及火山碎屑物质组成的。

第一期：该期是构成台地的基础，覆盖面积最大，现在地面出露的主要分布在台地的外侧，包括波状熔岩台地和桌状熔岩台地，约占台地面积的 2/3 左右。

第二期：该期以中心式喷发为主，分布面积很小，迭加在前期熔岩的中央之上，影像色调较深，覆盖关系清楚，两者接触处在地形上有明显的坡坎，这个坡坎是后者岩流的前缘。该期熔岩主要分布在台地中央部位，绕长白山呈环带状，包括穹状隆起倾斜熔岩台地，微倾斜熔岩台地及火山锥基座部分。在这一期的熔岩表面，借助放大镜观察，尚有许多较小的阶梯状坡坎，向外缓倾的这些小坡坎是周期性喷出的熔岩造成的，每一次大的活动过程中，常常包括若干较小的喷发旋回。

第三期：该期分布在台地的东侧，呈灰白色色调，这期喷出的熔岩，除了分布在喷火口附近外，从卫星相片上分析，部分沿图们江谷地流下，构成图们江河谷玄武岩台地。该期覆盖在以前的熔岩之上，在卫星相片上表现也较清楚。

第四期：该期喷出的熔岩，主要构成长白山火山锥体部分，由碱性粗面岩类组成，呈灰白色椭圆形影像，和前几期的喷出物不仅在色调上有明显区别，在地形上、水系发育、河谷特点等都有明显界线，在锥体的熔岩面上也有若干小陡坎，反映了中间包括几个较小的喷发旋回。

第五期：根据资料，长白山顶部，在碱性粗面岩之上覆有一层灰白色碱性浮岩及火山灰物质。据文献记载，在1597年、1668年及1702年曾三次喷发。历史上这三次喷发，都以气体为主，在地质上没有留下更多的证据。这一时期一方面喷出物少，另外在岩石色调和粗面岩上区别不大，因此在卫片上两者很难区别。

除上述五期喷出物直接组成长白山熔岩台地及巨型火山锥体外，在它的东北部边缘长虹岭一带及西部湾沟附近，由玄武岩构成的中、低山地形，从分布高度、接触关系及地貌发育现状来看，是二期时代更早的喷发产物。分布在湾沟山地周围的玄武岩，覆于老夷平面上，现已被切割成中山地形，谷地中出露不同时代的岩层，玄武岩构成山顶的盖层，部分残留桌状山形状，这是长白山区出露最老的玄武岩。分布在台地东北部边缘，构成长虹岭熔岩中山地形的玄武岩，它和台地相连接，但高处台地之上，台地熔岩只淹盖山麓，所以其形成时代应早于组成台地的第一期熔岩。关于各期熔岩的时代隶属问题，各期在卫片解译中是较困难的，这里不再细述。

三、火山地貌的发育

长白山是东北第一高峰，它的崛起是东北鞔近地质时期的一大事件。由熔岩台地中心向外了望，四周群山环抱，犹如身居熔岩盆地之中。突出在熔岩台地面上的低山丘陵，为当时未被熔岩淹没的孤岛。现存的这种地貌结构，说明在大面积的基性熔岩喷出之前，在长白山熔岩台地所在的位置上是一个山间盆地或河谷盆地。在新第三纪喜马拉雅运动逐步达到高潮时，沿着华夏系或新华夏系的老断裂再度复活，或产生的断裂，这些活动性断裂为地下深部岩浆上升活动提供了良好的通道。长白山区位于华夏系与东西构造带的复合点，在构造上是一个脆弱点，所以长白山区鞔近火山活动一直比较剧烈，延续时间长。第三纪末期沿断裂溢出大量基性熔岩充塞了当时的山间盆地，形成大片的熔岩湖，盆地中较高的山峰没有全部被淹没，称为熔岩湖中的孤岛。这期以裂隙式喷发为主的基性熔岩，构成了长白山熔岩台地的基础。一次较大的熔岩喷出之后，地下能量被大量释放，地壳回复相对稳定时期，进入了一次以风化剥蚀和堆积作用为主的时期，在熔岩面上覆盖了一薄层红褐色含砾亚砂土层。第四纪到来之前，地壳运动进入一个新的活动时期，促使长白山地区火山活动再次活跃起来，在原来裂隙式喷发的基础上，转为中心式喷发，喷发中心大约位于今日长白山锥体所在位置，这次火山活动强度较前者弱，喷出的熔岩也较少，分布面积小，以喷火口为中心迭加在前次熔岩之上，使熔岩台地的中心部位逐渐增高，成为较平缓的盾形台地。由于熔岩在地表边流边凝固，在它的前缘形成明显的坡坎。在这次大的活动期中往往包括若干个小的旋回，每个旋回又有较短的间歇性喷发，每次活动都是由强渐弱以至休止。每次熔岩流凝固后都形成一个平台——岩坪，表面微向外倾，前缘有一坡坎，使迭加的熔岩形成层层阶梯向下降落。在第二期熔岩形成之后，该地区以望天鹅为中心产生穹状隆起，使同期的熔岩抬升400 m以上，形成了仅次于长白山的第二高峰——望天鹅峰。由于隆起加强了剥蚀作用，中心部位下伏基岩已被揭露，因抗风化剥蚀力较弱，中间成为负地形。第三次喷发约产生于下更新世晚期——中更新世早期，这次仍然沿着原来的通道喷发，活动强度比前者更弱，熔岩沿东侧缺口流出，部分熔岩顺图们江谷地流下，形成图们江河谷玄武岩台地。这次熔岩向东溢出，可能与西南部望天鹅峰隆起，造成地势西南高东低有关。经三次较大规模基性熔岩的喷发，造成了长白山的盾形熔岩台地。在每次火山喷发之前，由于地下岩浆向上运动，使地表产生拱形隆起，在张力作用下产生了一些放射状断裂，随着中心点的强烈喷发，部分岩浆沿周围断裂上升，在一些薄弱点喷出地表，形成放射状排列的小火山（寄生火山），这些小火山，有的聚集了较多的挥发性成分，有一定的爆发现象，有的挥发性成分较少，岩浆涌上地表，无明显的喷发现象，形成的火山锥体在形态上也各有不同。前者常具有喷火口，后者无火山口，在外形上形成锥形岩丘，或称胎火山。

　　在中更新世中期，大量碱性粗面岩类岩浆，沿着以往的孔道再次喷发，因岩浆中二氧化硅含量相对增加，黏稠性加大，喷发较强烈，形成集块岩及熔岩互层。因流动性较小，熔岩和火山碎屑都堆积在火山口周围，使一座巨型截顶火山锥体在盾形熔岩台地的中央拔地而起，奠定了长白山火山地貌的基本轮廓。

　　更新世晚期——全新世初期，以碱性灰白色浮岩为代表，这次喷发含有大量的挥发性成分，爆发性较大，气体和熔浆一起抛出，形成灰白色泡沫状浮岩。这次喷发没有改变以前的基本形态，只是增加了锥体的海拔高度，促使了巨形火山口的形成，环抱天池的十六座山峰，可能在这次喷发中已成锥形，全新世的几次小的喷发，都以少量的火山碎屑（火山灰）为主，特别是在历史时期的三次喷发都以气体为主，在地质及地貌上没有留下更多的证据。

长白山地貌图的内容与表现方法①

肖荣寰　　胡俭彬②

本图为编制全国 1∶1 000 000 地貌图和吉林省 1∶500 000 地貌图的试编样图，原则上参考了 1979 年 3 月 1∶1 000 000 中国地貌图制图规范小组的规范意见。下面简要介绍一下本图范围内的长白山地貌概况，并对编绘样图时遇到的部分问题谈一点浅见。

一、长白山地貌概况

长白山绵延于我国吉林省的东部。最高峰海拔 2 700 m 左右，座落于中朝两国的边境线上，是闻名中外的巨型复式火山。火山周围为大片熔岩台地，台地周围又为群山环抱。

长白山火山群在新第三纪至第四纪期间曾多次活动。早期以裂隙喷发为主，大量基性岩浆充填山间盆谷，形成大面积的熔岩被。未被熔岩淹没的基岩山峰，突出于熔岩面上成为岛状孤山或丘陵。后期活动以中心喷发为主，活动强度渐弱，喷溢的岩浆由基性转碱性，黏性明显加大。最后在广阔的熔岩台地上形成了一座高大的复式锥状火山——长白山。山顶有巨型火口，积水成湖，称为长白山天池。

长白山火山地貌分布范围较广，在我国境内，总面积可达一万多平方千米。火山地貌主要包括熔岩台地和复式火山锥体两大类型。

熔岩台地面积广，高度大，亦常称长白熔岩高原，主要由第三纪末的熔岩构成。由于原始熔岩地面的差异，以及新构造运动和河流切割的影响，地表具有不同的形态。其中可分为波状熔岩台地、熔岩丘陵、平缓熔岩台地和穹状隆起熔岩台地几种。它们之间的界限，大部分属逐渐过渡的性质。

波状熔岩台地主要分布在西、北两侧，海拔 700～1 000 m。台面向外微微倾斜，宽浅的谷底与平缓的分水高地相间排列，使地面呈微波状起伏，相对高度多在三四十米。局部地方相对高度可达百米左右，地面浑圆，构成熔岩丘陵。

平缓熔岩台地主要分布于长白山火山锥体的北侧。台面微微向外倾斜，海拔在 600～1 000 m 左右。地表平缓，切割轻微，并散布着许多外形完整的小火山锥。平缓熔岩台地还伸延于一些大的山间河谷，经河流下切，形成峡谷。

穹状隆起熔岩台地，以长白山南侧的望天鹅峰为中心，海拔 1 400～2 000 m，是熔岩台地上唯一可与长白山媲美的高地。这里地面较陡，坡度在 5°～10°左右。放射状水系在倾斜的台地面上切割成一系列峡谷。隆起的中心部分，由于强烈割切而呈崎岖的山地，下

---

① 本文刊于 1981 年总第 2 期《地理制图研究》。
② 【作者单位】东北师范大学地理系。

伏基岩已被剥露。

在鸭绿江右岸的十三道沟与十九道沟之间，台地被幽深的峡谷分割成许多南北延伸的长条形桌状台地。峡谷切割深度多在二三百米以上，两侧有宽大的峡谷陡坡。

复式火山锥体——长白山，规模庞大，绝对高度在 2 700 m 左右，相对高度在 1 500 m 左右，属火山中山。按外表形态及其物质组成可分为上部截顶火山锥体和下部盾形基座两大部分。下部盾形基座由早期喷发的玄武岩构成，海拔 1 100～1 800 m，坡度在 6°～8°左右，有不甚明显的坡折线与台地分开。

上部截顶火山锥体，海拔在 1 800 m 以上，位于我国境内的高峰白云峰海拔 2 691 m。主要由中更新统碱性粗面岩组成，顶部覆以全新统灰白色碱性浮岩。由于冬季白雪皑皑，夏季白岩裸露，终年灰白，故有"白头"之称。锥体坡度较陡，一般在 10°～15°左右。顶部火山湖——天池，四周有刃形山脊环抱，内侧陡立，外侧较缓。天池北侧有一出口与二道白河相通，是松花江的源头，落差 68 m 的长白山瀑布即位于这里。

在辽阔的熔岩台地及巨型复式火山锥体的斜坡上，有一百多个小火山锥，星罗棋布，主要集中在北部和西北部。小火山锥多沿北东向、北西向及东西向排列，显示出不同构造线的方向。

熔岩台地的外围为不同时代岩浆岩和变质岩构成的侵蚀剥蚀山地，以中山、低山为主，其绝对高度前者多在 1 000～1 300 m 左右，后者多在 600～800 m 左右。由老期玄武岩构成的山地，分布在东部长虹岭一带，虽经长期流水切割，山顶仍大多齐平。由古生代沉积地层组成的侵蚀剥蚀山地，面积不大，地层产状很少有与地形面一致的。山间河谷狭窄，局部地方断裂构造发育，山谷走向明显受断裂控制。

长白山区是我国著名的林海，但由于山顶高寒，在 2 000 m 左右以上，为无林的山地苔原。这里融冻作用频繁，发育了大量的冰缘现象，主要由高夷平阶地、融冻蠕流、雪蚀洼地、融冻岩屑锥与泥石流等，使这座高耸的火山山顶，打上了明显的冰缘气候地貌的烙印。

二、关于地貌分类与图例系统

地貌是内力过程和外力过程对立统一的结果。它是内力因素、外力因素、构造基础和地表岩性的综合体现，也是地质构造、气候环境和地貌自身历史演变的产物。在陆地表面的许多地方，人类活动也成为改变地貌的一项重要因素。目前，对于地貌的不同属性，人们认识的程度也不尽相同。因此，欲建立一个包罗万象的综合的类型系统来反映整个地貌及其全部因素是十分困难的。这种企图常常造成分类逻辑上的混乱。目前较为理想的办法是按不同属性建立几组不同的分类系统，再由不同的分类系统去认识同一个地貌对象。正如在普通地质图上可以同时反映岩性的分类系统、地层的划分系统，以及构造的分类系统一样。地貌的不同分类系统也可以同时在普通地貌图上叠加反映出来。这种分析地貌图的优点是能够突出主要要素，内容丰富，层次清楚。当然，叠加的内容必须有一定限度，不然也会冗赘繁琐。

地貌图必须首先反映出地表形态的基本结构，概括性地勾绘出地貌形态类型的斑廓界限。这种形态上的类型概括及其图面显示，与一般地形图对形态的表示显然是不同的。在小比例尺地貌图上，基本形态可划分为山地、丘陵、台地、平原和沙漠等几大类型。其中山地又可以进一步划分为高山、中山和低山。丘陵与台地可视为山地与平原的过渡类型。应用聚类分析的方法，为确定它们的界限提供了新的途径。其中台地，在东北与群众喜称的岗地十分相近，从形态上看它还应该包括河谷中的高阶地。

关于山地的形态划分，通常首先依据绝对高度与相对高度两个指标。山地的绝对高度与相对高度，各自都有不可取代的意义。我国以前曾按绝对高度划分出极高山、高山、中山与低山，基本上反映了我国地势高低变化的特点；与此同时，又分别按相对高度分出深切割、中切割与浅切割的山地，这与群众喜称的深山与浅山是十分相近的。这样的分类，绝对高度与相对高度都有简明的标准，容易确定它们的具体形象。至于划分的尺度，当然可以采用统计的方法予以调整，使其更接近于形态分异的客观实际。如果把绝对高度与相对高度综合起来（如制图范围小组拟订的方案），势必造成各种类型的高度变化幅度太大，从而难于想象出它们的实际状态，特别是绝对高度的状态，如高山，既可有八九百米的高山，也可以有四五千米的高山。特别是相对高度与绝对高度的对应关系，如果不去查表，则又是很难记忆的。

为了更深刻地反映地表形态的特点，反映地表形态空间结构及其在时间上演替的规律，必须对形态进行发生学的分类，即成因分类。地貌的成因分类，通常是考虑内力过程与外力过程两个依据。目前，按外营力因素进行的分类较为完整，如划分为流水地貌、岩溶地貌、冰川地貌、融冻地貌、风沙地貌、湖成和海成地貌等。多数情况下，浅表形态是受控于现代外营力的。那些反映古气候地貌的形态遗迹，必须注明其形成年代。至于反映内营力因素的分类，目前多不理想，很少能全面地反映现代构造运动与地貌格局的内在联系。一般所谓构造地貌，主要是反映那些静态地质构造在地貌上的不同表现，而它们大多是经过不同外力改造过的。在目前的地貌分类中，常把这种构造地貌与外力地貌并列起来。由于那些不同程度受控于地质构造的地貌形态，必然同时又是不同外营力所塑造的，因而常常难以判断它们的归属。实际上，在以反映外力为主的地貌图上，对于那些具有地貌意义的地质构造，完全可以单独列一分类系统，用不同符号叠加在这种地貌图上，用以反映地貌与构造的关系。譬如，一个地区，如果断裂构造较为密集，山谷形态又多与断裂构造一致，便可以判断这里是一片断块控制的山地。在长白山地貌图上可以看出，这种断块山地主要出现在东部和北部的和龙及安图一带。

在长白山地貌图上，把火山地貌例外地与外力地貌并列了起来。因为火山地貌可以理解为由地下迅速崛起而外力尚不曾充分改造的一种原始形态。至于火山上面外力雕刻的细节，则可以运用叠加外力地貌的形态符号予以反映。应予指出的是，由第三纪古老玄武岩组成的山地，久经流水切割剥蚀，古老的台地早已面目皆非，因此把它们化作了侵蚀剥蚀山地，只是另外又叠加了玄武岩的岩性符号，从而可以说明它们的历史。这种划分方法，对于不同破坏程度的熔岩地貌，自然也会常常出现归属难断的困难，即究竟属于火山地貌，亦或属于外力剥蚀地貌。看来，这种亦此亦彼的过渡类型在任何分类系统中都是难以避免的。

在长白山地貌图中还有一种过渡性形态，即"切割熔岩台地的峡谷谷坡"。它是熔岩台地与山地的过渡环节。由于谷坡具有相当大的规模，因此不能不单独划出。这种谷坡，其上半部常由熔岩组成，下半部则由基底岩石组成，由于河流下切迅速，谷坡大多平直陡峻，同那些被河流、沟谷穿插割切的山地截然不同。谷坡上缘是一条醒目的坡折线，坡折线以上即为平缓的台地。

在山地地貌中，河谷通常也体现为一种过渡类型。狭窄的山谷，其本身应该看做山地的组成要素之一。但是位于山地与平原过渡地带的宽阔的河谷，又常可看做平原向山地的伸入。山地河谷大多既是侵蚀剥蚀的产物，又是冲积堆积的产物。因此，在一定意义上，山地河谷可以理解为山地与平原的过渡环节，理解为侵蚀与堆积的过渡环节。

由于形态与成因的统一性，使我们可以把形态分类与成因分类组合起来，形成一个相对统一的形态成因分类系统。在地貌图上，成因可以用不同的颜色反映，而形态原则上采用由低到高，颜色由浅到深的办法反映。平原低地等负地形的兰绿颜色常常相反，即愈低颜色愈深。由于成因主要考虑了外力因素的差别，因此图面的颜色可大致地反映地貌发育的气候环境和外力组合的区域差异，即反映气候地貌的基本格局。至于由构造升降所控制的地势高下和起伏大小，原则上是由不同颜色的深浅或晕线的疏密予以反映的。

在地貌图上，必须严格区别比例符号与非比例符号的使用。基本类型的图斑，其斑廓线一般都是严格地按比例填绘的，不允许有示意性的夸大。如在填绘山地河谷时，通常是按低阶地（常指一级阶地）与河漫滩的轮廓，勾绘出谷底轮廓。在小比例尺图上要把低阶地与河漫滩划分出来常常是很困难的，只能在具有相当宽度的河谷中才能把低阶地的前缘勾绘出来。勾绘谷底轮廓时，不能示意性地夸大它们的宽度，因为这对于判断河谷发育的程度和地貌类型的面积计量都是有害的。

基本类型的图斑，一般是采用底色法并附注记代号予以表示的。确定地貌类型的代号是改进地貌图的一项重要任务。因为以往那种顺序编号的方法，任意性较大，读图十分不便。这项工作，需反复推敲，并约定俗成，方能奏效。建议对于我国的基本形态类型，采用汉语拼音字头作为代号，如高山（G）、中山（Z）、低山（D）、丘陵（Q）、台地（T）、平原（P）、沙漠（S）等。成因分类，目前已有国际通用的一些符号，如火山的（v）、重力作用的（gr）、坡水作用的（dn）、经常性流水的（f）、暂时性流水的（tf）、岩溶的（k）、潜蚀的（s）、冻土的（kr）、冰川的（gl）、雪蚀的（n）、冰水的（fgl）、风成的（e）、湖成的（l）、海成的（m）、生物的（bg）、人为的（ant）等。此外还有通用的岩性符号，如玄武岩的（β）、花岗岩的（γ）等。形态注记符号与成因注记符号，可以组合起来用以反映形态成因类型，如火山中山（Zv）、侵蚀剥蚀低山（Dd_n）、熔岩丘陵（Q_k）、熔岩台地（T_B）、二级阶地（T_2）、冰水平原（P_fg_1）等。较小的成因类型为数很多，一般均可参考这种原则，确定它们的符号。

在地貌图上还要运用非比例符号反映一系列较小的形态和主要地性线的位置。较小的地貌形态，大多是镶嵌或叠加在大的地貌类型之上的，采用叠加形态符号的方法反映这些特殊的小形态是符合客观实际的。但是这些符号一般不宜过大，而且应以反映其平面形象为主。有时还需要设计组合性符号以反映小形态的组合，如狭窄的山地河谷，发育有多级阶地，但各级阶地又都很狭窄。这时，在小比例尺图上，只有采用组合性的非比例符号，才能全面地反映实际情况。形态符号的形象和大小，均应有统一的图式规范。

谷底轮廓线与山脊线是山地地貌形态的主要骨架，应该尽量把这两种地性线反映出来。因为根据这两种地性线可以大致地判断出山体的走向、山体的长度、宽度、山地的割切密度以及山坡的主要倾向、对称程度等，配合高程注记甚至可以粗略地判断出山坡的平均坡度。

　　经过综合的谷底线密度，可以大致地参考相同比例尺普通地形图的水文网密度，而山脊线的密度又大致地相当于谷底线的密度，或比后者要稀。因为山脊线总是选绘那些河谷间伸展较为完整的分水岭脊，如果找不到这种伸展完整的岭脊，则只能说明这里的山体或丘陵已呈破碎零乱的状态了。在标绘山脊线的同时，还要标绘出具有代表性高度的山峰，并反映出山峰的形态特征。有选择地注记地面的代表性高度和坡度也很重要，这样可以直接获得一些典型地段形态计量的概念。

　　总的看来，本图图例系统共有几组构成。其中由底色构成的形态成因类型的面状符号是图例中的主体。其次，还有反映地貌形态的非比例符号系统，反映具有地貌意义的地质构造系统，反映具有地貌意义的岩性符号系统。后三者均为叠加符号系统，它们是基本类型的补充，而不能喧宾夺主。此外，当然还附有文字注记系统，主要包括类型代号注记、高程注记、坡度注记以及地貌年龄的注记等。地貌年龄的注记，不能面面俱到，一般只能在那些典型部位或有绝对年龄测定的地点注记地质年代符号，为区别于形态代号和高程注记，可在它们的下面划一横线，如 Q_1（早更新世）、10 800（距今 10 800 年）等。

　　编绘本图所依据的资料，主要有 1∶500 000 地形图、1∶200 000 地形图、1∶50 000 地形图、1∶500 000 卫星相片、1∶1 000 000 卫星相片、1∶500 000 吉林省地质图、1∶500 000 吉林省水文地质图、1∶200 000 区域地质图及其报告。此外，还参考了野外路线考察，以及有关区域地貌的科研资料。

　　目前，地貌图的编绘，除地貌分类系统和图例系统较为混乱以外，图面内容粗略也是常见的通病。如果不是挂图、略图，那么在反映了基本形态成因类型的基础上，应适当添加叠加符号，以丰富图的内容。本图注意了这一点，但有些地方似有繁琐之感。此外，由于区域研究程度较差，有些内容，如熔岩活动的分期等，仍然十分粗略。

长白山的气候特征及北坡垂直气候带[①]

杨美华[②]

提　要

　　长白山是温带大陆季风型高山气候。北坡有明显的垂直气候带，自下而上为山地针阔混交林气候带、山地针叶林气候带、山地岳华林气候带、高山灌丛气候带、高山荒漠气候带。

　　长白山是我国著名的休火山，位于北纬 40°58′～42°6′，东经 127°54′～128°8′（吉林省的东南部，海拔 2 700 余米）。总观山体，1 800 m 以下为熔岩高原，地势倾斜平缓；以上为火山锥体，山势陡峻。气候随高度有明显的垂直带性分布：自下而上为山地针阔混交林气候带、山地针叶林气候带、山地岳华林气候带、高山灌丛气候带和高山荒漠气候带[1-3]。各气候带内依地形、气流、水体和植被的不同又形成了各种各样的小气候。长白山不仅自身气候结构复杂，规律明显，独具风格，其高大山体的机械作用对吉林省中东部的气候及天气系统演变有所影响，同时也使东亚大气环流更加复杂。

　　笔者于 1978 年 8 月随东北师范大学地理系长白山综合自然考察队进山，在 20 天的时间里，除进行实地气候调查、访问及小气候临时定位气象观测外，曾对长白山进行四次攀登，并利用汽车采用通风干湿表进行气温和温度的垂直流动观测，取得了垂直气候带和小气候方面的第一手资料[4,5]。本文对 18 个气象站、21 个水文站的资料（资料年限长短不一，均截止于 1970 年）进行了对比分析。长白山现有的气象观测资料是：2 670 m 的天池气象站有 20 年的资料；和平林场子弟学校有两年 5～11 月的资料。降水和霜冻主要依据天池、温泉（1 800 m）、和平营子（1 126 m）、奶头山（820 m）、二道白河（700 m）、松江（591 m）、明月镇（369 m）等水文站的资料，各站年限 8～15 年不等，为便于对比，均取至 1974 年。海拔高度参照万分之一的比例尺地形图，利用高度表直接测得。

一、长白山气候的一般特征

　　长白山在中纬度亚洲大陆东岸，隔日本海面向太平洋；在高空正处西风带，终年以偏西风为多，山的顶部全年吹西风。由于亚洲大陆与太平洋气压场的配置，使长白山区风向随季节更替呈有规律的变化：冬、春、秋多吹西风，夏季主吹东南、西南风，表现了明显的季风性。[6]（表1）

　　① 本文于 1978 年 12 月完成长白山北坡气候特征及垂直气候带初稿（油印），1979 年 6 月修改铅印。1981 年刊于《气象学报》第 39 卷第 3 期。
　　② 【作者单位】东北师范大学地理系。

表1　　　　　　　　　　　　　长白山气候的季风特征

地名	海拔高度（m）	坡向	冬半年主要风向	夏半年主要风向	年最多风向	12月～2月		6月～8月	
						年降水（mm）	占全年%	年降水（mm）	占全年%
天池	2 670	顶	NW	SW	W	56	3	856	61
长白	711	南	NW	SE	W	32	4	480	64
松江	591	北	NW	SE	W	27	3	396	58
抚松	430	西	W	S	W、S	26	3	476	60
和龙	443	东北	W	N	W	17	3	348	65

　　东北西南走向的山体构造，成为气候上的自然屏障，致使山地各坡向气温和降水的分布有所不同。如西南侧的临江≥10℃活动积温为2 813°，而在东北侧的明月镇为2 405°。节气相差半月以上（表2）。由于长白山走向与海岸一致，在迎风坡雨量丰沛。如通化一带年降水量可达900～1 000 mm，成为吉林省的多雨区，而背风侧则降水较少，如和龙仅有532 mm，为典型的雨影区域。各坡向的降水情况见表3（图1）。

表2　　　　　　　　　　　　　不同坡向的温度情况

坡向	地名	海拔高度（m）	年平均气温（℃）	热月气温（℃）	冷月气温（℃）	年较差（度）	≥10℃活动积温	≥0℃持续日数
顶	天池	2 670	-7.3	七、八月 8.5	一月 -24.0	32.5	117	105
南	长白	711	2.0	七月 18.2	一月 -17.8	36	1 923	196
北	松江	591	2.2	七月 19.7	一月 -18.8	38.5	2 149	202
东北	明月镇	369	3.5	七月 20.3	一月 -16.4	36.7	2 405	213
西南	临江	332	4.6	七月 22.1	一月 -18.0	40.1	2 813	230

表3　　　　　　　　　　　　　不同坡向的降水情况

坡向	地名	海拔高度（m）	年降水量（mm）	向背风
顶	天池	2 670	1 407	畅通
北	松江	591	676	偏背风坡
	敦化	524	636	
东北	和龙	443	532	背风坡
	延吉	177	515	
西南	漫江	820	899	迎风坡
	临江	333	883	
南	长白	711	747	偏迎风坡

长白山的障壁作用阻挡了暖湿空气深入内部。除顶峰因地势高受下垫面的影响较小，大陆度为48％有类海洋性山地气候外，其余地方大陆度均在50％以上。

长白山的天气多变，晴朗的天空在数小时内即可发生剧烈变化。山顶雾日平均每年为267天，大约占年总日数的5/6。雷暴日数有30天。冬季漫长可达8个月，全年只有4个月在零度以上，春秋也很短促。

长白山的主要气候特征是具有季风色彩的温带大陆型高山气候。冬长、寒而燥；夏短、凉而湿。全年多云雾，自下而上有明显的山地垂直气候带。

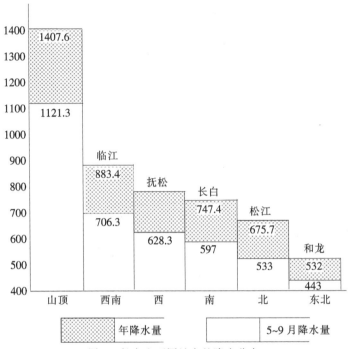

图1　长白山不同坡向的降水分布

二、长白山北坡气象要素的垂直分布[7,8]

1. 光照

长白山上部因雾大阴天多，太阳辐射总量和日照时数一般都比山下少。太阳辐射最大值出现在5月，最小值出现在12月。日照时数最大值也出现在5月，最小值在天池，为雨雾连绵的7月。松江则出现在太阳高度角最小的12月。它们的垂直变化均为线性（表4）。

表4　　　　　　　　　　太阳总辐射量及日照时数的垂直分布

项目 地名	太阳总辐射量（千卡/厘米²·年）			日照时数（小时）		
	最大值　月	最小值　月	年总量	最大值　月	最小值　月	年总时数
天池	14.15　5月	5.3　12月	121	230　7月	124　7月	2 295
松江	14.65　5月	5.0　12月	125.0	246　5月	162　12月	2 434
经验公式①	$Q=125.8-0.00158H$ 式中：Q 为太阳总辐量； H 为海拔高度（m）			$h=2445-0.0555H$ 式中：h 为日照时数； H 为海拔高度（m）		

① 采用左大康等计算方法《中国地区太阳总辐射的空间分布特征》，气象学报，1963，33（1）：78～96.

2. 气温

长白山是吉林省气温最低的区域，其热量状况山上和山下差别很大。明月镇热月平均气温高达 20.3℃，而天池只有 8.5℃，极端最高气温才 19.2℃。根据 1978 年 8 月 18 日（云天）、21 日（阴天）、22（晴天）、23（晴天）所进行的四次观测资料，采用线性方程 $y=a+bx$、指数方程 $T=ae^{bx}$、对数方程 $T=a+b\ln x$ 和幂函数方程 $T=ax^n$ 计算表明：以指数方程气温与高程相关最佳，统计结果和调查访问以及自然地理景观特征相符。回归方程见表 5。

表 5　　　　　　　不同天气条件下气温垂直变化的经验公式

天 气 状 况	相 关 程 度	经 验 公 式	效 验
云天	$r=0.889$	$T=24.148e^{-0.00042H}$	误差 2.9～0.1
阴天	$r^{**}=0.954$	$T=22.989e^{-0.00033H}$	绝对误差 0.2～-0.1
晴天	$r=-0.924$	$T=24.377e^{-0.00021H}$	绝对误差 0.7～-0.2
阴晴平均	$r=-0.964$	$T=23.561e^{-0.00027H}$	绝对误差 0.5～-0.6

注：表中 r 为高程与气温的相关系数，r^{**} 为著显相关信度，r 均 $>a=0.001>0.765$。

气温随高度的变化并非呈理想直线下降，而是曲折迂迴曲线性的下降（图 2）。垂直减温率晴天小，为 0.37℃/100 m，阴天为 0.56℃/100 m。由 700～1 300 m 之间减温率大，平均为 0.62℃/100 m；1 400～1 800 m 因沟谷相间又有温泉影响为逆温区，比 1 400 m 处高 0.4～0.7℃；1 800～2 700 m 平均为 0.47℃/100 m。在季节变化上，冬季（一月）减温率小，平均为 0.30℃/100 m，夏季（七月）减温率大，约为 0.56℃/100 m，年平均为 0.49℃/100 m。

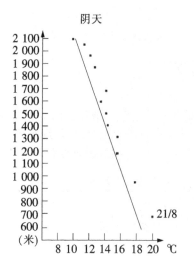
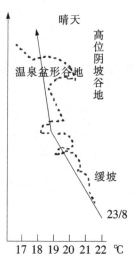

a. 8 月 21 日上午 8 时（阴天）　　　b. 8 月 23 日上午 8 时（晴天）

图 2　长白山北坡气温垂直变化

热量资源的分布随高度的增加而减少，≥10℃活动积温在天池为118℃，在松江2149℃，积温随高度的变化规律为一直线，相关系数为—0.999（图3）。

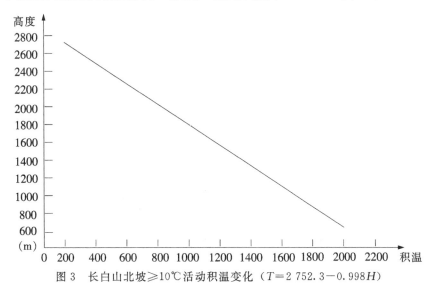

图3　长白山北坡≥10℃活动积温变化（$T=2\,752.3-0.998H$）

长白山的霜期，山上和山下也很悬殊。700 m以下的地方，无霜期都在120天以上，天池平均为57天，1967年最短仅有13天。其他绝大部分地区，夏季不仅短而且也很凉爽。

3. 降水与湿度

长白山是东北降水最多的区域，年雨量均在700 mm以上；天池为1 407 mm，最多可达1 809 mm，最少为882 mm，年降水变差系数为0.16。降水主要集中在夏季，6～9月降水量占全年的70%。冬季降水少，如天池1，2月平均降水量都只有十几毫米。降水量和降水的垂直增量，都随高度的增加而加大（图4，表6），和迎风坡的西南坡相比，其垂直递增率大于西南坡。如临江海拔高度为333 m，年雨量为883 mm，到海拔820 m处的漫江，年雨量为878 mm，两地相差487 m，降水量只差5 mm，降水增量为1 mm/百米。长白山北坡从591 m处的松江到700 m的二道白河，高差109 m，降水增量为19 mm。峰端在最大降水带内，降水量的垂直变化呈抛物线型，回归方程如下：

$$P=580.98e^{0.000318H}$$

式中，P为某高度年降水量（mm），H为海拔高度，e为自然对数的底。

长白山降水垂直增量的空间分布与我国其他山脉不同。如四川峨眉山的降水增量是下大、中小、上减。1 000 m以下是57 mm/100 m，1 000～2 000 m增量减至12 mm/100 m，2 300 m以上开始递减，最大降水带位于2 000～2 300 m[①]。在季节变化上长白山的降水增量也与其他山不同，如武夷山最大降水增量不是出现在夏季，而是出现在4月，最小月不是冬季而是10月（表6）。

---

① 参照：川西高原降水量垂直变化的初步分析. 四川省气象局，1974年9月（油印稿）。

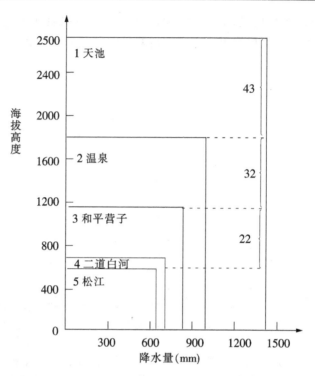

图 4　长白山北坡年降水量垂直变化

（1——天池，年降水量 1 407 mm；2——温泉，年降水量 1 029 mm；3——和平营子，年降水量 818 mm；4——二道白河，年降水量 718 mm；5——松江，年降水量 676 mm。图中数字 43，32，22 分别为垂直增量：mm/100 m）

表 6   各山的降水垂直增量情况

山名	站名	海拔高度（m）	年降水量（mm）	最大月降水增量（mm）	最小月降水增量（mm）	年平均增量（mm）
长白山	天池	2 670	1 407	7 月 10.8	1 月 0.3	35.2
峨眉山	峨眉山	3 047	1 960	7 月 3.1	1 月 0.1	14.1
武夷山	黄岗山	2 100	3 376	4 月 11.8	10 月 1.3	88.4
天山	乌恰	2 160	1 631	7 月 1.4	1 月 0.09	12.0
五台山	五台山	2 896	966	7 月 3.1	1 月 0.4	24.2

表 7   长白山北坡积雪深度与冻土深度

地　名	积雪深度（cm）	冻土深度（cm）
天池	200～400	无冻土
温泉	120～150	无冻土
和平营子	80～100	20
二道白河	50～70	100
松江	30～50	100～120（沙地 200）

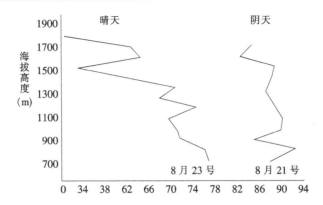

图 5　长白山北坡不同天气相对湿度的垂直变化（上午八时观测）

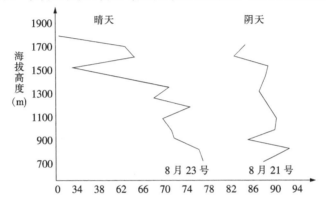

图 6　长白山北坡年、四月（最小）、八月（最大）平均相对湿度的垂直变化

（R 表示相对湿度（%），H 表示海拔高度（m）；$R_{四}=0.203+0.06\ln H$；$R_{年}=0.523+0.028\ln H$；$R_{八}=0.721+0.021\ln H$）

长白山温润系数较好地反应了各垂直气候带的温湿组合，它与地理景观界限大体一致（图 7）。在吉林省的具体条件下温润系数≥1.0 为温润气候。

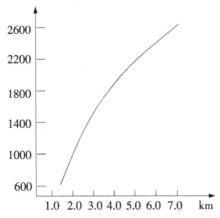

图 7　长白山北坡湿润系数（$K_{湿}$）的垂直分布

（$K_{湿}=-0.08348e^{0.00075H}$，$r=0.999$，$a≥0.01$，$a=-0.08348$，$b=0.00075$）

4. 风

长白山因受温带大陆季风的控制，寒冷季节多吹西偏北风，温暖季节多吹东南和西南风。风速大小和高度呈正比（图8）。山顶风速最大，全年除八、十两个月外，都有40 m/s的大风。平均风速在天池为11.7 m/s，松江为2.4 m/s。各地风速最大时多发生在春秋季节与西北风相伴的情况下。有时受地形影响，风速常发生较大的变化。如在2 200 m附近有一山口，叫黑风口，风力强，经年持久，它成了长白山上部的一个强风区。

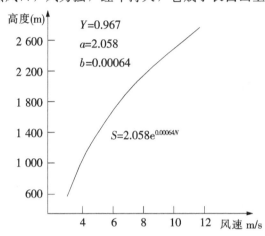

图 8　长白山北坡年平均风速垂直分布

三、山地垂直气候带

依据温度、降水和湿润状况以及风的特征等主要气候指标，参照生物指示指标，将长白山划分为五个垂直气候带[9,10]（图9）。

下面将各垂直气候带的特征简要描述如下[1,9]：

1. 山地真阔混交林气候带

下垫面状况：位于海拔600～1 100 m是长白山的下部，坡面较缓。代表树种针叶树为红松（*Pinus koraiensis*）、沙松（*Abies nolophylla*）等；阔叶树主要有白桦（*Betula flatyphylla*）、香杨（*Populus karaiensis*）等。土壤为山地棕色森林土。

气候特点：本气候带是山地垂直气候带的下层，冬长寒，夏温暖，年平均气温3℃左右，冷月（一月）－15～－17℃，七月（热月）17～19℃。≥10℃活动积温＞1 500℃，无霜期为100～120天。太阳辐射为124～125千卡/cm²·年，年降水量700～800 mm。6～9月降水＜600 mm，湿润系数＜2。年平均相对湿度71％～72％，年平均风速＜3.9 m/s，雾日为38～90天，由于本带热量资源比较丰富，可种早熟玉米、大豆、马铃薯、向日葵及各种蔬菜。

2. 山地针叶林气候带

下垫面状况：位于海拔1 100～1 800 m，为山麓斜坡。主要树种有鱼鳞松（*Picea jezoensis*）和臭松（*Abies nephrolepis*）等。地面阴冷潮湿，生长各种地衣藓类。土壤为山地棕色泰加林土。

气候特点：阴湿冷凉为本带主要特征，年降水量为800～1 000 mm。由于林高树密，尽管每年有123～124千卡/平方厘米·年辐射能达到，在浓密的云杉冷杉林中有95％以上被林冠阻截，直接到达地面的不足 5%。林内气流静稳，蒸发量小。年平均相对湿度为 73%，干月（4 月）为 64%～65%，湿月（8 月）为 87%。随季节变化湿度界限也有不同，干月下限为 1 100 m，上限为 1 600 m；湿月下限为 1 000 m，上限为 1 800 m，使两端即 1 000～1 200 m 及 1 600～1 800 m 各有一个明显的过渡带，表现在植物下带夹有少量阔叶树，上带夹有少量高山阔叶树，郁闭度减小，气流加强。温润系数为 2.0～3.7。≥10℃活动积温为 1 000～1 500℃，无霜期为 80～100 天。由于生育期短，除小块园田外，没有栽培植物。

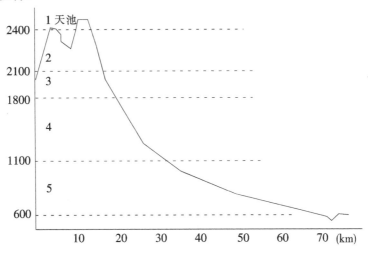

图 9　长白山北坡垂直气候带示意图

（1——高山荒漠气候带；2——高山灌丛气候带；3——山地岳桦林气候带；4——山地针叶林气候带；5——山地针阔混交林气候带）

3. 山地岳华林气候带

下垫面状况：位于 1 800～2 100 m，山势陡峭。主要植被为岳华—杜鹃林（*Rnododendron aureum*），岳桦—越桔林（*Vaccinium vitis - idaea*）。土壤为山地泥炭化生草灰化森林土。

气候特点：冷而多强风是本带气候的主要特征。一月平均气温为 -19～-20℃。七月平均气温为 10～14℃，≥10℃活动积温 1 000～500℃，局部窝风向阳的小气候可达 1 200℃。年降水量 1 000～1 100 mm。相对湿度 74%，湿润系数 3.8～4.7。林稀通风透光好。太阳总辐射量为 123～122.5 千卡/平方厘米·年。年平均风速 6～8 m/s，≥8 级大风日数可达 200 天以上。由于经常吹强劲的西风，树木旗状明显，枝干矮小，弯曲扭掇。

4. 高山灌丛气候带

下垫面状况：位于海拔 2 100～2 400 m，属火山锥体上部，孤峰挺拔。主要植物为笃斯越桔（*Vacciniun uliginosum*）地衣群丛、包叶杜鹃（*Rhododendron*）地衣群丛、牛皮杜鹃（*Rhododendron redowskianum*）地衣群丛等。土壤为石质山地苔原土。

气候特点：寒而多大风，日照充足，紫外线强。年平均太阳辐射总量 122.5～122 千卡/平方厘米·年。≥10℃活动积温 500～300℃。年降水量 1 100～1 300 mm，6～9 月降水 800～900 mm。湿润系数 4.8～5.9，年平均相对湿度 74%。2 200 m 附近的黑风口，全年各月都可以出现 40 m/s 的大风，平时风力都在 8 级以上，行人至此，行走吃力。雾日有 200～250 天。

5. 高山荒漠气候带

下垫面状况：位于海拔 2 400 m 以上，是火山锥体的顶部。主要植被有仙女木群落（*Dryus Tschonoskii*）、高山罂粟（*Papaver Psudo—radicatum*）、长白虎耳草（*Saxifraga lacimiata*）等。小撮分布，大部分被火山白色浮石所盖，呈现石质荒漠现象。

气候特点：本带是长白山最冷的气候带，以寒冷多雾、降水多、风速大为主要特征。一月平均气温<−20℃，七月为 8～10℃。≥10℃活动积温<200℃，天池气象站处仅有117℃，持续日数仅有 10 天，无霜期不足 60 天。日照时数 2 500～3 000 小时，太阳总辐射量为 122～121 千卡/平方厘米·年，最小太阳辐射量出现在 12 月仅有 5.3 千卡，最大是 5 月为 14.15 千卡。年降水量最多平均有 1 407 mm，冬季雨量占全年的 10％。雾日也居首位为 267 天。每年≥8 级大风日数可达 280 天，最多能有 300 天以上。风力最强，在风压作用下，二十几分钟即可将雪压成冰。全年有 10 个月可以出现 40 m/s 的大风。年平均相对湿度 74％，8 月最大平均在 85％以上，4 月最小大于 68％。大陆度 48％接近海洋性。最热月为七、八两月平均为 8.5℃。天气多变，飘云就降雨，雨雾不分。窝风凹地雪厚可达 6 m，平均积雪深度为 2 m 左右。

本文在写作过程中，蒙景贵和提出宝贵意见，并有杨秉赉、阮贤舜、肖荣寰协助进行垂直小气候流动观测及资料搜集工作，图件由孙丽华清绘，在此一并表示谢意。

参 考 文 献

［1］黄锡畴，刘德生，李祯. 长白山北侧自然景观带. 地理学报，1959（6）.

［2］村山酿造. 满洲の森林と其自然的构成. 奉天大阪书店，昭和 17 年.

［3］米仓二郎. 满洲支那（长白山地）. 白杨社，昭和 18 年.

［4］贝第. 山岳地理. 北京：科学出版社，1958.

［5］山の气象研究会编. 山の气象（第 1 集）. 恒星社，1963.

［6］杨美华，景贵和，刘兴土. 吉林省气候区划. 1960 年全国地理学术会议论文选集. 北京：科学出版社.

［7］Rudoif Geiger 近地气候，世界书局，1960.

［8］吉野正敏. 小气候. 地人书馆，1961.

［9］郎惠卿，李祯. 长白山植物地理. 地理知识，1959（12）.

［10］В·П阿里索夫. 气候学教程（第 1 册）. 北京：高等教育出版社，1953.

长白山温泉谷地小气候

李栖筠①

【前言】长白山为国际自然保护区之一，也是我国对外开放的重要旅游胜地。温泉谷地位于长白山北侧天文峰脚下，这儿有瀑布飞泻，白河激浪，温泉沐浴，以及小天池的湖光山影等美景（图1），成为长白山的旅游中心。温泉谷呈一葫芦形，它是由于地堑作用、风化剥蚀及流水切割作用形成的。谷地南北长1 500 m，东西宽1 000 m，谷底（二道白河河谷）海拔1 840 m，由风化碎屑组成，地势平坦。谷壁直立，与地面几乎成90°角，由火山喷出岩组成，相对高度为500 m左右。谷壁坡脚是岩壁风化物，与地面呈30°～40°角。天池水北流在地堑断崖形成68 m高的瀑布，再往北流就是松花江的源头二道白河了。二道白河从南向北，穿过温泉谷地进入二道白河峡谷。温泉谷内由于有瀑布（冷源）、温泉（热源）、二道白河等水体，以及在高山深谷等复杂地形的相互作用下，形成了独特的温泉谷地小气候，使这里景观的垂直地带性结构更加复杂化。

图1　温泉谷地略图

为了进一步探讨，开发温泉谷地的气候资源。1980年6月下旬，东北师范大学地理系77级师生结合部门自然地理实习，从26～28日对这一地区的气候资源进行了比较全面的调查。对地温、气温、湿度、风向和风速等进行了定位、定时、临时对比观测，还进行了野外观察和访问。观测的仪器有通风干湿表、手持风速表、最高最低温度表、地温表、棒状温度表，还配合使用了半导体测温仪。观测前对仪器作了全面检定，数据可靠。

以下仅就考察资料，着重分析谷地、瀑布、温泉在该地小气候形成中的贡献。

一、测点的选择及下垫面的状况

观测点共分三组，第一组设在图1的A阳—A阴的位置，为了解决温泉谷地与小气候

①　【作者单位】东北师范大学地理系。

形成之间的关系，对谷地进行了坡面观测，阳坡（EES 坡）和阴坡（WWN 坡）各观测
点位置参看图 2 和表 1。

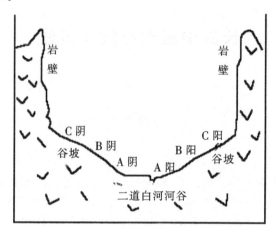

图 2　温泉谷剖面图

表 1

测 点 ＼ 项 目		海拔高度（m）	坡度	下 垫 面 状 况
阳 坡	A	1 860	0°	高 2~3 m 岳桦林间空地，下垫面草被：藜芦、牛皮杜鹃
	B	1 940	23°	高 2~3 m 岳桦林间空地，下垫面草被：牛皮杜鹃、苔藓
	C	2 000	10°	倒石堆
阴 坡	A	1 860	10°	高山苔原草被：牛皮杜鹃、苔草、走马芹
	B	1 980	20°	高山苔原草被：牛皮杜鹃、苔草、走马芹
	C	2 020	35°	倒石堆，附近有雪斑

　　　第二组设在长白瀑布附近。长白瀑布是天池水唯一出口。瀑布冬季流量 1 m³/s，夏
季为 1.62 m³/s。溅起水花形成雨雾，使下游 120 m 方圆总是湿漉漉的。为了弄清瀑布和
天池对谷地气候形成中的作用，除定点观测外，还进行了流动观测。（参考图 3 和表 2）

表 2

位　　置	测　点	海拔高度	与瀑布距离	下 垫 面 状 况
二道白河右侧	A右	1 890 m	120 m	瀑布雨雾区，雪斑北侧，下垫面是坡积物
	B右	1 893	175	坡积物
	C右	1 889	252.4	坡积物，苔原植被（牛皮杜鹃，越菊）
	D右	1 889	328	岳桦林间空地（牛皮杜鹃，独活）
	E右	1 880	380	苔原植被（牛皮杜鹃、越菊）
二道白河左侧	A左	1 910	70	基岩
	B左	1 900	90	倒石堆
	C左	1 875	140	倒石堆
	D左	1 870	240	坡积物，冲积物
	E左	1 890	400	岳桦林间空地（牛皮杜鹃）

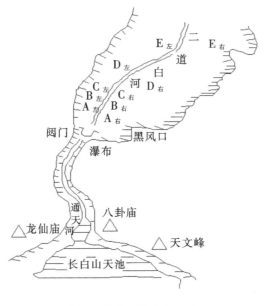

图 3　瀑布区测点分布图

第三组测点分布在温泉区周围。长白温泉位于瀑布北 900 m 处。38 个泉眼分布在长径 70 m 左右、短径 30 m 左右的一个椭圆形区域里。泉水温度各异,最高达 78.5℃,最低达 19.12℃,平均 58.2℃。各点分布情况参考表 3、表 4 和图 4。

表 3

测　点	高度（m）	测点位置及下垫面状况
A泉	1830	温泉西 60 m 处,二道白河高河滩,下垫面是河卵石
B泉	1845	悬崖坡脚,温泉 SSE60 m 处,下垫面是倒石堆
C泉	1845	温泉北 80 m 公路西侧。岳桦林路边空地,有牛皮杜鹃
D泉	1755	温泉被 230 m 公路西侧。岳桦林路边空地,有牛皮杜鹃
E泉	1830	温泉区中间空地,无植被,地表湿度很大
F泉	1850	温泉北 10 m 远,20 m 高的断崖上,岳桦林间空地,有牛皮杜鹃

表 4　　　　　　　　　　　　各泉眼水温

编号	1	2	3	4	5	6	7	8	9	10	11	12	13	14	15	16	17	18	19
温度	67.5	64.5	63.4	51.2	58	74	69	75	70	48	25.5	24	41	32	25	19.2	26	22.5	33
编号	20	21	22	23	24	25	26	27	28	29	30	31	32	33	34	35	36	37	38
温度	56	52	57	75.5	65	73.5	77.5	78.5	75	56	76.5	77.5	77	78.5	70	56	73	77.2	76

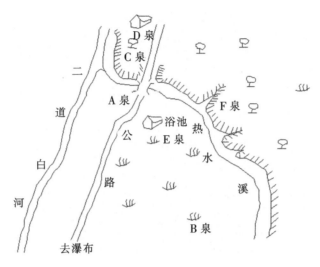

图 4　温泉区测点分布图

二、土壤湿度

温泉谷地土壤发育很差。土层薄，仅能观测 5 cm 地温。观测资料表明地温有明显日变化，最高值出现在 14~15 时，最低值出现在日出之后。与地表温度相比明显拖后（参考图 5）。

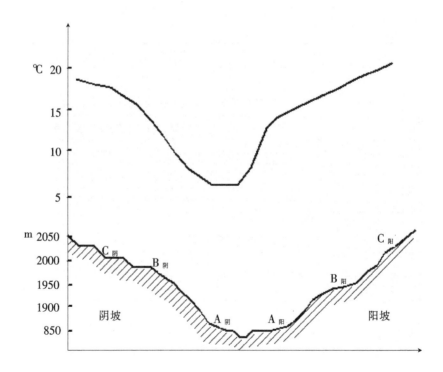

图 5　阴阳两坡日平均地温图

由于坡向不同，最高温出现的时间有明显的差异：上午太阳首先照射阳坡，下午逐渐转向阴坡。因此，阳坡的地温最高值出现的时间比阴坡提前。其次，在没有天气系统影响时，山地上午多晴朗而下午多阴雨。因而暖季里阳坡热状况要好于阴坡（参考图6）。

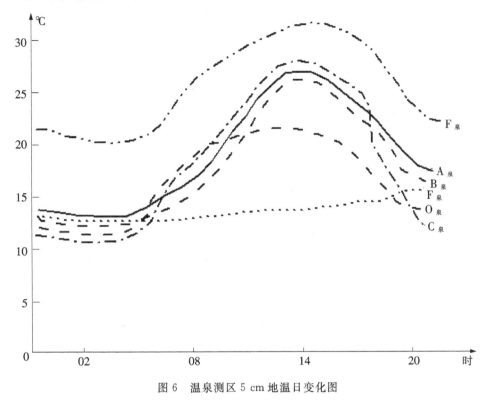

图 6　温泉测区 5 cm 地温日变化图

　　温泉区各测点地温普遍偏高。27 日 02 时 E泉测点 5 cm 地温 20.5℃，日均温 25℃，而地表日均温仅 16.5℃，地温有随深度增加的趋势。说明温泉区除泉眼水温高外，还有地热加热近地层大气。各测点地温随距温泉中心距离的增加而降低，C泉、D泉、F泉各点由于距 E泉远而基本上脱离地热的影响（参考图6）。由此看来温泉区除了太阳热源以外，温泉和地热也是不可忽视的热源。

　　温泉谷地内地温最低的地方要算瀑布测区，由于云雾降温，岩壁遮蔽，地温偏低，瀑布附近在 7 月初仍有冻土存在。

　　掌握土壤热状况常常为土地利用提供依据。同时地表温度也反映了谷内各处净辐射的大小，对讨论小气候差异很重要。

三、气　温

　　1.5 m 高气温日变化曲线各测点都呈单峰型，最高值出现在 14 时左右，最低值出现在日出之前。但由于谷内地形复杂，各测区峰值出现的时间不尽相同。阳坡上午受热，由坡顶 C阳点开始，然后移向 B阳点、A阳点。阴坡比阳坡后接受日照，由 A阴始最后照射 C阴点。因而阳坡各测点最高温出现的时间都在 11～12 时，而阴坡出现在 14 时左右（参看图7）。

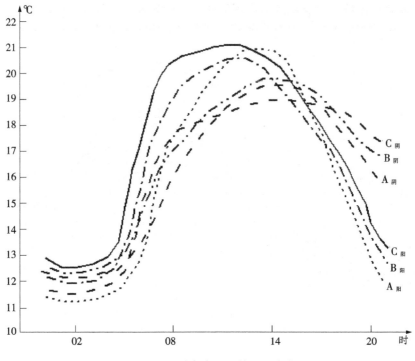

图 7　阴阳两坡各点两日均温日变化图

　　温泉区各测点分布于谷地的中部,地势比较开阔,测点集中遮蔽角大致相仿,因而日变化曲线表现的规律性很强(参看图8)。

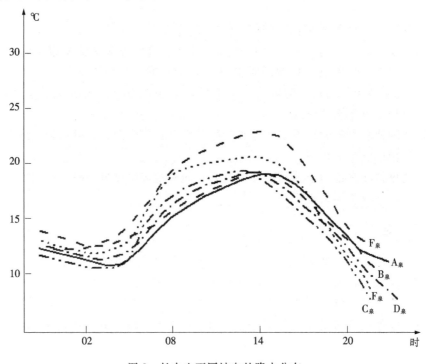

图 8　长白山不同坡向的降水分布

从谷地总的热量状况来看，由于平均位于 2 000 m 高处，年均温－6.2℃，而山下安图县（海拔 369 m）为 3.5℃，年均温要低 9.7℃。此外，谷壁遮蔽，日照时间短。根据太阳高度角基本方程可算出谷内的日照时间：

$$\sin h = \sin \varphi \sin \delta + \cos \varphi \cos \delta \cos \omega$$

温泉谷 $\varphi = 42°$，$\delta = 23°9'$（6 月 27 日）$h = 45°$ 时求得 $\omega = 49°22'$ 可照时间为 6 小时 34 分，而高度平坦地区可照时间为 15 时 58 分，谷内可照时间短了 8 时 26 分。推知谷内日辐射总量比平地要少。依据 Milankvitoh 的日总量计算方程可求出：

$$W_日 = \frac{TI_0}{\pi D^z}(\omega_0 \sin \varphi \sin \delta + \cos \varphi \cos \delta \omega_0)$$

求出谷内 6 月 27 日辐射日总量为 893.2922 cal/cm² · 日，而同高度、同纬度、平坦地区为 1 050.721 1 cal/cm² · 日，谷内要少 257.499 cal/cm² · 日。谷内 ≥10℃ 活动积温仅 1 500℃ 左右。地势高，日照时间短，总辐射少，使得热量状况差，成为避暑的绝好去处。

谷内各处热量状况差异也很大，温泉区热量状况最好：位于谷底比较开阔的地区，日辐射总量最高，又有温泉和地热的加热作用。日均温比谷内其他测区普遍偏高 2～3℃。但从夜间气温来看，常存在逆温现象。由于夜间谷内强烈辐射，加上山风降温作用所致。阴阳两坡由于遮蔽角的差异，热量状况大不相同。阳坡各测点日平均气温普遍比阴坡相应各测点高 2～3℃（图 7）。反应在景观上，阴坡坡顶，由于悬崖遮阴，观测时仍有雪斑，植被是高山苔草。阳坡生长着茂密的山地岳桦林。谷内热量条件最差的要算瀑布区，成为一个冷中心，其形成原因可以借用热流量方程来进行讨论：

$$\frac{\partial T}{\partial t} = \frac{\partial}{\partial z}\left(K \frac{\partial T}{\partial t}\right) + R \frac{dB}{dt} + RL \frac{dm}{dt} - \left(\mu \frac{\partial T}{\partial x} + v \frac{\partial T}{\partial y}\right) - W(rd - r)$$

其中第二项：$R \dfrac{dB}{dt}$ 项是气层辐射差额所引起的温度变化项。此项主要决定于地面热量的大小。瀑布附近恰位于 NNE 坡，背靠断崖，终日不见太阳或日照时间很短，上空终日云雾缭绕，下垫面又有积雪，反射率很大，地面热通量很小，所以 $R \dfrac{dB}{dt}$ 项小于各区。

第三项：$RL \dfrac{dm}{dt}$ 为凝结蒸发引起的温度变化项，此区由于雨雾的蒸发耗热远远大于其他各区，从地面得到的微小热能又多用于气温蒸发也是气温很低的一个原因。第一项 $\dfrac{\partial}{\partial z}\left(K \dfrac{\partial T}{\partial t}\right)$ 是乱流交换所引起的温度变化项，而乱流交换的强弱又决定于热量状况，通过第二、三项的讨论可以推论，此区乱流也不发育。第四项 $u \dfrac{\partial T}{\partial x} + v \dfrac{\partial T}{\partial y}$ 为冷暖平流所引起的温度变化项。虽然此区地形闭塞，不利于冷暖平流所引起的水平交换。但由于南临天池，天池水温在暖季里经常保持 4℃ 左右，湖面气温较低，冷而重的空气唯一的出路是经过通天河越阆门下泄，顺谷北行，也是此区气温偏低的另一个原因。第五项 $W(rd - r)$ 是垂直热量交换项，与平流项相比量级很小，可以忽视不加讨论。通过以上分析能够得出结论，温泉谷内热量状况最差的要算瀑布区，因而成为谷内的一个冷中心。由 1.5 m 高的日平均气温和补充流动资料分析：从瀑布开始，由近及远，气温逐渐升高（图 9），影响范围是以瀑布为圆心，以 400 m 为半径的一个扇形区。瀑布附近至 6 月末仍保持 3～4 m 厚的积雪，距瀑布 250 m 的二道白河谷坡被阴处还有 10～30 cm 厚的雪斑，可见瀑布冷源作用影响之深刻。

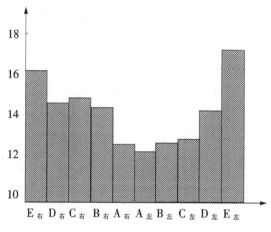

图 9　瀑布区各测点日均温图

山区气温一般是随高度的增加而降低的。但是，这里观测事实表明气温有随高度升高的趋势（如表 5）。温泉谷地峰峻谷深，日照时间短，漫长的夜晚，强热辐射降温。还有冷而重的山风，如同天上降下来的雨水，沿坡下流，汇集谷底出现了日均温谷坡大于谷底的现象。

表 5

测　　点	$A_阳$	$B_阳$	$C_阳$	$A_阴$	$B_阴$	$C_阴$
两日均温	15.1	15.7	16.6	15.7	16.1	14.9

谷内最大日较差出现在谷坡各点，$B_阳$ 1.5 m 高处日较差达 11℃。日较差最小值在温泉区，热水蒸腾，烟波浩淼，既阻碍了夜间的长波辐射，也削弱了夜间的长波辐射，因而日较差最小。

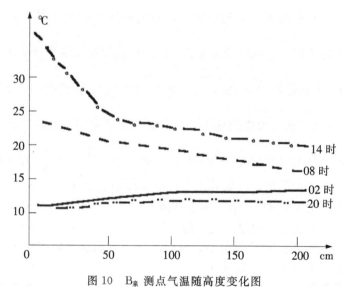

图 10　$B_泉$ 测点气温随高度变化图

气温的铅直变化规律，以 $B_泉$ 点来讨论（参看图 10）。近地面垂直梯度白天大于夜间，因为白天近地面湍流和风速垂直梯度大于夜间。可以用布德科湍流热通量方程来进行讨论：

$$P_{(1)}=1.35K_{(1)}\frac{P}{P_0}（T_{0.5}-T_{2.0}）卡/厘米^2·分$$

$P_{(1)}$——湍流热通量；

$K_{(1)}$——1 m 高处的交换系数，其大小决定于风速的垂直梯度和温度的垂直梯度；

$\frac{P}{P_0}$——气压订正值；

$T_{0.5}$——0.5 m 高处的气温；

$T_{2.0}$——2.0 m 高处的气温。

经表 6 的各项运算可以得到 $P_{(1)}$。

表 6

项 目 时 间	ΔT	$\Delta\mu$	$K_{(1)}$	$\frac{P}{P_0}$	$P_{(1)}$
14	2.9	0.38	1.135	0.073 8 4	0.328 1
08	3.2	0.30	1.562	0.073 8 4	0.529 4
02	−1.7	0.40	0	0.073 8 4	0
20	0.2	0.80	0.119	0.073 8 4	0.002 4

08 时 0.5～2.0 m 的温度梯度最大，原因是湍流热通量最大，夜间 02 时出现了逆温，湍流运动受到抑制。温度垂直梯度的大小主要受湍流和风速梯度的影响。

四、湿 度

绝对湿度最大的地方在温泉测区，高温水面的蒸腾，总是烟雾弥漫，尤其是气温较低的清晨，更为浓重。瀑布区虽然水源也十分充足，但温度较低，绝对湿度总比温泉区小 6～7 mb。绝对湿度的日变化基本同温度日变化一致（参看图 11）。

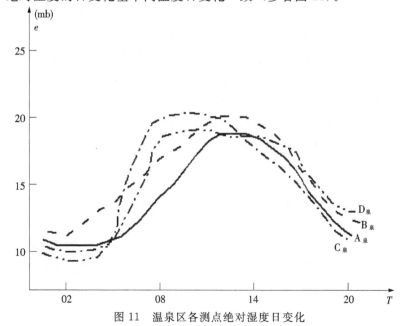

图 11 温泉区各测点绝对湿度日变化

相对湿度的日变化基本与温度日变化相反，清晨随太阳辐射增强，蒸发加快，相对湿度达最大值。随着湿度的增高，饱和水气压迅速上升，乱流也不断加强，相对湿度反而减小，午后 14 时相对湿度最小。傍晚，随温度下降，饱和水汽压也减小，乱流变弱，相对湿度又增大（参看图 12）。山坡上相对湿度的日变化由于受山谷风影响，变化规律有所不同，日间来自谷底的谷风，相对湿度大，而夜间来自嶙峋裸露山顶的山风寒冷而干燥。

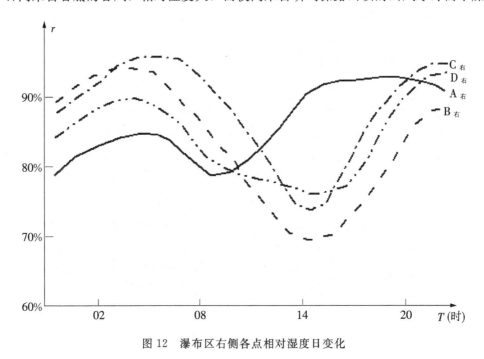

图 12   瀑布区右侧各点相对湿度日变化

五、风

长白山位于南北支急流交汇处，又矗立于群峰之上，成为我国之风极。然而位于天文峰脚下的温泉谷，悬崖峭壁，谷底幽深，环境闭塞，气流多呈越流和绕流，风对谷内影响很小，暖季里环流主要受谷内局地环流控制，盛行山谷风。日间，光秃秃的山顶、山坡接受太阳辐射强烈增温，成为伸向大气的一个热源，山顶和山坡暖空气不断上升，并从山坡上空流向谷地上空下沉。谷底的空气则沿山坡而上，向山顶补充，这样使山坡与山谷之间形成热力环流，从表 7 和表 9 可以看到谷风多呈 NNE 向，沿谷吹向黑风口。夜间山顶和山坡强烈辐射冷却，对大气来说又是冷源。山坡和山顶上的空气与谷地同高度的空气相比温度低，冷而重的空气从山顶沿坡而下，顺黑风口下泄谷底，这就是山谷风，多呈 SSW 向。山谷风转换时间在 6～7 时和 8～19 时，转换时间还常受天气状况影响，温泉区蒸腾的云雾每天随山谷风而定时改变方向，规律性十分明显。

瀑布附近，从通天河下泄的冷而重的空气，不论昼夜沿谷北流，破坏了这里的山谷风。表 8 的各测点多呈 SSW 风。在距瀑布 400 m 左右的 $E_右$ 和 $E_左$ 附近，逐渐为山谷风所代替。

表 7

日期	测点	02 风向	02 风速	08 风向	08 风速	10 风向	10 风速	12 风向	12 风速	14 风向	14 风速	20 风向	20 风速
6月27日	A泉	SSW	0.4	SSW	0.4	NNE	0.6	NNE	0.3	WN	0.32	SSW	0.63
	B泉	ES	0.4	SSW	0.3	NNE	0.45	NNE	0.3	NNE	0.38	SSW	0.8
	C泉	ES	0.4	无	0	NNE	0.35	WN	0.35	WN	0.43	ES	0.43
	D泉	ES	0.4	无	0	NNE	0.45	NNE	0.42	WN	0.38	SSW	0.47
	E泉	无	0	无	0	无	0	无	0	无	0	SSW	0.38
	F泉	ES	0.4	缺	0	缺	0	缺	0	缺	0	SSW	0.6
6月28日	A泉	SSW	0.38	SSW	0.41	NNE	0.42	NNE	0.52	WN	0.31	WS	0.5
	B泉	无	0	SSW	0.38	ES	0.33	NNE	0.4	WN	0.31	SSW	0.4
	C泉	无	0	SSW	0.38	NNE	0.32	NNE	0.36	WN	0.32	SSW	0.4
	D泉	无	0	SSW	0.36	无	0	NNE	0.36	无	0	SSW	0.4
	E泉	无	0	无	0	无	0	无	0	无	0	SSW	0.2
	F泉	SSW	0.1	缺	0	缺	0	缺	0	缺	0	ES	0.2

表 8

位置	测点		02 27日	02 28日	08 27日	08 28日	10 27日	10 28日	12 27日	12 28日	14 27日	14 28日	20 27日	20 28日
二道白河右侧测点	A右	风向	SSW	SSW	SSW	SSW	WN	SSW	SSW	SSW	SSW	SSW	无	SSW
		风速	0.21	0.32	0.27	0.18	0.18	0.15	0.12	0.21	0.18	0.1	0	0.21
	B右	风向	SSW	无	SSW	SSW	WN	SSW	WN	SSW	SSW	N	SSW	SSW
		风速	0.25	0	0.24	0.14	0.14	0.13	0.04	0.32	0.27	0.23	0.2	0.24
	C右	风向	SSW	无	W	SSW	NNW	WN	NW	WN	W	SSW	SSW	SSW
		风速	0.12	0	0.18	0.18	0.19	0.1	0.18	0.23	0.28	0.16	0.4	0.21
	D右	风向	SSW	无	W	SSW	N	无	W	WN	W	无	无	无
		风速	0.07	0	0.15	0.27	0.12	0	0.14	0.14	0.26	0	0	0
	E右	风向	SSW	SSW	SW	W	N	WWN	NNE	W	N	N	NNE	缺
		风速	0.4	0.3	0.36	0.36	0.6	0.47	0.55	0.3	0.39	0.5	0.26	缺
二道白河左侧测点	A左	风向	SSW	SSW	N	SSW	EN	SSW	SSW	SSW	SSW	SSW	SSW	SSW
		风速	0.42	0.43	0.39	0.46	0.47	0.36	0.28	0.36	0.38	0.36	0.41	0.49
	B左	风向	SSW	SSW	SSW	SSW	SSW	SSW	EN	SSW	N	不定	SSW	SSW
		风速	0.42	0.27	0.44	0.31	0.42	0.31	0.31	0.28	0.48	0.29	0.34	0.47
	C左	风向	SSW	SSW	SSW	SSW	SSW	SSW	EN	无	SSW	SSW	SSW	SSW
		风速	0.37	0.32	0.42	0.37	0.41	0.32	0.27	0	0.36	0.26	0.35	0.42
	D左	风向	SSW	N	N	SSW	EN	不定	N	SSW	N	SSW	SSW	SSW
		风速	0.38	0.23	0.32	0.46	0.30	0.22	0.27	0.31	0.27	0.29	0.31	0.41
	E左	风向	无	无	ENN	无	NNE	无	NNE	无	无	N	SSW	缺
		风速	0	0	0.3	0	0.4	0	0.5	0	0	0.4	1.1	缺

表 9

坡向	测点	风向风速	02 27日	02 28日	08 27日	08 28日	10 27日	10 28日	12 27日	12 28日	14 27日	14 28日	20 27日	20 28日
阳坡	A阳	风向	SSW	无	无	无	NNE	无	NEE	无	无	NNE	SSW	SSW
		风速	0.4	0	0	0	0.4	0	0.5	0	0	0.4	1.1	0.4
	B阳	风向	无	无	NNE	无	NNE	无	NNE	NNE	无	NNE	SSW	无
		风速	0	0	0.4		0.4	0	0.3	0.4	0	0.3	0.3	0
	C阳	风向	SSW	无	NNE	无	N	无	NNE	无	W	缺	缺	缺
		风速	0.3	0	0.4	0	0.5	0	0.5	0	0.3	缺	缺	缺
阴坡	A阴	风向	SSE	SSE	WS	W	NNE	NNE	NNE	W	NNE	N	W	S
		风速	0.4	0.3	0.36	0.36	0.6	0.47	0.55	0.3	0.39	0.5	0.26	0.2
	B阴	风向	SSE	SSE	NNE	WWS	NNE	NNE	N	WWN	NNE	NNE	S	SSW
		风速	0.4	0.25	0.27	0.37	0.55	0.34	0.39	0.4	0.31	0.4	0.4	0.3
	C阴	风向	SSE	缺	NW	缺	N	缺	NNE	缺	N	缺	缺	SW
		风速	0.4	缺	0.37	缺	0.4	缺	0.45	缺	0.6	缺	缺	0.4

结　论

1. 温泉谷地小气候形成的基本动力因子是山谷地形。由于坡向不同，小气候有明显差异，造成不同景观。在进行固坡绿化时应注意其不同的生态环境。谷内明显存在逆温，随着旅游事业的发展，应防止空气污染和生态环境的破坏。山谷风盛行，空气日湿夜干。

2. 谷内瀑布起到冷源作用，其影响半径约 400 m。由于瀑布的降温作用和天池泻下的冷而重的空气，破坏了山谷风，在瀑布附近形成了一个局地环流。所以瀑布附近暖季终日盛行凉爽宜人的 SSW 风，成为避暑宝地。

3. 温泉为热源，附近暖季终日维持高温、高湿的环境，对山谷环流有加强的作用。

瀑布、急流、温泉、地热、大风蕴藏着丰富的动力资源，将为开发温泉谷提供取之不尽的能源。

长白山人参气候的综合评价

——模糊贴近度与模糊评判在人参气候鉴定中的应用

杨美华　刘蕴薰①

一、长白山人参气候概况

长白山位于我国的东北，处于亚洲大陆东岸，隔日本海面向太平洋。在高空处于西风带，中年多偏西风，有明显的季风性。

山地走向东北西南，各坡向的气候和降水分布均不相同。西南迎风坡温度高，降水多，湿度大；北向坡温度明显偏低；东北背风坡降水量明显减少。气候的一般特征如表1、表2、表3所示。

表1　　　　　　　　　　　　　　　不同坡向的温度情况

坡　向	地　名	海拔高度（m）	热月气温 （七月　℃）	冷月气温 （一月　℃）	≥10℃ 活动积温	≥10℃ 持续日数
南	长白	711	18.2	−17.8	1 923	196
北	松江	591	19.7	−18.8	2 149	202
东北	明月镇	369	20.3	16.4	2 405	213
西南	临江	332	22.1	−18.0	2 813	230

表2　　　　　　　　　　　　　　　不同坡向的降水情况

坡　向	地　名	海拔高度（m）	年降水量（mm）	向背风
北	松江	591	676	偏背风坡
北	敦化	524	636	偏背风坡
东北	和龙	443	532	背风坡
东北	延吉	177	515	背风坡
西南	漫江	820	899	迎风坡
西南	临江	333	883	迎风坡
南	长白	711	747	偏迎风坡

---

① 【作者单位】东北师范大学地理系。

表3 长白山气候的季风特征

坡 向	地 名	冬半年主要风向	下半年主要风向	12月～2月		6月～8月	
				降水量（mm）	占全年%	降水量（mm）	占全年%
南	长白	NW	SE	32	4	480	64
北	松江	NW	SE	27	3	396	58
西	抚松	W	S	26	3	476	60
东北	和龙	W	N	17	3	348	65

人参是多年生草本五加科植物 *Panx Ginseng* 的根，主产于长白山区。原生于深山阴湿树下称山参，后被人工栽培称为园参。人参对光热的要求是喜阴凉，斜射散射光；水分上要求湿度偏高，但排水良好；禁忌高温、强光和干燥。在长白山的具体条件下，人参多分布在 900 m 以下的平坡地上，尽管各坡向温湿状况不同但都可以栽培人参。一般暖坡分布的较高一些，冷向坡分布的位置略低。虽然人参栽培具有广域性，但由于人参对环境和气候的要求比较严格，故气候环境上的差异使得人参生产等级各地不同。为了发展人参生产，挖掘各地人参生产潜力，鉴定人参气候等级是有意义的。本文仅就长白山人参气候综合评价作初步尝试。

二、应用模糊贴近度进行人参气候因素分析

欲探讨人参生育与气候因素之间的关系，鉴定人参在某地栽培的可能程度，我们以模糊集合原理为基础，应用模糊贴近度的概念，通过对影响人参生长发育的主要气候因子的权数分析来评价人参气候的生产等级，也就是说给出某地的人参气候的综合评语，便可求得气候因子的最佳权数分配。知道了权数分配，便可以抓住众多气候因子中的主要成分，有的放矢地进行气候改造，因地制宜地发展人参生产。反过来知道单因子影响人参生育的权数分配，也可以应用模糊评判方法，进行人参产区的综合评价，从而鉴定某区人参气候环境质量，为人参引种扩种提供评价依据。模糊贴近度反应了两个模糊集合的近似程度。

设 A 为 X 上的一个模糊集合，其隶属函数为 $\mu_A(x)$，记

$$\overline{A} = \bigvee_{x \in X} \mu_A(x), \quad \underline{A} = \bigwedge_{x \in X} \mu_A(x)$$

设 B 为 X 上的一个模糊集合，其隶属函数为 $\mu_B(x)$，则

$$A \cdot B = \bigvee_{x \in X} [\mu_A(x) \wedge \mu_B(x)]$$

$$A \odot B = \bigwedge_{x \in X} [\mu_A(x) \vee \mu_B(x)]$$

分别称为 A 与 B 的内积与外积。

又若对一切 $x \in X$ 有 $\mu_A(x) \geqslant \mu_B(x)$，则称 B 小于 A，记作 $B \subseteq A$。关于内积与外积有下面性质：

（1）对 X 上的确定的模糊集合 A 和 X 上的任意模糊集合 B 都有

$$A \cdot B \leqslant \overline{A}$$

$$A \odot B \geqslant \underline{A}$$

（2）若 A⊆B，则 A·B=Ā；若 A⊇B，则 A⊙B=A̲。

有（1）、（2）可知，当 A=B 时，

$$\overline{A} - \underline{A} = A \cdot B - A \odot B,$$

即

$$\overline{A} - \underline{A} - (A \cdot B - A \odot B) = 0$$

因此定义 A 与 B 的贴近度为

$$(A \cdot B) = 1 - (\overline{A} - \underline{A}) + (A \cdot B - A \odot B)$$

显然贴近度越接近，两个模糊集合越接近。长白山主要参区气候指标如表4：

表4　　　　　　　　　　　长白山主要产参区气候状况一览表

指标\地名	年平均气温（℃）	一月平均气温（℃）	七月平均气温（℃）	大于10℃活动积温（度）	年平均降水量（mm）	5～9月降水量（mm）	干燥度	积雪日数	大风日数	相对湿度%	雾日
抚松	4.2	−17.2	21.8	2 631	778.0	628.3	0.67	168.4	2.3	69	7.7
长白	2.0	−17.8	18.2	1 924	747.4	597.1	0.52	150.6	27.6	70	92.9
靖宇	2.4	−19.3	20.4	2 252	783.7	619.5	0.61	186.8	27.5	73	36.1
通化	4.8	−16.9	22.1	2 757	894.4	716.7	0.62	112.0	15.1	71	28.7
通河	2.4	−21.2	21.9	2 546	626.6	515.9	0.79	118.4	55.9	73	15.7
集安	6.3	−15.9	23.2	3 155	988.9	789.2	0.64	108.0	5.5	72	22.9
桓仁	6.1	−15.2	22.8	3 017	888.3	728.6	0.66	90.5	0.4	68	20.0
和龙	4.8	−14.3	20.7	2 555	532.0	443.6	0.62	79.5	14.4	65	1.3
敦化	2.6	−17.8	19.6	2 182	636.2	529.2	0.66	118.0	14.4	70	23.7
宽甸	6.4	−13.8	22.3	3 020	1 201.7	979.4	0.49	90.9	3.2	70	23.3

根据参区气象观测资料及参农多年生产经验，参照有关科研成果，确定人参气候因子有气温、降水、湿度、积雪深度、无霜期、风及干燥度。从上述因子中选出对人参生育有意义的≥10℃活动积温，冷月（一月）平均气温，5～9月降水，相对湿度、干燥度及大风日数为统计指标。求算长白山各参区合理的气候因素权数分配，从而找出影响人参生育的主要气候因子，并依据最佳权数分配，鉴定各参区的人参生产等级。

以长白参区为例计算步骤如下：

1. 给出因素集合为

U =（≥10℃活动积温、冷月（一月）平均气温、5～9月降水量、相对湿度、干燥度、大风日数）

对 U 中六个因素的权数分配用 A 表示

$$A = (a_1, a_2, a_3, a_4, a_5, a_6)$$

提出可能的气候因素权数分配

$A_1 = $[0.2（≥10℃积温），0.15（冷月平均气温），0.15（5～9月降水），0.25（相对湿度），0.2（干燥度），0.05（大风日数）]

$A_2 = (0.25，0.2，0.1，0.2，0.15，0.1)$

$A_3 = (0.10，0.25，0.15，0.25，0.1，0.15)$

2. 给出综合评语集合为

$V = (优，良，中，一般，不适宜)$

其中：优是一等产参区，良为二等产参区，中为三等产参区，一般为四等产参区，最后是不适宜人参栽培区。

3. 给出综合评语

$$B = (0.6，0.3，0.1，0.0)$$

4. 给出单因素评价矩阵　$P = [r, i, j]$

$$R = \begin{bmatrix} \gamma_{11} & \gamma_{12} & \gamma_{13} & \gamma_{14} & \gamma_{15} & \gamma_{16} \\ \gamma_{21} & \gamma_{22} & \gamma_{23} & \gamma_{24} & \gamma_{25} & \gamma_{26} \\ \gamma_{31} & \gamma_{32} & \gamma_{33} & \gamma_{34} & \gamma_{35} & \gamma_{36} \\ \gamma_{41} & \gamma_{42} & \gamma_{43} & \gamma_{44} & \gamma_{45} & \gamma_{46} \\ \gamma_{51} & \gamma_{52} & \gamma_{53} & \gamma_{54} & \gamma_{55} & \gamma_{56} \\ \gamma_{61} & \gamma_{62} & \gamma_{63} & \gamma_{64} & \gamma_{65} & \gamma_{66} \end{bmatrix}$$

矩阵依据气象站观测资料及参场的人参气候观察资料统计整理而得。

$$R = \begin{bmatrix} 0.1 & 0.2 & 0.5 & 0.15 & 0.05 \\ 0.25 & 0.5 & 0.2 & 0.05 & 0.0 \\ 0.40 & 0.45 & 0.10 & 0.05 & 0.0 \\ 0.5 & 0.35 & 0.15 & 0.0 & 0.0 \\ 0.6 & 0.3 & 0.1 & 0.0 & 0.0 \\ 0.30 & 0.3 & 0.35 & 0.05 & 0.0 \end{bmatrix}$$

5. 按 A_1，A_2，A_3 分别求综合评语 B_1，B_2，B_3，由下面公式计算：

$B_1 = A_1 R = (0.3775 \quad 0.345 \quad 0.22 \quad 0.0475 \quad 0.01)$

$B_2 = A_2 R = (0.335 \quad 0.34 \quad 0.255 \quad 0.0575 \quad 0.0125)$

$B_3 = A_3 R = (0.2825 \quad 0.345 \quad 0.285 \quad 0.0725 \quad 0.015)$

6. 分别求 B 与 B_1、B 与 B_2 和 B 与 B_3 的贴近度，依下面公式求算

$(B \cdot B_1) = 1 - (\overline{B} - \underline{B}) + (B \cdot B_1 - B \odot B_1) = 1 - 0.6 + (0.3775 - 0.01) = 0.7675$

$(B \cdot B_2) = 1 - (\overline{B} - \underline{B}) + (B \cdot B_2 - B \odot B_2) = 1 - 0.6 + (0.34 - 0.0125) = 0.7275$

$(B \cdot B_3) = 1 - (\overline{B} - \underline{B}) + (B \cdot B_3 - B \odot B_3) = 1 - 0.6 + (0.345 - 0.015) = 0.73$

7. 结论

由于 $(B \cdot B_1) > (B \cdot B_2)$，$(B \cdot B_1) > (B \cdot B_3)$，所以肯定 A_1 的气候因素权数分配为最佳方案。同理计算长白山的中北部各参区，均表现为 A_1 是最好的气候因子权数分配（见表5）。长白山南段以 A_3 为最佳气候因子权数分配（表6）。从而推知在长白山中北部决定人参生育的最重要的气候因子是相对湿度，其次是≥10℃活动积温和干燥度，再次为冷月气温和5~9月降水，最后大风对人参生产也有一定影响。在长白山南段也是≥

10℃活动积温影响最为突出，其次是 1 月平均气温，再次是 5～9 月降水和大风。

表 5 长白山中北段人参气候的模糊贴近度

地 名 ＼ 贴近度	$B、B_1/A_1$	$B、B_2/A_2$	$B、B_3/A_3$
抚松	0.75	0.745	0.745
长白	0.767 5	0.727 5	0.73
靖宇	0.77	0.717 5	0.655
通化	0.975	0.955	0.945
通河	0.767 5	0.722	0.692 5

表 6 长白山南段人参气候的模糊贴近度

地 名 ＼ 贴近度	$B、B_1/A_1$	$B、B_2/A_2$	$B、B_3/A_3$
集安	0.835	0.835	0.845
桓仁	0.825	0.835	0.845

三、人参气候的模糊评价

利用模糊贴近度和模糊评判方法进行人参气候综合评价，其所得各参区的人参气候综合评语见表 7。

表 7 长白山人参气候评价表

参区名 ＼ 评语	优	良	中	一般	不适宜
抚松	0.45	0.427 5	0.105	0.017 5	0
长白	0.377 5	0.345	0.22	0.047 5	0.01
靖宇	0.42	0.295	0.237 5	0.047 5	0
通化	0.475	0.4	0.122 5	0.002 5	0
通河	0.28	0.39	0.24	0.067 5	0.022 5
集安	0.545	0.362 5	0.092 5	0	0
桓仁	0.545	0.362 5	0.092 5	0	0

评语中的数值表示隶属等级的程度，其中数值最大者为主要归属等级，五个人参生产

等级合计数值为 1。分析人参气候模糊评价，对照上述产参区的实际生产情况，有以下几点结论：

1. 计算所得人参生产等级基本符合基层人参生产实际，说明模糊贴近度和模糊评判这一新的综合评价方法可以引用。

2. 同属于一个等级的产参区，但评语数字不同，说明每个参区各种等级的比例不同，对计划生产、估产、引种、扩种有参考意义。

3. 由于长白山地域广大，自然条件复杂，气候也多种多样，因此，要在不同的区域建立反映不同区人参气候特征的气候因子权数分配模式，明确模式代表范围，便可用模糊贴近度来鉴定各地人参气候的生产等级，有效地评价一个地区的人参气候。

长白山区人参栽培气候条件的初步分析

刘蕴薰　杨美华①

【前言】 人参是驰名中外的名贵药材。近年来由于人参化学成分及其结构、药理、临床等方面研究的新进展，人参的应用日益广泛，人参栽培区随之迅速扩大。因此，研究人参生态环境，掌握其变化规律，对人参引种，扩大种植区，改进栽培技术等，都有实际意义。

本文根据人参生物学特征，运用 1950—1973 年的气象资料，结合近年来有关人参栽培的试验和调查资料，对长白山区人参栽培的气候条件，作一初步分析，试图为人参生产提供科学依据。关于这方面的研究，目前尚缺乏借鉴，因此，我们的工作仅是一次初步尝试。

一、人参生长发育与气候条件

我国人参主要分布在东北东部山地，南起辽宁省的宽甸，北至黑龙江省的伊春，其中心产区在长白山的抚松、靖宇和集安一带。长白山人参栽培历史悠久，而且人参栽培面积和产量均居全国首位，素有"人参故乡"之称。长白山的人参品质好，产量高，长期享誉中外。为此我们以抚松、靖宇和集安为例，对长白山区人参栽培的气候条件试作如下分析。

抚松、靖宇和集安地处山峦起伏、地势陡峻的长白山区，境内生长繁茂的针阔混交林。这里冬夏风向更替明显，降水的季节变化显著，属温带大陆性季风气候。由于境内山岭纵横，垂直高度变化大，因此具有一般山地气候特点，气候复杂，垂直差异明显（表1）。抚松、靖宇地处海拔 430 m 以上的山区，气温较低，降水充沛，为冷凉湿润气候。集安位于长白山南坡且地势较低，气候温和湿润。从抚松、靖宇和集安的气候特征可以看出人参喜温凉湿润气候，而且对气候的适应性较强。

表1　　　　　　　　　　　　抚松、靖宇和集安气候基本特征

地点	海拔高度	年均温	最热月气温	最冷月气温	极端最高温	极端最低温	年降水量	相对湿度	日照时数	大风日数（>8级）
抚松	430.2	4.3	21.8	−17.2	34.7	−37.7	778.0	69	2 398.4	2.3
靖宇	549.2	2.4	20.8	−19.2	33.5	−42.2	783.7	73	2 448.8	27.5
集安	171.1	6.3	23.2	−15.9	37.7	−36.2	988.7	72	2 341.0	5.5

---

① 【作者单位】东北师范大学地理系。

人参是多年生的宿根植物，栽培人参产成期最少 6 年，一般为 6～12 年。春季，日平均气温上升 10℃ 以上，人参开始出苗气温继续上升至 12℃ 以上，便进入展叶期。日平均气温上升 16℃ 以上进入花期。日平均气温达 20℃ 以上转入红果期。从开花至红果期，是人参生长最旺盛时期，适宜气温为 20～25℃。入秋后，气温逐渐下降，日平均气温降至 12℃ 以下，就进入枯萎期。之后人参便转入休眠阶段。由此可以认为，日平均气温≥10℃ 的持续日数，为人参生育活动季节，其余时期则为人参休眠期。

抚松、靖宇和集安一带，人参生育期的气候特征，主要从光、温、水等方面来分析（表 2）。

表 2　　　　　　　　　　　人参生育期（5～9 月）基本气候温标

地点	日平均气温≥10℃				5～9 月降水			5～9 月相对湿度	5～9 月日照时数	5～9 月日照百分率
	初日	经日	初经间日数	积温	降水量	占全年 %	降水变率			
抚松	15/5	25/9	143.8	2 631.0	628.3	81	15	73	1 086.4	50.4
靖宇	14/5	19/9	128.9	2 252.4	619.3	79	14	78	1 098.1	51
集安	24/5	6/10	166.1	3 154.4	788.2	80	17	76	1 047.1	48.8

抚松、靖宇一带，春季日均温稳定通过 10℃ 的始期平均在 5 月中旬。最早于 4 月下旬，最晚 5 月下旬。集安一带则较早，一般为 4 月中旬。秋季，抚松、靖宇一带平均终期为 9 月下旬，集安较晚为 10 月上旬。最早与最晚相差 10～20 天。日均温持续期抚松、靖宇为 143～128 天，集安为 166 天。≥10℃ 积温抚松、靖宇为 2 200～2 600℃。集安为 3 154.4℃。从上述分析可以看出，人参主要产区的热量条件差异较显著。其次，各地气温的年际变化均较大。如≥10℃ 持续期，各年长短变化较大，一般可达 10～20 天。≥10℃ 积温，历年高低之差也较大。靖宇最高值曾达 2 579.8℃（1970 年），最低值仅为 1 713.9℃（1957 年）。由此可见，人参对气温的适应性较强。但生育期较长，气温偏高则有利于人参茎、叶、根的增长。

太阳辐射是人参进行光合作用形成产量的能源。这一地区，5～9 月太阳总辐射约为 60～70 kcal/cm²，占全年的 60% 左右。5～9 月日照时数为 1 000～1 100 h，日照百分率为 50% 左右。人参生长盛期日可照时数长达 14～15 h。日照时数长，可延长光合作用时间，是人参生长的有利条件。近年来改全遮棚为双透棚的试验表明，双透棚可以改善光照条件，提高光合作用能力，从而使人参产量提高 30%～40%，人参皂甙总含量提高 40% 左右。事实充分说明，人参虽属阴性植物，适宜的光照条件仍是提高人参产量和质量的必要条件。

人参生育期内降水充沛，加之森林涵养水源的作用，空气湿度大。这一地区 5～9 月降水量均在 600 mm 以上，约占全年降水量的 80% 左右。5～9 月相对湿度达 70% 以上，均大于年平均值。

二、人参根茎叶增长量与气候条件

人参的根、茎、叶均可药用。人参根、茎、叶的增长量受生态环境的综合影响，其中与气候条件关系密切。那些气候因子对其增长量影响较大，这是人们极为关注的问题。目前对这一问题的研究尚无借鉴。我们以抚松为例，对人参根、茎、叶增长量与气温、降水、相对湿度之间的关系进行统计分析。分析结果表明，人参茎叶增长量与气温、降水、相对湿度均呈正相关，其相关系数分别为 0.77，0.84，0.92，信度分别为 0.05，0.01。（图 1）相关系数如此之高，说明其相关关系十分密切。在三个气候因子中又以相对湿度与茎叶增长量之间的相关系数最大，这与参农的经验是一致的。

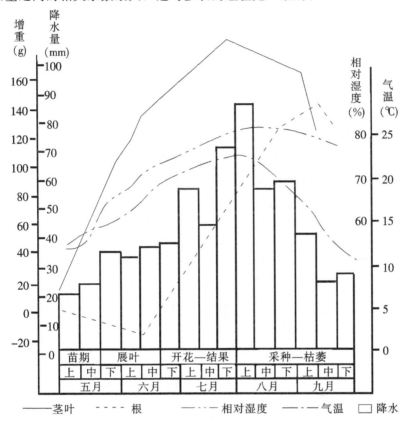

图 1 人身增重与气候的关系

人参根的增长量与气温、降水、相对湿度之间的相关系数略小。因从萌动至展叶前，人参叶面积小，光合作用微弱，不能补充营养的支出，所以贮藏根的营养向地上植株倒流，供给茎叶生长。因此，此时根重增长与气候呈负相关。枯萎前期，随气温下降，降水量减少，人参茎叶呈现枯萎。此时贮藏根则处于最后增重期，并出现增重最高值。根重增长与气候也呈负相关。由此可见，只在展叶期—红果期，根重的增量与气候呈正相关。随着气温的升高，湿度增大，根重迅速增大。

人参主要药效成分为人参皂甙。目前测定人参有效成分都以人参总皂甙含量为依据。据腐殖土六年作货人参总皂甙含量的测定，靖宇产的人参总皂甙含量最高（6.5637%），其次是集安产的人参（5.868 1%），再次为抚松产的人参（5.764 4%）。对比三个地方的气候条件（表 2），可以看出人参总皂甙含量与空气湿度的关系最为密切。据研究，人参根型和根的增重与土壤条件的关系更为密切。土壤湿度一般以 40%～50% 为宜。因此，降水丰富的地方，空气湿度大是有利条件，但参地必须排水良好，以防止雨季土壤过湿，影响通气性。

三、人参生长的不利气候条件

早霜是影响人参生长发育的不利气候条件。人参在苗期，茎叶的耐寒能力较强，可抗 −4℃ 以内的低温。因此晚霜对人参的危害较少。据研究，入秋后人参在生育上进入枯萎期是由于气温降低遭受霜冻所致。枯萎前期是人参贮藏根最后增重期，早霜迟，可延长生育期，有利于人参增重。早霜来得早则迫使人参提早进入枯萎期。

据调查，入秋后当气温降至 0℃ 时，人参就将受害，最低气温（百叶箱）与地面最低气温约差 2~3℃，即最低气温在 2℃ 左右，地面最低气温常常已达 0℃ 以下。因此我们采用最低气温 ≤2℃，≤0℃，≤−2℃ 三级界限，分别为轻霜冻、中等霜冻、重霜冻的指标。从表 3 可知，抚松、靖宇和集安的早霜气候特征略有差异。抚松、靖宇早霜出现较早，集安则较迟。早霜的年际变化各地均较大。最早和最晚相差可达 10~20 天。秋季日均温度 ≥10℃ 的终止期，一般比早霜晚 5~10 天，即早霜常常在日均温 ≥10℃ 的终日前出现。因此，采取技术措施，避免和减少早霜危害，则可延长生育期，促进人参根增重。

表 3　　　　　　　　　　最低气温 ≤2℃，≤0℃，≤−2℃ 初终期

地点	≤2℃			≤0℃			≤−2℃		
	平均初日	最早初日	最晚初日	平均初日	最早初日	最晚初日	平均初日	最早初日	最晚初日
抚松	20/9	10/9	29/9	25/9	13/9	12/10	2/10	27/9	18/10
靖宇	13/9	2/9	25/9	20/9	8/9	4/10	26/9	11/9	15/10
集安	1/10	21/9	5/10	12/10	2/10	24/10	17/10	5/10	28/10

枯萎期之后，人参则进入休眠期。这里的人参休眠期大约从 9 月下旬至 10 月上旬开始，到第二年 4 月终止。人参休眠期，气候寒冷而干燥。最冷月平均气温均在 −15℃ 以下，绝对最低气温通常在 −35℃ 以下。由于人参耐寒性强，一般年分可以安全越冬。

表 4　　　　　　　　人参休眠期（10 月~昱年 4 月）的气候特征

地点	最冷月气温	极端最低温	最低温 ≤−30℃ 日数	降水量		积雪			积雪深度 ≥30 cm 日数	30 cm 土壤	
				降水量	占全年 %	初日	终日	初终间日数		冻结日期	解冻日期
抚松	−17.2	−37.7	8.6	149.6	19	29/10	14/4	168.4	0.7	6/12	9/4
靖宇	−19.3	−42.2	28.6	164.2	20	19/10	22/4	186.8	1.0	9/12	16/4
集安	−15.9	−36.2	4.7	199.5	20	10/11	4/4	145.9	4.7	12/12	28/3

人参休眠期影响人参生长发育的气候因子主要是冻害。人参冷害通常发生在早春和晚秋。在此期间，常常有北方冷空气爆发南下，引起大范围寒潮降温，并伴随有大风和降雪天气。在这一带，一次寒潮入侵可使气温连续下降 3~5 天，最长达 6~10 天。日最大降

温值达 10℃以上。寒潮入侵引起的气温急降易造成人参冻害。尤其是冬末初春，适逢萌动期出现冻害，对人参危害最大。人参冻害通常发生在秋雨多、春雪大、土壤过湿的条件下。早春气温开始回升，当气温上升至 0℃以上，积雪融化。此时突然只在表层解冻，融水不能下渗。因此突然表层湿度大。如有寒潮入侵，气温突然下降，当土壤温度降至 0℃以下，人参将遭受冻害，参农称为"缓阳冻"。由此可见，早春回暖期间，骤然降温的天气所造成的"一化一冻"是人参冻害发生的直接原因，人参冻害程度受人参本身的抗逆性状，寒潮降温强度以及生态环境等因素的综合影响。1971 年一次人参冻害调查发现栽参层土壤含水量不同，冻害程度存在明显的差异。栽参层土壤含水量为 28%，无冻害；土壤含水量为 30%，冻害的致死率为 16.67%；土壤含水量为 66.4%，冻害的致死率为 100%。

大风也是人参生长发育的不利气候因素之一。每当季风交替季节，出现南高北低的气压形势时，西南大风带来干旱少雨天气。尤其在副高势力较强时，在反气旋控制之下，气温偏高，湿度降低，配合西南大风天气，助长植物蒸腾，促进认识生理干旱，并使人参茎叶受到机械损伤，从而影响人参的正常生长。抚松、靖宇和集安，虽分居于长白山南北两坡，但风速均较小，大风日数也较少。靖宇最大风速为 24 m/s（1957 年 4 月 26 日），集安为 20 m/s（1960 年 4 月 30 日）。>6 级风日数，靖宇为 9.2，集安为 5.2，与松嫩平原相比相差悬殊。长春最大风速为 30 m/s（1954 年 3 月 4 日），白城为 40 m/s（1956 年 4 月 14 日）。>6 级风日数，长春为 33.6，白城为 17.5。大风危害是影响这一地区人参生产发展的重要原因之一。

参 考 文 献

[1] 刑云章等．人参各生育时期生长动态研究．东北师范大学学报，1981（1）．

[2] 于得荣．人参冻害及预防的实验初报．特产科学实验，1980（1）．

[3] 张亨元．关于中国人参和美国人参栽培带及其发展可能地域的探讨．特产科学实验，1981（1）．

第二松花江源头区水文特征

杨秉赓①

【提要】 本文扼要地分析了长白山的自然地理环境对第二松花江源头区水文特征的影响，在天池气象站和二道白河水文站观测资料的基础上通过实地考察，对天池的水源补给、径流排泄、水化学特征以及白河流域的独特水文规律作了初步的分析。

长白山是第二松花江、鸭绿江、图们江之源。第二松花江是我省第一大河，是松花江的上游。第二松花江有两个发源地，皆发源于长白山主峰，南源诸水皆汇入头道江，北源诸水皆汇入二道江，头道江和二道江汇合后称为第二松花江。头道江的主源为漫江，其较大支流有锦江、汤河、松江河、濛江、那尔轰河等；二道江的主要支流有四道白河、古洞河和露水河等，其中二道白河直接发源于长白山天池，是第二松花江的正源。（图1）

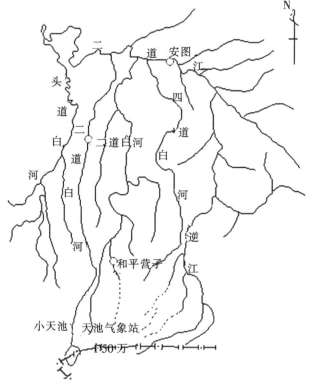

图1 第二松花江源头区水系分布图

---

① 【作者单位】东北师范大学地理系。

一、第二松花江源头区流域特征

长白山的地质和自然地理条件影响着天池和二道白河的水文特征。

（一）地质、自然地理特征

长白山主峰是一座风景绚丽的休火山，它是一座多次喷发的中心式锥形火山体。火山锥体的下部由上第三系上新统的黑色致密块状橄榄玄武岩组成，在 1 400～1 800 m 之间为第四系下更新统玄武岩，1 800 m 以上主要是由第四系中更新统长白山组碱性粗面岩和凝灰质角砾岩构成，其中有几层多孔状粗面岩为降水入渗创造了条件，在凝灰质角砾岩与粗面岩之间常有泉水出露；长白山的最上部系由第四系全新统的冰场组浮岩和火山灰组成，浮岩质轻而多孔，有利于降水入渗转化为地下水。火山锥体东北侧火山灰、火山砂砾分布广泛且较厚，它对白河流域的产流、汇流以及地下水径流等均有极大影响。长白山区的地质构造、节理走向控制着水系和温泉的分布，在有些玄武岩裂隙、洞穴发育区则形成地下河。长白山区岩石的化学组成、火山活动、温泉等又影响着水化学特征。

天池四周奇峰环绕，海拔高度超过 2 600 m 以上的山峰约有 10 余座，在我国境内有天文峰、白岩、白云峰、青石峰等；在朝鲜境内有海山、将军峰等，其中将军峰最高，高度达 2 749.2 m。长白山火山锥体的这种地形、地势特征，决定着长白山区径流分布具有垂直地带性特点。水系以火山口为中心呈放射状，河网密度以火山锥体部分为最大。河网密度（D）大小与距火口距离（L）、地面平均高度（$\overline{H}$）、地面平均坡度（$\overline{S}$）有密切关系，其回归方程为：

$$D = K \cdot L^{\alpha} \cdot \overline{H}^{\beta} \cdot \overline{S}^{\gamma} \qquad ①$$

式中，K，α，β，γ 为区域地理参数。长白山火山锥体部分河网密度数学模式见表 1。

表 1 河 网 密 度

河 名	河网发育密度方程
二道白河	$D = 2.01 L^{0.055} \cdot \overline{H}^{-0.010\,4} \cdot \overline{S}^{-0.043}$
三道白河	$D = 0.016 L^{0.25} \cdot \overline{H}^{0.313} \cdot \overline{S}^{-0.154}$
松江河	$D = 0.14 L^{-0.12} \cdot \overline{H}^{0.356} \cdot \overline{S}^{0.036\,7}$
锦江	$D = 5.0 L^{0.08} \cdot \overline{H}^{-0.179} \cdot \overline{S}^{-0.033}$

长白山区的气候特点是：冬季漫长而凛冽，夏季温凉而短暂，春秋不显而迅逝。长白山区降水丰沛而稳定，多年平均降水量为 1 340.4 mm，最多年降水量达 1 809.1 mm，最少年降水量为 881.8 mm，年降水变差系数为 0.16，长白山北坡年降水的垂直分布服从于指数律，其具体方程为

$$P = 580.98 e^{0.000\,318H} \qquad ②$$

式中，P——某一高度的年平均降水量（mm），H——海拔高度（m），e——自然对数的底；580.98，0.000 318——区域地理参数，年降水的垂直分布制约着年径流量的垂直分布。降水的年内分配，雨量多集中在夏季，6～9 月降水量约占年降水量的 71%，4～9 月降水量约占年降水量的 85.7%，10～3 月降雪量约占年降水量的 14.3%。降水的年内分布分配，决定着本区地表径流和地下径流的年内分配。长白山天池区年平均气温为

—7.3℃，七月平均气温仅有 8.5℃，每年 10 月到次年 5 月平均气温均在零下，因此天池结冰期可达 8 个月之久，有时 8 月中旬就开始下雪。山上多大风，≥8 级大风的日数年平均可达 272 天，最多达 309 天，最大风速大于 40 m/s，年中最多风向为 WSW 风。长白山夏季天气瞬息万变，时而晴朗无云，时而阴云密布，雷电交加，狂风暴雨骤至。

长白山的土壤和植被受地形和气候的影响，具有明显的垂直地带性。在海拔 600～1 000 m 之间，土壤为山地暗棕壤，植被为针阔混交林带，土壤表层有 5～6 cm 厚的枯枝落叶层，受母质影响土壤透水性各处不同，火山灰分布区渗透系数较大，黄色亚黏土分布区渗透系数较小。此带内灌木、草本植物繁茂，因而有滞缓径流作用。在海拔 1 000～1 800 m 之间，土壤为棕色针叶林土（泰加林土），植被为针叶林带，此带土壤表层倒木和枯枝落叶层较厚。土层厚一般不超过 1 m，母质多为火山灰和火山砂砾，林冠郁闭度大，林内阴湿，苔藓发育，吸水性强，土壤渗透系数大，因而影响产流和汇流，并增加入渗。在海拔 1 800～2 000 m 之间，土壤为山地生草森林土，植被为岳桦林带，此带内由于地势较高，坡度较大，土层较薄，土质较黏，树木较疏，降水较多，坡面汇流较快，能量集中，故河流多下切较深。在海拔 2 000～2 600 m 之间，土壤为山地苔原土，植被为山地苔原带。此带由于气候严寒，冰冻风化强烈，岩石多风化成碎块，因风力特强，已无高大乔木，仅能生长矮小的多年生草本、地衣、苔藓和小灌木等，形成广阔的、毯状的高山苔原植被。2 600 m 以上的山顶区已不能生长植物，被一片多孔、多裂隙的浮岩或火山凝灰质角砾岩的碎块所覆盖，这些岩石有利于降水的入渗，补给裂隙水，裂隙水又补给天池。

（二）流域、水系特征

二道白河流域为一狭长形流域，流域面积约为 314.2 km²，流域平均宽度为 4.7 km，最大宽度为 7.1 km，流域长度为 64.5 km。流域平均高度为 1 034 m，地面平均坡度为 1°39′。天池集水区和二道白河流域均为非闭合流域，故水量补给丰富，年径流系数大于 1。

二道白河从天池发源后，由南向北奔流，穿过莽莽林海汇入二道江，全长 78.6 km，总落差达 1 667 m，河床平均高度为 1 003 m，河床平均坡降为 2.54%（1°27′）。二道白河上游多急流、瀑布，从源头到冰场段，河水切入较宽敞的"U"形峡谷中，水流时而在布满块石的河槽中奔腾咆哮，时而又流入窄深的石槽中翻滚轰鸣，冰场以下至海拔 1 300 m 处，二道白河河谷多由玄武岩组成的窄而深的悬崖峭壁，河流纵剖面呈"梯形"，因而多跌水和小瀑布。从海拔 1 300 m 到河口，二道白河流入广大玄武岩台地区，河谷较宽敞，比降较小，水流较平缓。河床形态可分为三段：瀑布以下至 1 600 m 处，河床形态呈对数曲线型；1 600 m 至 950 m 之间和 950 m 至河口段河床形态均呈幂函数曲线型，其回归方程见表 2。

表 2 河 床 形 态

河　段	河床形态数学模式
瀑布～1 600 m	$H=1\,997.9\sim199.8\ln L$
1 600～950 m	$H=3\,010.3L^{-0.339}$
950 m～河口	$H=6\,685.9L^{-0.585}$

式中，H——河床高度（m），L——距火口边缘距（km），其他数值为区域地理参

数。二道白河虽发源于东北降水最多区，但受地面组成物质和原始森林的影响，水系很不发育，仅在 1 000 m 以下才汇入短小的东、西半截河、纳寒葱河和宝马河等。

二、天池水文特征

（一）天池概况

天池又称"阅门池"、"龙宫池"、"大泽"等。天池位于长白山锥体顶部中央部分，由火山口积水而成，是中朝边界上最高的火口湖。湖面高度约 2 185 m，湖面面积约 9.4 km²，湖面呈曲玉形，南北径长 4.5 km，东西最大径长为 3.5 km，湖面周长 13.6 km，湖水平均深度为 204 m，最大水深达 373 m，地表集水面积约为 20.9 km²，总蓄水量约 20 亿 m³。

天池四周群峰环绕，池水宛如碧玉镶在奇峰之间，唯有在池北八卦庙附近有一天然缺口，称为"阅门"。阅门宽约 20～30 m，池水由此外泄，成为二道白河的发源地。距天池约 1 000 m 处由于岩石陡立，池水悬流急下，跌入深谷，竟成一巨大长白瀑布，落差达 68 m，远望瀑布如三条银河倒挂，近观水花飞溅数十米，水声如击鼓，景色异常壮观，使游人久久不能离去，因此古人赞美"白河两岸景佳幽，碧水悬崖万古留。疑似龙池喷瑞雪，如同天际挂飞流"。

天池内有温泉数处，其中最大的温泉带出现在天文峰下，温泉带宽 30～40 m，一带长 150 m 左右，一带长 40 m 左右，水温约 42℃。另外，在将军峰下和白云峰下也有温泉上涌。天池附近温泉最集中的地区出现在长白瀑布北约 830 m 处，在 1 000 m² 范围内就有温泉几十处，这些温泉从凝灰质角砾岩和粗面岩接触带中涌出，并补给二道白河，其水温一般在 40℃ 以上，最高水温达 82℃，为中、高温热水。这些温泉的分布规律，主要受南北向和东西向构造线所控制。

温泉北有两个小天池，池呈圆形，距温泉 1 900 m 处的小天池面积约 5 300 m²，水色碧蓝，水清见底，水深十余米，水映近山林海倒影显得格外秀丽；距温泉 1 500 m 处的小天池，因长期淤积已成沼泽。关于小天池的成因，过去有人认为是小火山口湖，但通过本次调查小天池应由河流冲刷而成。

（二）天池水的补给、循环与排泄

关于天池水的来源问题，过去曾有两种看法：一种意见认为天池水的补给来源主要是大气降水，其次是地下泉水；另一种意见认为主要以泉水补给为主，降水补给为辅。通过本次野外考察和搜集了天池气象站、二道白河水文站以及温泉站的历年气象资料和天池出口、瀑布下、温泉站的水文资料，经初步分析，得到以下一些启示：

第一，从天池水位和通过阅门排出的水量来看，年内和年际之间均有变化，见表3。从温泉水文站近两年的流量观测资料中可知：各月平均流量、最大流量、最小流量和年径流总量均有明显变化，随着降水的增加，6～9 月平均流量增大，这说明大气降水是天池的补给水源之一。那么大气降水补给量又占多少呢？因缺少蒸发观测资料，所以还不能进行水量平衡计算。现仅就年降水量和年径流总量加以粗略对比即可发现：天池每年排出的径流总量远远大于天池集水区内的年降水总量，见表4。由此可见还有地下水的补给。

表 3 天池降水与温泉站流量

年份	项 目	1月	2月	3月	4月	5月	6月	7月	8月
1976年	天池降水（mm）	4.1	10.0	29.1	44.5	56.3	114.1	33.8	312.2
	温泉站流量（m³/s）	0.95	1.00	1.05	0.95	0.88	1.39	1.43	2.36
1977年	天池降水（mm）	0.6	4.8	14.6	58.5	60.2	266.2	255.1	208.8
	温泉站流量（m³/s）	1.20	1.16	1.11	1.19	1.33	1.70	2.10	2.68

年份	项 目	9月	10月	11月	12月	年总量	最大值	最小值
1976年	天池降水（mm）	131.2	45.5	55.3	8.7	1 154.8	57.9	—
	温泉站流量（m³/s）	2.29	1.35	1.21	1.04	0.419（亿m³）	3.42	0.88
1977年	天池降水（mm）	89.1	59.5	55.7	24.5	1 097.6	—	—
	温泉站流量（m³/s）	1.90	1.36	1.32	1.32	0.485（亿m³）	3.87	1.09

第二，从表4中可知：在未计入天池水面蒸发的情况下，大气降水五年平均补给量约占60%左右，地下水（温泉和裂隙水）补给量约占40%左右，由此可见天池水的来源以大气降水补给为主，地下水补给为辅。但对某一具体年份，地下水补给量也可超过大气降水补给量。例如，1977年天池区年降水总量较1976年少，在这种情况下，地下水补给量约占52.8%，大气降水补给量仅占47.2%。

表 4 补 给 水 源

集水面积（km²）	五年平均					1976年				
	$\overline{W}$	$\overline{P}$		$\overline{W}-\overline{P}$		$\overline{W}$	P		$W-P$	
		总量	%	总量	%		总量	%	总量	%
省水文总站计算值20.3	0.416	0.243	58.4	0.173	41.6	0.419	0.234	55.8	0.185	44.2
本次调查计算值20.9	0.416	0.250	60.0	0.166	40.0	0.419	0.244	57.5	0.178	42.5

集水面积（km²）	1977年				
	W	P		$W-P$	
		总量	%	总量	%
省水文总站计算值20.3	0.485	0.223	45.9	0.262	54.1
本次调查计算值20.9	0.485	0.229	47.2	0.256	52.8

注：W——年径流总量（亿m³）；P——年降水总量（亿m³）；$W-P$年径流总量减去年降水总量（未扣除蒸发）近似等于地下水补给量（亿m³），但偏大。

由以上分析可知，天池水的来源有两方面：一是大气降水（包括雪），一是地下水。天池水的裂隙水又受大气降水的补给，裂隙水沿裂隙向地下深处运动过程中受火山区地热影响又转化为地下热水，地下热水承压后又以温泉上涌形式补给天池水。

天池水一方面通过蒸发而逸入天空，另一方面则通过径流排出。天池水向外排泄的方式有两种：一是通过闸门由地表排出；一是通过地下岩石裂缝由泉水排出（例如闸门以北到长白瀑布之间二道白河右岸，海拔高度在 2 180 m 处有四个较大泉水从粗面岩裂隙中涌出）。天池的下泄水量和排泄方式各季不同，夏秋两季天池下泻水量随降水的多少而异，如 1973 年 8 月 9 日天池出口流量为 1.62 m³/s，同一天瀑布下测得的流量为2.81 m³/s，因此天池通过地下泉水方式排出的水量约为 1.19 m³/s；1978 年 8 月 9 日温泉站降水量达 90.9 mm，天池下泻流量达 2.73 m³/s，而温泉站实测最大流量达5.57 m³/s。冬春两季因天池表面结冰，所以天池表面不往外排水，仅通过地下以泉水方式向外排泄，因而流量减小。天池水温终年较低，夏季水温在 7～12℃，池面一般从 11 月底封冻，到次年 6 月中旬开始解冻。1975 年 4 月实测最大冰厚为 1.28 m，冰上雪深 0.9 m；1978 年 4 月测得冰厚为 0.95～0.96 m，雪深 0.94 m；1930 年冰厚 3 m，雪深达 1.5 m。1978 年 5 月 31 日在瀑布下实测流量为 0.90 m³/s，全为天池通过地下排出的水量。天池出口不仅在封冻期内可断流，即使在夏季，较长时期内不下雨，天池水位下降 0.5 m 左右也可断流，这是因为天池出口处一般水深小于 0.5 m，水面宽 6 m 左右，平均流速小于 1 m/s。1978 年 6 月降水量虽然已达 167.2 mm，但 7 月 5 日天池出口仍出现了断流。据温泉水文站观测资料，当温泉站流量减少到 1.56 m³/s 时，天池出口即已断流。综上所述，每年大约从 10 月到翌年 6 月以前天池表面因结冰，当冰厚大于天池出口断面水深时，天池出口即不往外排水，而瀑布处流量全由天池通过地下泉水补给；解冻后，仅 6～9 月天池才能从闸门向外排水。

由于天池的补给水源主要是大气降水，所以天池水位也有变化，天池水位年变幅一般可达 0.8～0.9 m，最大可达 1.0 m 左右。水位变幅决定于降水量和水面面积的大小，如 1978 年 8 月 1 日到 3 日降水量达 87.4 mm，天池水位上涨 20.4 cm；而 8 月 8 日到 9 日下了 90.9 mm 的雨，水位才上涨了 19 cm，平均每下 1 mm 雨水位上涨 2 mm 左右。在夏季，如三天不下雨，水位即可下降 1 cm。

（三）天池水质特征

天池水为无色、无味透明的，色度为 10°。

天池的矿化度为 5.853 毫克当量/升，小天池的矿化度为 1.590 毫克当量/升，但温泉矿化度较高，达 35.457 毫克当量/升。天池水的总硬度为 1.65 德国度，小天池为 1.44 德国度，温泉达 5.6 德国度，均属软水型。天池的总碱度为 2.332 毫克当量/升，小天池仅为 0.515 毫克当量/升，温泉达 14.499 毫克当量/升。天池水的 pH 值为 7.4，呈弱碱性；小天池水 pH 值为 6.5，呈弱酸性；温泉水 pH 值为 7，呈中性。

在主要的阴离子中，以重碳酸离子为最多，天池为 142.3 毫克/升，小天池为 17.5 毫克/升，温泉达 884.7 毫克/升；氯离子次之，天池为 19.6 毫克/升，小天池为 2.6 毫克/升，温泉达 102.5 毫克/升；硫酸根离子和碳酸根离子较少，天池的硫酸根离子含量为 3.6 毫克/升，小天池为 6.3 毫克/升，温泉为 1.9 毫克/升。在阳离子中，以钠、钙含量较多，天池水中钠的含量为 58.2 毫克/升，钙的含量为 10.2 毫克/升；温泉水中钠的含量高达 404 毫克/升，钙的含量为 38.8 毫克/升。天池水中钾的含量为 4.93 毫克/升，镁的含量为 0.66 毫克/升；温泉水中钾的含量为 18.5 毫克/升，镁的含量为 2.21 毫克/升。

在微量元素中，天池以亲硫元素、射气元素含量为最高，其中含量最高的元素有氟、硫、磷。有害超标元素有氟、铍、硒、锑等。温泉比天池多 10 倍以上的微量元素有硼、钛、锰、钴、镍、铬、铷、砷等。所有这些特点均与火山、温泉环境有密切关系。天池水、瀑布水、两江口水的微量元素与长白山区岩石中的微量元素间相关密切，并呈对数律，其回归方程为

$$\left.\begin{array}{l} y_水 = 0.020 + 0.064\log x_岩 \\ y_水 = 0.004 + 0.001\log x_岩 \end{array}\right\} \quad ③$$

式中：$y_水$——水中微量元素含量；$x_岩$——下更新统玄武岩中微量元素含量；0.020，0.064，0.004，0.001——区域自然地理影响参数。

三、二道白河水文特征

二道白河是东北区河流中，源头最高，瀑布最多，比降最大，流速最急，水量最丰，沙量最少，冬季不冻的河流。

（一）二道白河径流特征

根据二道白河水文站的观测资料，二道白河多年平均径流总量为 1.731 亿 m³，年平均径流模数达 26.2 dm³/s·km²，是东北区各河流中产水量最大的河流之一。年平均径流系数达 1.06。

长白山区地表径流分布，受地质、地形、降水的影响，径流分布具有垂直地带性，年径流深从山上向山下递减，温泉站年平均径流深约 2 050.6 mm，二道白河水文站则为 827.2 mm。白河流域受区域地质和水文条件的影响，相邻河流和一条河的上、中、下游径流显著不同，并具有奇特的水文规律。例如，二道白河在枯水季节，天池区来水量仅为 1.07 m³/s，西半截河来水量为 0.98 m³/s，而东半截河集水面积只有 47.7 km²，来水量却达 2.32 m³/s，占二道白河来水量的一半以上。东半截河来水量较大的原因在于：东半截河流域火山灰分布较广、较厚，埋藏在地下的玄武岩又多裂隙，裂隙水丰富，河槽下切较深，并袭夺了奶道河上游的部分水量，因此来水量较大。头道白河集水面积比二道白河大一倍多，年径流量比二道白河少一倍，其原因是：一无天池补给，二是地下水补给量较二道白河少一倍。二道白河右岸相邻流域奶道河最为特殊，集水面积只有 54.7 km²，而年平均径流深达 2 766.7 mm，比当地年降水量大 3 倍以上，是东北区产水量最大的河流，径流模数达 87.7 dm³/s·km²，比相邻流域三道白河大 11.5 倍。奶道河的水量绝大部分由地下泉水补给，枯水期泉水平均流量达 4 m³/s 以上。

白河流域由于受地形影响，降水丰沛，径流年内分配较均匀，见表5。二道白河的水源以地下水补给为主，平水年和多水年地下水补给量约占 77%～80% 左右，雨水补给量约占 17%～20%，雪水补给量约占 2.5%～3.0%；少水年地下水补给量可达 91.6%，雨水补给量仅占 6.2%，雪水补给量占 2.2%。头道白河流域因火山灰分布面积较小，黄色亚黏土分布面积较广，渗透系数小，所以地下水补给量减少，平水年地下水补给量约占 51.2%，雨、雪水补给量增加，分别为 41.2% 和 7.6%，奶道河平水年地下水补给量约占 92.7%，雨水补给量占 6.6%，雪水补给量只占 0.7%。

表5				二道白河径流年内分配（单位：m^3/s）								
年径流保证率%	1月	2月	3月	4月	5月	6月	7月	8月	9月	10月	11月	12月
20	4.21	4.45	4.29	6.65	5.46	6.10	7.93	11.6	6.39	5.02	4.45	4.23
50	4.21	3.96	4.15	5.52	6.89	6.70	8.14	7.81	5.62	5.01	4.23	4.19
80	4.21	4.31	4.15	4.44	4.91	5.39	8.08	6.39	5.35	5.24	4.53	4.48

二道白河的年径流与6～9月降水、10～5月的地下水和融雪水补给量相关极为密切，其回归方程为

$$\hat{y} = 10.681 x_{6\sim9}^{0.285} D_{10\sim5}^{0.718} \cdots\cdots \qquad ④$$

式中：$\hat{y}$——年径流深（mm）；$x_{6\sim9}$降水总量（mm）；$D_{10\sim5}$月地下水和融雪水补给量（m^3/s）；10.681，0.285，0.718——区域地理参数。

白河不但水量丰沛，年内分配较均匀，而且年际变化也小，径流稳定，年径流变差系数仅为0.10左右，是东北各河中年径流变差系数最小区。此外，由于受本区自然地理环境的影响，洪水径流较小，二道白河1960年最大洪峰流量仅达71.1 m^3/s。

（二）二道白河水化学特征

由于二道白河流域水源充沛，受地质、地貌条件影响，水分交换条件良好，因此水硬度小，水矿化度低。二道白河的总硬度为1.696德国度，矿化度为3.442毫克当量/升，pH值为7呈中性，总碱度为1.387毫克当量/升。二道白河的矿化度、碱度、pH值有从上游向下游递减的趋势；硬度、溶解氧、耗氧量则有从上游向下游递增的趋势，见表7。二道白河的矿化度和总碱度较相邻其他白河为高，而其他白河的硬度、溶解氧和耗氧量则高于二道白河。

在主要阴离子中，以重碳酸根离子含量为最多，达84.8毫克/升，氯离子为8.78毫克/升，硫酸根离子为4.71毫克/升。在主要的阳离子中，钾、钠含量较高，达26.5毫克/升，钙含量为8.83毫克/升，镁的含量为3.04毫克/升。因此二道白河水化学类型为：HCO_3—Na型水。这与长白山区岩石、土壤中钾钠含量较高有关。在二道白河的主要离子中，HCO_3^-、Cl^-、Ca^{2+}、K^+、Na^+等离子均有从上游向下游递减的趋势，但SO_4^{2-}、Mg^{2+}离子则相反。

在微量元素中，氟、磷、硼等射气元素含量最高，而硫、镍、锰、锌、铬次之，河中这些物质含量较高均与本区火山、温泉有密切关系。

（三）二道白河冰情特征

二道白河虽然位于长白山高寒气候区，但冬季河流不冻，这是白河特有的水文现象，所以不冻，与本区河床比降大，流速急，泉水补给量大，水温较高等有密切联系。

总之，第二松花江源头区径流充沛而稳定，年内分配较均匀，径流分布具有垂直地带性，水源补给地下水占较大比重，受火山灰和原始森林的影响，洪水径流较小。二道白河的水化学类型和微量元素的含量均反映了长白山区火山与温泉的特点。

参 考 文 献

[1] 村山酿造等. 长白山综合调查报告书（日文），1942.

[2] 黄锡畴，刘德生，李祯. 长白山北侧的自然景观带. 地理学报，北京：科学出版社，1959，25 (6).

[3] 贾士金，姜鹏，罗显清等. 长白山自然地理概况. 吉林省博物馆编，1963.

[4] 吉林省水文总站. 吉林省河流概况，1979.

[5] 吉林省水文总站. 龙池喷瑞雪天际挂飞流. 地理知识，1979 (2).

长白山北麓水化学本底值分布模式[①]

杨秉庚　李惠明[②]

　　长白山耸立在我国吉林省东南部中朝两国交界处，山体雄伟，景色壮丽，是我国最大的自然保护区之一，这里有多次喷发的火山、天池、瀑布、温泉，也有万木参天的原始森林，动植物资源丰富，并具有典型的山地垂直景观带（图1）。

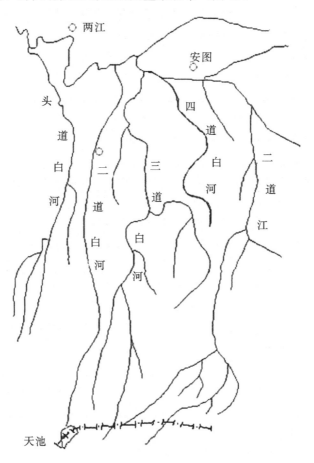

图1　长白山北麓水系分布图

① 参加本项工作的还有中国科学院吉林应用化学研究所等单位。
② 【作者单位】东北师范大学地理系。

长白山是第二松花江、鸭绿江和图们江的发源地。长白山北麓各河水化学特征能代表第二松花江源头区水化学本底值，并可供研究鸭绿江和图们江水质本底值的参考。

一、水化学背景模式

（1）概况

长白山主峰海拔高度为 2 749.2 m，它是一座多次喷发的中心式锥形体火山。火山锥体的下部由上第三系上新统的黑色致密块状橄榄玄武岩组成，在 1 400～1 800 m 之间为第四系下更新统玄武岩，在 1 800 m 以上主要是由第四系中更新统长白山组碱性粗面岩和凝灰质角砾岩所构成，其中有几层多孔状粗面岩为降水入渗创造了条件，在凝灰质角砾岩与粗面岩之间常有泉水出露；最上部系由第四系全新统的冰场组浮岩和火山灰组成，浮岩质轻而多孔，有利于降水入渗转化为地下水。火山锥体东北侧火山灰、火山砂砾分布广泛而较厚，它对流域的产流汇流以及地下径流均有极大影响。长白山区的地质构造、节理走向控制着水系和温泉的分布，有些玄武岩裂隙、洞穴发育区则形成地下河。长白山区岩石的化学组成，火山活动、温泉等又影响着水化学特征。

长白山高耸的群峰顶部，系由乳白色、黄色浮岩构成，加之峰顶每年积雪达九个月之久，故远望山顶一片银白景色。锥体中央的喷火口，形如深盆积水成湖，这便是世界文明的火口湖——长白山天池。它由 16 个山峰环绕，湖水像一块碧玉镶在群峰之中。天池水面海拔高度约 2 185 m，湖面呈椭圆形，南北长 4.5 km，东西宽 3.5 km，湖水面积约 9.4 km²，湖面周长约 13.6 km，湖水平均深度 204 m，最大水深达 373 m，地表集水面积约为 20.9 km²，总蓄水量约 20 亿 m³。在我国境内，唯有天池北侧八卦庙附近有一缺口，称为"闼门"，池水由此奔流直下，成为第二松花江的源头。距天池 1 250 m 处由于岩石陡立，池水悬流急下，跌入深谷，形成巨大瀑布，落差达 68 m，瀑布宛如银河倒挂，水花飞溅数十米，水声轰鸣，景色极为壮观。在长白瀑布两侧，还有泉水和现代雪斑融水所形成的小瀑布，落差很大，形如银线下垂。一眼望去，势如银河泻下千顷雪，溅处顷刻升起万缕烟。

天池附近温泉较多，最集中地区在长白瀑布以北。仅 1 000 m² 范围内便有几十处温泉。一般水温在 40℃ 左右，最高水温可达 82℃。

长白山的土壤和植被受地形和气候的影响，具有明显的垂直地带性。在海拔 600～1 000 m 之间，土壤为山地暗棕壤，植被为针阔混交林带；1 000～1 800 m 之间，土壤为棕色森林土，植被为针叶林带；1 000～2 000 m 之间，土壤为山地生草森林土，植被为岳桦林带；2 000～2 600 m 之间，土壤为山地苔原土，植被为山地苔原带。2 600 m 以上的山顶已不能生长植物，为片状多孔，多裂隙的浮岩和火山凝灰质角砾岩的碎块所覆盖。

（2）长白山锥体模式

长白山是一个典型的圆锥形火山体，按其形态、高程（H）、地面坡度和对地理要素影响的不同，可分为三个组成部分，即火山锥体、熔岩高原和玄武岩台地（图 2）。

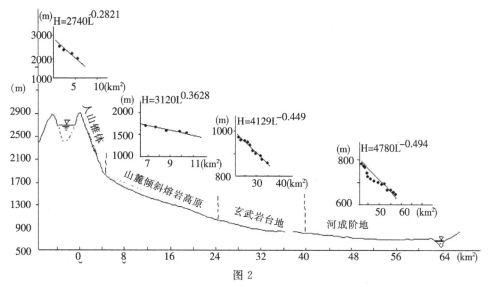

图 2

火山锥体分布在海拔 1 800 m 以上，山体陡峭，地面坡度达 30°以上，锥体模式如下：

$$H = 2\,740L^{-0.282} \tag{1}$$

式中：L 为距火山口边缘的距离（km）；-0.282，$2\,740$ 分别为地貌形态参数，负指数表示锥体形态随距火山口边缘距的增加而降低。

山麓倾斜熔岩高原，位于 $1\,000 \sim 1\,800$ m，地面坡度一般 $1 \sim 6°$，其模式为：

$$H = 3\,120L^{-0.368} \tag{2}$$

式中符号同（1）式。

玄武岩台地分布在 $800 \sim 1\,000$ m 之间，地面坡度多在 1°左右，其模式为：

$$H = 4\,129L^{-0.449} \tag{3}$$

式中符号同（1）式。

此外，在二道白河下游河谷内，明显发育着两级河成阶地，其阶地模式为：

$$H = 4\,780L^{-0.494} \tag{4}$$

式中符号同（1）式。

一级阶地由较厚的冲积火山灰或火山砂组成，二级阶地为基座阶地。

（3）长白山北麓水热模式

该区的气候特点是：冬季漫长而凛冽，夏季温凉而短暂，春秋不显而迅逝。多年平均降水量为 1 340.4 mm，最多降水量达 1 809.1 mm，最少降水量为 881.8 mm，年降水变差系数为 0.16，其水热系数（K）方程为：

$$K = 1\,176\,705.4H^{-2.285} \tag{5}$$

式中，H 为地面海拔高度（m）。

北坡年降水量受地形高度影响而具有明显的垂直变化，其分布服从于指数率，其方程为：

$$P = 580.98e^{0.000\,318H} \tag{6}$$

式中：P——某一高度的年平均降水量（mm）；

e——自然对数的底；

H——海拔高度（m）；

580.98，0.000 318——区域地理参数。

年降水量的垂直分布制约着年径流量的垂直分布。

（4）长白山北麓河网分布模式

长白山火山锥体的地势特征决定着径流分布具有垂直地带性特点。水系以火山口为中心呈放射状，河网密度以火山锥体部分为最大。河网密度（D）大小与距火山口距离（L）、地面平均高度（$\overline{H}$）、地面平均坡度（$\overline{S}$）有密切关系，其回归方程为：

$$D = K \cdot L^{\alpha} \cdot \overline{H}^{\beta} \cdot \overline{S}^{\gamma} \tag{7}$$

式中，K，α，β，γ——区域地理参数。

二道白河与三道白河的河网发育密度方程分别为：

$$D_{二} = 2.01L^{0.055} \cdot \overline{H}^{-0.104} \cdot \overline{S}^{-0.043} \tag{8}$$

$$D_{三} = 0.016L^{0.25} \cdot \overline{H}^{-0.031} \cdot \overline{S}^{0.154} \tag{9}$$

二道白河从天池发源后，由南向北奔流，穿过莽莽林海汇入二道江。河床平均坡降为2.54%，上游多急流、瀑布；中游纵剖面呈"梯形"，因而多跌水和小瀑布；下游流入广大玄武岩台地区，河谷较宽敞，比降较小水流较平缓。河床形态可分为三段：瀑布以下至海拔高度1 600 m处，河床形态呈对数曲线型；1 600～950 m之间和950 m至河口段河床形态均呈幂函数曲线型，其回归方程见表1。

表1　　　　　　　河床形态

河　段	河床形态数学模型	
瀑布～1 600 m	$H = 1 997.9 - 199.8\ln L$	(10)
1 600～950 m	$H = 3 010.3L^{-0.339}$	(11)
950 m～河口	$H = 6 685.9L^{-0.585}$	(12)

式中：H——河床高度（m）；

L——距火山口边缘距离（km）；

其他数值为区域地理参数。

（5）河流水量补给模式

天池水的来源以大气降水补给为主，地下水补给为辅。但对某一具体年份，地下水补给量也可超过大气降水补给量。例如，1977年天池区年降水量较1976年少，在这种情况下，地下水补给量约占52.8%，大气降水量仅占47.2%。天池区的裂隙水受大气降水补给，裂隙水沿裂隙向地下深处运动过程中受火山区地热影响又转化为地下热水，地下热水承压后又以温泉上涌形式补给天池水。

二道白河的水源以地下水补给为主，平水年和多水年地下水补给量约占77%～80%；雨水补给约占17%～20%；雪水补给量约2.5%～3.0%；少水年地下水补给量可达91.6%。

二道白河的年径流与6～9月降水，5～10月份的地下水和融雪水补给量相关极为密切，其河流水量补给模式为：

$$y = 10.681x^{0.285} \cdot D^{0.718} \tag{13}$$

式中：y——年径流深（mm）；

X——6～9月份的降水总量（mm）；

D——5～10 月份地下水和融雪水补给量（m^3/s）；

其他数值为区域地理参数。

二、水化学常量元素地理分布模式

长白山北麓地区水源充沛，受地质、地貌条件影响水分交换条件良好，水化学常量元素分析成果见表 2。

表 2　水化学常量元素分析成果表

采样点	一般性质						主要阴离子				主要阳离子			
	矿化度	碱度	硬度	pH	溶解度	耗氧量	HCO_3^-	CO_3^{2-}	SO_4^{2-}	CL^-	Ca^{2+}	Na^+	K^+	Mg^{2+}
天池	5.853	2.332	1.65	7.4	8.8	0.35	142.3	0	3.6	19.6	10.2	58.2	4.93	0.66
天池出口	5.726	2.312		7.5	9.1	0.35	130.5	0	3.6	18.7	12.5	69.0	5.20	0.86
瀑布											7.0	50.0	8.00	0.60
小天池	1.590	0.515	1.44	6.5	8.9	2.4	17.5	6.8	6.3	2.6				
温泉	35.457	14.499	5.6	7.0	4.95	1.05	884.7	0	23.75	102.5	38.8	40.4	18.5	2.21
二道白河	3.442	1.387	1.696	7.0	9.7	5.78	84.8	0	4.71	8.78	8.83	30.9	30.9	3.04
两江汇口											8.64	3.99	1.02	2.28
头道白河	1.801	0.660	1.373	6.9	10.5	8.04	38.9	0	4.76	5.04				
奶道河	2.375	0.910	2.048	7.0	10.9	3.78	54.8	0	6.31	4.7				
三道白河	2.244	0.821	1.984	7.0	10.9	9.27	49.6	0	7.29	4.88				
四道白河	2.444	1.002	2.592	6.9	10.6	11.19	61.1	0	5.08	4.43				

注：矿化度、碱度单位：毫克当量/升；

硬度单位：德国度；

其他元素单位：毫克/升。

天池水为无色、无味透明，色度为 10°。天池水受碱性岩石影响 pH 值为 7.4，呈弱碱性；小天池水 pH 值为 6.5，呈弱酸性；其他水体为中性。

（1）矿化度、碱度和硬度分布模式

本区矿化度、碱度和硬度均以温泉为最高，其他水体较低。其中矿化度有从天池向头道白河、小天池按指数律递减的趋势；碱度有从天池向头道白河按指数律递减的趋势；硬度有从天池向四道白河递增的趋势。其回归方程：

矿化度为：

$$K = 6.764 e^{-0.192x}$$

（14）

碱度为：

$$a = 2.921e^{-0.220x} \qquad (15)$$

硬度为：

$$E = 1.199e^{0.100x} \qquad (16)$$

式中：K——矿化度（毫克当量/升）；

    a——碱度（毫克当量/升）；

    E——硬度（德国度）；

    X——采样点分布顺序；

    e——自然对数的底；

    其他数值为区域地理参数。

（2）溶解氧和耗氧量分布模式

本区各水体中溶解氧以温泉为最低，仅为 4.95 毫克/升，其他水体溶解氧含量较高，并有从天池向三道白河增加的趋势；耗氧量有从天池向四道白河按线性规律递增的趋势。其回归方程：

溶解氧为：

$$D = 8.398e^{0.036x} \qquad (17)$$

耗氧量为：

$$B = -2.328 + 1.659X \qquad (18)$$

式中：D——溶解氧（毫克/升）；

    B——耗氧量（毫克/升）；

    X——采样点分布顺序；

    e——自然对数的底；

    其他数值为区域地理参数。

（3）主要阴离子分布模式

本区各种主要阴离子以温泉中含量为最高，重碳酸根离子达 884.7 毫克/升，氯离子达 102.5 毫克/升，硫酸根离子为 23.75 毫克/升。主要阴离子的地理分布规律为：重碳酸根离子有从天池向头道白河按指数律递减的趋势；硫酸根离子有从天池向三道白河按指数律增加的趋势；氯离子有从天池向四道白河按指数律递减的趋势。其回归方程：

重碳酸根离子为：

$$H = 201.090e^{-0.267x} \qquad (19)$$

硫酸根离子为：

$$S = 3.176e^{0.103x} \qquad (20)$$

氯离子为：

$$C = 23.435e^{-0.277x} \qquad (21)$$

式中：H——重碳酸根离子含量（毫克/升）；

    S——硫酸根离子含量（毫克/升）；

    C——氯离子含量（毫克/升）；

    X——采样点分布顺序；

    e——自然对数的底；

其他数值为区域地理参数。

（4）主要阳离子分布模式

本区主要阳离子以温泉中含量为最高，钠离子含量达 404 mg/l，钙离子达38.8 mg/l，钾离子达 18.5 mg/l，镁离子为 2.21 mg/l。主要阳离子的地理分布规律为：钠离子有从天池向两江口按对数律减少的趋势；钙离子有从天池向两江口按指数律递减的趋势；镁离子有从天池向二道白河按指数律增加的趋势。其回归方程：

钠离子为：

$$Na = 77.604 - 37.292 \ln X \tag{22}$$

钙离子为：

$$Ca = 13.783 e^{-0.133x} \tag{23}$$

镁离子为：

$$Mg = 0.309 \theta^{0.449x} \tag{24}$$

式中：Na，Ca，Mg 为钠、钙、镁离子含量（毫克/升）；

　　　　X—采样点分布顺序；

　　　　其他数值为区域地理参数。

总的看来，在主要离子中，HCO_3^-，Cl^-，Na^+，K^+ 等离子均有从上游向下游递减的趋势，但 SO_4^{2-}，Mg^{2+} 离子则相反（见图 3、图 4、图 5）。

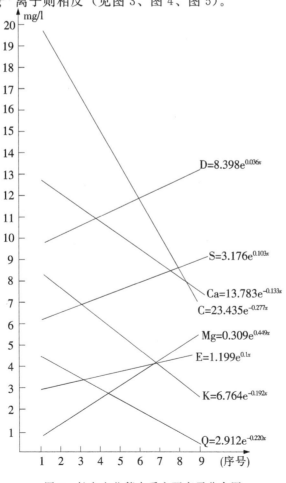

图 3　长白山北麓水系主要离子分布图

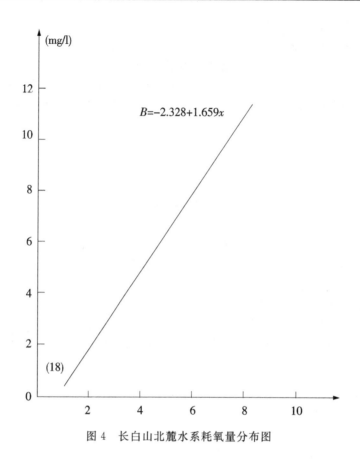

图 4 长白山北麓水系耗氧量分布图

（5）常量元素关系方程

天池、天池出口、二道白河之间常量元素（包括矿化度、碱度、pH、溶解度、耗氧量、HCO_3^-、SO_4^{2-}、Cl^-、Ca^{2+}、Na^+、K^+、Mg^{2+} 等）关系密切，其回归方程见表 3：

表 3　　　　　　　　　常量元素相关方程

相关系数	方　　程	
0.998	$y_\alpha = 1.078\,X_\beta^{0.985}$	(25)
0.892	$y_\gamma = 4.276e^{0.025}\,y_\alpha$	(26)

表中：y_α——天池出口常量元素；

　　　X_β——天池常量元素；

　　　y_γ——二道白河常量元素；

　　　其他数值为地理参数。

（6）小天池与河流常量元素相关程度

小天池与天池、头道白河、二道白河常量元素相关方程见表 4：

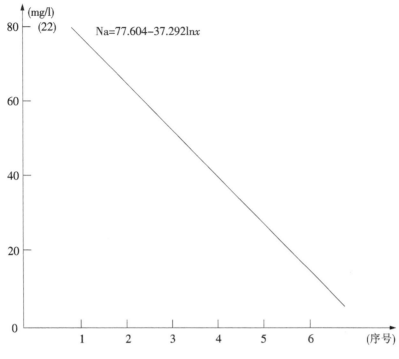

图 5　长白山北麓水系 N_a^+ 分布图

表 4　　　　　　　　　　　常量元素相关方程

相关系数	方　　　　程	
0.923	$y=0.941x_1^{0.826}$	(27)
0.910	$y=-2.05+4.08\ln x_2$	(28)
0.794	$y=0.655+2.609\ln x_3$	(29)

表中：y——小天池常量元素；

x_1——头道白河常量元素；

x_2——二道白河常量元素；

x_3——天池常量元素；

其他数值为区域地理参数。

关于小天池的成因，过去有人认为是小火山湖，但通过本次调查，小天池应由河流跌水冲刷而成。通过常量元素回归方程分析看出小天池与头道白河相关密切，相关系数达0.923；小天池与二道白河相关较差，相关系数为0.910；小天池与天池相关不好，相关系数为0.794。这进一步证明小天池不是火山湖。

三、水化学微量元素地理分布模式

在微量元素中，天池以亲硫元素、射气元素含量为最高。其中含量最高的元素有氟、硫、磷。超标元素有氟、铍、硒、锑等。温泉比天池多10倍以上的微量元素有硼、钛、锰、钴、镍、铷、砷等。所有这些特点均与火山、温泉环境有密切关系。天池水、瀑布水、二道河水、两江口水的微量元素与长白山北麓地区岩石中的微量元素间关系密切。

（1）上、下更新统橄榄玄武岩与天池水关系方程如下：

$$y_1 = 237.613x_1^{-0.026}x_3^{1.916} \tag{30}$$

式中：y_1——天池水微量元素（毫克/升）；

x_1——上更新统橄榄玄武岩微量元素（毫克/升）；

x_3——下更新统橄榄玄武岩微量元素（毫克/升）；

其他数值为区域地理参数。

（2）上、下更新统橄榄玄武岩与瀑布水关系方程如下：

$$y_2 = 17.014x_1^{0.022}x_3^{1.450} \tag{31}$$

式中：y_2——瀑布水微量元素（毫克/升）；

x_1，x_3——同（30）式；

其他数值为地理参数。

（3）下更新橄榄玄武岩、下更新统玄武岩与两江口关系方程如下：

$$y_3 = 4.574x_3^{0.097}x_4^{1.186} \tag{32}$$

式中：y_3——两江口微量元素（毫克/升）；

x_3——同（30）式；

x_4——下更新统玄武岩微量元素（毫克/升）；

其他数值为区域地理参数。

（4）上更新统橄榄玄武岩中铁族、亲硫元素与天池水关系方程如下：

$$y_1 = 0.004\,47e^{125.084}x_1 \tag{33}$$

式中：y_1——天池水微量元素（毫克/升）；

x_1——上更新统橄榄玄武岩铁族、亲硫元素（毫克/升）；

e——自然对数的底；

其他数值为区域地理参数。

（5）各水体之间关系方程；

天池水、瀑布水、两江汇口水中的微量元素相关密切。尤其相邻两采样点关系更密切。天池水与瀑布水相关指数为 0.979；瀑布水与两江汇口水相关指数为 0.970。相距较远的元素与两江汇口水的相关指数为 0.646，相关程度较差。各种水体相关方程见表 6：

表 6　　　　　　　　　各种水体相关表

水　体	回归方程
天池水与瀑布水	$W_2 = 0.867W_1^{0.987}$
天池水与两江汇口水	$W_3 = 0.571W_1^{0.933}$
瀑布水与两江汇口水	$W_3 = 0.317W_2^{0.858}$
天池水、瀑布水与两江汇口水	$W_3 = 1.056\,5W_1^{1.052}W_2^{0.049}$

表中：W_1——天池水微量元素（毫克/升）；

W_2——瀑布水微量元素（毫克/升）；

W_3——两江汇口水微量元素（毫克/升）；

其他数值为区域地理参数。

四、超标元素

本区超标元素主要有氟、铍、硒、锑等，见表7。这些元素均为自然污染物，与火山、温泉环境有直接关系。

表7　　　　　　　　　　超标元素（单位：毫克/升）

超标元素 水样	F	Be	Se	Sb
天池水	1.8	＜0.015	＜0.015	＜0.2
瀑布水	2.0	＜0.015	＜0.015	＜0
两江口水	＜0.1	＜0.015	＜0.015	＜0.2
温泉水	7.4	＜0.015	＜0.015	＜0.02
最高允许浓度	1.0	0.000 2	0.01	0.05

参 考 文 献

［1］地质部吉林省地质局．中华人民共和国　地质说明书．比例尺：1：200000，漫江、长白幅，1963.

［2］吉林省地质局．中华人民共和国　区域地质测量报告书K－52－XF（抚松县幅）．比例尺：1：200000 地质部分，1971.

［3］吉林省地质局．中华人民共和国　区域地质调查报告．（比例尺：1：200000）长白山幅K－52－XV（地质部分），1974.

［4］方文昌．天池碱性火山岩及其含矿性．吉林地质，吉林省地质科学研究所，1974（3）.

［5］杨秉赓．第二松花江源头区水文特征．吉林师范大学报：自然科学版，1979（1）.

［6］富德义．松花江源头地区天然水体化学特征．中国科学院长春地理研究所，1979（5）.

吉林省东部沼泽的类型及其农业利用

柴岫　郎惠卿　金树仁　祖文辰　张则有　马学慧①

吉林省东部，包括吉林地区和通化专区以及延边朝鲜族自治州。区内自然条件复杂，沼泽分布较广，泥炭资源丰富，大致可分为三大区域：

(1) 熔岩台地中山区（800 m 以上）：位于本区的东南部，以 2 744 m 的长白山主峰及其周围的熔岩台地为主，地势较高，气候寒冷，山上与山下有明显差异，具有垂直地带性结构。一般年平均气温低于 2℃，无霜期不足 120 天；年平均降水量在 750 mm 以上，主要集中于夏季；湿润系数在 1.6 左右，在 800～1 000 m 熔岩台地上，沼泽发育很好。

(2) 低山盆谷区（500～800 m）：包括老爷岭、张广才岭及通化、延吉盆地区。山脉多作东北西南向，图们江及第二松花江，横切山脉，但它们的直流多与山脉走向一致，形成一系列较大的山间盆地以及许多大小不等的盆谷地。这些地方地势平坦，沉积物较厚，而且土地肥沃成为宜农区，但多数盆谷地排水能力较差，因而发育了沼泽。本区大部分地区均较冷湿，年平均气温一般在 2～5℃，无霜期为 120～140 天；年降水量为 650～900 mm，并多集中于夏季，湿润系数在 1.4～1.6 左右。通化盆谷地气温较高，降水较多；延吉盆谷虽然温度较高，但降水少，湿润系数很低，因此，都不利于沼泽发育。其余地区则发育很好。

(3) 丘陵宽谷区（500 m 以下）：是吉林省东部山地向西部平原过渡的地区，包括拉林河、第二松花江中游及其支流辉发河等地区，谷地十分开阔，河道迂迴曲折，丘陵蜿蜒低缓，仅有少数高峰突起。气候较温和，年平均气温在 3～5℃之间，无霜期一般大于 130 天，年平均降水量在 700～850 mm 左右，以夏季降水较多，湿润系数在 1.2～1.4 之间，由于河流泛滥，排水不畅，河漫滩及坳沟中多形成了沼泽。

一、沼泽的主要类型及其特征

由于本区水热条件有利于沼泽的发育，因此沼泽分布较广，全区共有沼泽约九百多平方千米，其中以延边朝鲜族自治州为最多（712.97 km²），通化专区最少（70.76 km²）。它们不仅分布在低洼的盆谷地和坳沟中，还发育在熔岩台地上，其中以敦化、安图、舒兰、蛟河、柳河、靖宇等县分布最多。

根据沼泽的发育阶段，低、中、高位沼泽俱全，但中、高位沼泽很少，主要为低位沼泽。

由于各类沼泽发育在不同的地貌上，它们的水源补给、水文状况就有很大差异，并影

---

① 【作者单位】东北师范大学地理系。

响沼泽的发育过程。在沼泽型中可按照沼泽所处的地貌类型划分出各种沼泽亚型。在每种沼泽亚型中，又可按照植物群落来划分沼泽体，不同类型的植物群落与一定的水文状况、泥炭层厚度有着密切关系。本区大致可分出 10 种沼泽体（表 1），都以植物群丛命名（如有两个以上的植物群丛时，则以优势群丛命名）。

表 1   **吉林省东部沼泽的类型**

型	亚 型	体
低位沼泽	河漫滩沼泽	杂类草—苔草沼泽
		苔草沼泽
		柳叶绣线菊—苔草沼泽
	阶地沼泽	小叶草—乌拉苔草沼泽
	坳沟沼泽	乌拉苔草—睡菜沼泽
		毛果苔草—泥炭藓沼泽
	熔岩台地沼泽	落叶松—修氏苔草—灰藓沼泽
		落叶松—柴桦—紫箕—金发藓沼泽
中位沼泽	阶地沼泽	落叶松—柴桦—棉花莎草—泥炭藓沼泽
高位沼泽	熔岩台地沼泽	落叶松—杜香—泥炭藓沼泽

各类沼泽体的主要特征简述如下：

（1）杂类草—苔草沼泽分布在敦化、蛟河、柳河等地河漫滩的局部洼地、牛轭湖或旧河道内，沼泽形成时间短，泥炭层一般为 20～30 cm，地表临时性积水，水深 3～5 cm。微地貌不明显，植物群落单一，植被的最大特点是除占优势的苔草属植物外，杂类草十分丰富，如薄叶黄芩（*Scutellaria regeliana*）、草甸剪叶蓼（*Polygonum sieboldi var. pratense*）、小白花地榆（*Sanguisorba pariflora*）、驴蹄草（*Caltha palustris*）等，夏季群落外貌十分秀丽。此类沼泽有的已被开垦为农田。

（2）苔草沼泽分布在敦化、蛟河、柳河、舒兰等地。沼泽所处的地貌部位与上述类型相仿，但发育时间较久，泥炭层一般为 60～70 cm。地表季节性积水，水深约 5 cm 左右，水源主要是大气降水、泛滥水和坡积潜水。为单一的苔草（*Carex sp.*）群落，苔草属植物占绝对优势，并形成团块状草丘，丘高 10～35 cm，直径 10～20 cm，杂草类很少，仅有少量的小白花地榆、小叶章和驴蹄草等。该沼泽目前还未普遍利用。

（3）柳叶绣线菊—苔草沼泽是河漫滩上面积最大的一种沼泽体，分布在舒兰、敦化、柳河、盘石等地。沼泽体内的泥炭层厚度、水文状况以及植物群落均有差异（图 1）。有些地段泥炭层较薄，约 50 cm 左右，由于水文状况的差异发育着不同的植物群落。在常年积水的地方，植被为毛果苔草—棉花莎草群落；在季节性积水的地方，为杂类草—修氏苔草群落。有些地段地面虽均为季节性积水，但由于泥炭层厚度的不同，植物群落也有差异。在泥炭层厚 1.2 m 左右的地方，植被为柳叶绣线菊—苔草群落，它在沼泽体中所占面积最大，成优势景观，其建群种为柳叶绣线菊（*Spiraea salicifolia*），盖度 5%～10%，一般高约 0.5～1.0 m，优势种为苔草，形成小草丘。丘高约 6～15 cm；在泥炭层厚1.8 m左右的地方，为油桦—修氏苔草群落，群落中油桦丛生，修氏苔草形成团块状草丘，丘上有苔藓植物。这些不同的植物群落在沼泽体中呈不规则的镶嵌分布，使沼泽景观十分复杂。这类沼泽有些地方已开垦成为水田或旱田。

（4）小叶章—乌拉苔草沼泽分布在蛟河、延吉等地的阶地后缘、局部洼地内。地表季节性积水，水深2～3 cm，水源主要为坡积潜水和大气降水补给。泥炭层厚30～50 cm。植被为小叶章—乌拉苔草群落。群落中小叶章和乌拉苔草（Carex meyeriana）占据优势，其中乌拉苔草形成高约20 cm、直径10～20 cm的"踏头"，"踏头"上有苔藓植物。其他的伴生植物有狭叶泽芹、金星蕨等。目前此类沼泽多数未被利用，只有一部分作为肥料基地。

（5）乌拉苔草—睡菜沼泽分布在敦化、安图等地的坳沟内。沼泽发育较早，目前泥炭层已填满沟底，但厚薄不一，边缘处厚约30 cm，中部可达1 m以上，沼泽中部地面稍低，纵比降又较大，由此周围的坡积潜水向中部汇集，使中部地表常年积水，并微弱流动，在沟口处形成小溪。沼泽边缘地段为季节性积水。沼泽植被在中部为乌拉苔草—睡菜群落，是沼泽体内的优势群落，优势种为乌拉苔草和睡菜，乌拉苔草形成团块状草丘，丘高约15～30 cm，直径为20～30 cm。在沼泽边缘，睡菜很少，杂草类增多，为杂类草—苔草群落。这类沼泽，目前尚未利用。

（6）毛果苔草—泥炭藓沼泽：分布地区与上类沼泽一致，地貌部位也相仿，但发育时间更早。沟头有小溪，流入沼泽后河道消失，造成沼泽地面常年积水，水深10 cm左右。沼泽中泥炭层很厚，边缘约1 m，中部可达3 m。植被为毛果苔草和泥炭藓，泥炭藓成片分布。其他伴生植物有乌拉苔草、睡菜等，其中乌拉苔草形成斑点状草丘，高约20～30 cm，直径10～30 cm。

（7）落叶松—修氏苔草—灰藓沼泽分布在安图、抚松、靖宇等地的熔岩台地边缘的坳沟内，或熔岩台地上的浅洼地内。沼泽地面有一定比降，但仍为季节性积水，水源补给主要依靠坡积潜水与大气降水。沼泽发育不久，泥炭层小于50 cm。植被为落叶松—修氏苔草—灰藓等，其中修氏苔草形成团块状草丘。本沼泽为森林沼泽化的初期阶段，目前还未加以改造利用。

（8）落叶松—柴桦—紫箕—金发藓沼泽分布与上类沼泽相似，但沼泽地面比降很小，排水极差。水源与水文状况虽与上类相似，但沼泽形成时间较上类早，泥炭层一般为60～70 cm。植被则为落叶松—柴桦—紫箕—金发藓群落。群落结构分四层：第一层乔木为落叶松；第二层为灌木，以柴桦为优势种；第三层为草木植物，主要有桂皮紫箕和金星蕨等；第四层为地被层，苔藓植物呈斑状分布，主要种有大金发藓、小金发藓和白齿泥炭藓等。目前这类沼泽仍在继续发展，还没有加以改造利用。

（9）落叶松—柴桦—棉花莎草—泥炭藓沼泽是中位沼泽，分布在大石头、兴隆乡和漫江等地，主要发育在阶地上。沼泽表面平坦或微有隆起，泥炭层较厚，一般大于1 m。地面无积水。植被为落叶松—柴桦—棉花莎草—泥炭藓群落，以中营养植物为主，富营养植物生长不良，而寡营养植物得到发展。群落中的落叶松发育不良，趋于死亡（称"老头树"），灌木层的建群种为柴桦，但有矮小的杜香（Ledum palustre var. dilatatum）和越桔（Vaccinium vitisidaea）生长，草本植物中以棉花莎草为主，混有少量的乌拉苔草。苔藓在地表占绝对优势，形成地被物，其优势种为白齿泥炭藓和中位泥炭藓，它们形成不高的藓丘。这类沼泽的横剖面特征见图 3。

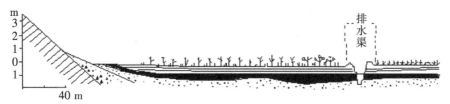

图 1　舒兰县新生农场河漫滩沼泽

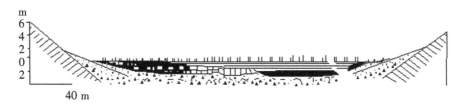

图 2　敦化县大川西北沟坳沟沼泽

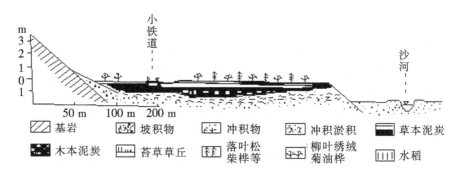

图 3　敦化县大石头沙河下游阶地沼泽

（10）落叶松—杜香—泥炭藓沼泽是一种高位沼泽，仅分布于长白山熔岩台地锦北一带。沼泽体表面隆起，中部高出周围 0.5～1.0 m，水源只靠大气降水补给，泥炭层很厚，一般在 2 m 以上，植物营养贫乏，植被为寡营养的落叶松—杜香—泥炭藓群落。落叶松在沼泽上分布很稀，且发育不良，树高一般都不超过 8 m，当地群众称此树木为"小老树"。灌木中柴桦很少，主要是矮生的杜香与越桔，狭叶杜香（*Ledum palustre*）占优势，主要种有大泥炭藓（*Sphagnum palustre*）、中位泥炭藓和詹氏泥炭藓（*Sphagum jensenii*）等，这些藓类植物形成高约 1 m 左右的泥炭丘，使沼泽体的地面突起。

在沼泽的边缘，泥炭层厚约 1 m，地势低洼，受坡积潜水、裂隙水补给，地面季节性积水，植物养分较为丰富，因此植被仍为富营养的赤杨—修氏苔草群落。

在上述两类植物群落中间存在着过渡型植被，为紫桦—棉花莎草—泥炭藓群落。

二、改造与利用沼泽的经验

1. 改造沼泽扩大耕地的重要意义

本区主要为山地与丘陵，现有耕地约 102.5 万公顷，占全区总面积的 9.9%。今后，除大力提高单位面积产量外，更应积极扩大耕地面积。开垦荒坡虽然投工少、收益快，但从长远来看，沼泽应是重要的开垦对象。

本区几乎全是低位草本沼泽，泥炭层一般只有 0.50～1.00 m，最厚不超过 3 m，多分布在平坦而丰水的河漫滩、阶地、坳沟及台地上，排水并不十分困难。在许多盆谷地中，最平坦的地段多被沼泽占据，耕地被挤在山坡上。据统计，各类沼泽的总面积约为 9 万多公顷，为本区耕地面积的 8.8%。其中面积最大的有几百公顷，如敦化县的大石头、哈尔巴岭一带、舒兰县的小城及四家子附近等。

沼泽土一经改造，其肥力也较高，分布在低山丘陵上的棕色森林土，黑土层很薄，一般不足 10 cm，有的已被侵蚀掉，质地疏松，孔隙大，渗水强，水分易于流失或下渗，以致漏水漏粪，肥力很低，且逐年减少。至于阶地与缓坡的白浆土，腐殖质层只有几厘米厚，肥力也很差，母质黏重，酸性较强，这些土壤如不施肥，收成很低。沼泽土则与此相反（表 2）。

表 2　　　　　　　　　　　　　本区沼泽土与其他土类肥力比较表

土壤类型	分布地形部位	有机质（%）	N（%）	P_2O_5（%）	K_2O（%）
棕色森林土	低山丘陵上	1.0～3.0	0.10～0.15	0.12～0.14	2.2～2.5
白浆土	低山丘陵的缓坡、阶地	1.0～4.0	0.12～0.20	0.02～0.06	3.3～3.6
沼泽土	盆谷低地	50～60	1.5～1.6	0.20～0.40	0.20～0.25

从表 2 可以看出，沼泽土的有机质含量丰富，氮素含量也较上述土壤高 10 倍，磷比一般土壤也多，钾较少。虽然这些养分不易直接被植物吸收，如经改良后，养分释放出来，土壤肥力可逐渐增加，作物产量也可不断提高。

2. 改造利用沼泽的主要经验

（1）解放后本区农民开垦了许多沼泽成为水、旱田，其主要方法有以下几种：

沟渠排水法：本区已改造的多为河漫滩沼泽及坳沟沼泽，一般都是采取浅层沟渠，排除多余水分，降低地下水位。通常只挖一个干沟，与河道直交或斜交，干沟的上口宽 2～3 m，沟深及底宽都是 1～1.5 m，沟底挖至矿质土中 30～40 cm。支沟多垂直于干沟，间距不等，一般为 50、100、150 m，支沟的规格很不一致，横断面上口约 1 m，沟深及底宽为 0.5 米。支沟较密的，排水后第二年即可耕种。此外，在地下水补给较多的沼泽，又在坡脚下沿等高线修筑截水沟，拦截坡面径流及地下水，既切断了沼泽的地下水源，又避免冷水侵入、影响土温及水温，降低收成。安图县亮兵台南沟的经验就是最好的例证。克服沼泽地的低温，还有采取洄水沟，延长流路，提高水温，灌溉改造沼泽地。

火烧水淹法：这种方法在安图县万宝乡、亮兵台等地首先采用，一般是先烧后淹，除掉杂草，改变水质与水温。在沟渠排水后，春季先火烧沼泽的枯草，修筑田埂（比一般田埂高 10～15 cm）铲除草丘，平整地面，同时撒种。当稻苗出露 5 cm 时，草可高出稻苗 5～10 cm，这时，将草苗一起割掉，然后向田里大量浇水（晒过的水），使部分野草草根腐烂。

大垅熟化法：先在沼泽中进行排水，然后大垅旱作，熟化泥炭土，若干年后再改作水田，如舒兰县新生农场采用这种方法已取得良好的效果。一般垅宽 1～1.5 m，垅高

0.25～0.40 m，垄间宽 0.5 m。采用宽行距稀播种方式耕作，一般是种甘蓝或大豆，其中甘蓝丰收，大豆则贪青不结实，但都起着疏干和熟化泥炭土的作用。

表3　不同改造措施效益比较表

改造方法		深翻压土法			火烧水淹法	
泥炭厚度（cm）		5～30　30～60　>60			5～15	15～30
压土次数		1　　2　　5				
深翻次数		2 3～4 5～6			1～2	0
水稻产量（斤/垧）	1954	2 000				
	1955	2 700				
	1956	4 300				
	1957	4 700				
	1958	5 000			6 000	6 000
	1959	5 400			6 500	5 000
	1960	—			2 500	2 000
	1961	4 400			5 000	4 000
	1962	4 700			5 000	4 500
	预计1963	5 500				
改造地面		吉林省舒兰县新生农场			吉林省安图县亮兵台生产队	
改造面积（垧）		60			12	

* 泥炭层越厚，压土、深翻数越多。

深翻压土法：在泥炭土上，加上一层黄土或砂，以便改善土壤质地及结构，提高土温，防止泥炭漂浮，特别是加黄土，更有利于泥炭的黏结。这种方法，首先是排出沼泽中过多的水分，然后铲除草丘，平整地面，再根据不同泥炭厚度，采用不同的压土方式（见表3）。如 30～60 cm 厚的泥炭地需压土两次，秋翻（深翻）三次（压土、秋翻轮流进行），一般五年后，可使泥炭黄土混合均匀，达到各占50%。大约5～6年，沼泽土转化为水稻土。头三年产量稍低，以后每年产量稳定，7～9年后高产。在大于 60 cm 厚的泥炭地，改造较困难，需压土5次以上，压土量很大，头6年产量不高，且不稳定。主要是由于泥炭松软，充水后漂浮，水稻不易扎根保苗，农民称为"水稻坐船"，特别是七八月份，水稻开花时，这种现象更明显，造成水稻贪青不结实，7年后产量才逐渐提高。

（2）不同改进措施的效益比较：

从表3中可以看出，深翻压土法的收效最好，产量较高，而且稳定，特别是在泥炭厚度小于 30 cm 的沼泽地，收效更快，产量更高；泥炭厚度大于 30 cm，改造需要土量很大，3～4年后才能增产。其次是火烧水淹法，这种方法只能在泥炭厚度小于 30 cm 的沼泽地实行，改造时投工少，可获得稳定收成且逐年增产。大垅熟化法不能保证很快获得良好收成，虽然能使泥炭熟化，但漂浮问题几年都不能解决，影响水稻扎根保苗。

三、怎样改造和利用各类沼泽

综上所述，各类沼泽都有明显差异，因此，改造方式与利用途径也很不相同，如对于厚度超过 2 m 或属于高位贫营养的泥炭，就不宜改作耕地；对于不同自然区的沼泽，改造与利用也不能完全一样。因此，必须按照不同类型的沼泽及不同自然条件，来确定改造利用的方式与途径。本文根据国内外一些实践资料及短期的调查研究，提出一些初步意见。

1. 改造沼泽的重要途径

沼泽的主要缺点是水分多、温度低、养分不均衡，因此，排除沼泽中多余的水分，改善土层内的含气状况及水情，提高土温，是改造利用沼泽的关键；必须对沼泽进行综合研究，采取综合改造的途径。

（1）合理排水，有效疏干：排水的方式及排水定额[①]对于作物产量有很大关系。苏联在明斯克、基洛夫等沼泽实验站，在泥炭层厚 80 cm 的沼泽中进行深层排水实验，结论是，排水的最大定额是 220～260 cm，最小定额是 60～100 cm，最优定额应在 120～130 cm 之间，超过或小于排水定额是不利的，如地下水位降低过深时，土壤湿度可能小于允许湿度，作物收获量就要减少。

在不同地区，不同时期排水定额必须有所差异，如在湿度不足与不稳定地带，地下水降低到 120～130 cm 以下时，土壤湿度就小于最优湿度。在干旱年份，地下水位在 20 cm 时，作物发育最好。而在湿润年份，地下水位降低到 150 cm 以下，产量才增加。对于各种作物及作物发育的不同阶段，排水定额需要相应地加以变化。

本区已改造的沼泽都是明沟浅层排水，排水的最大深度可达 100 cm，多数不足最小定额，个别可达到最优定额（如舒兰县新生农场干沟深在 140～150 cm），效果也较好。排水定额不足，收获量显然无保证。本区属湿润地带，应提高定额，同时因地加以调整，收获量就会有显著提高。

（2）垫土淤沙，改良泥炭土：泥炭土肥力虽高，但速效性养分很少，且养分含量不均衡，一般是氮素多，而磷钾不相适应。其次是泥炭有机质含量多（50％以上），质地松软，灌水后，泥炭易于漂浮，造成根苗坐船，保苗困难。

根据本区实践，施草木灰及石灰略有增产，施磷钾化学肥料，效果反而不好。但多年的实践证实了最有效的方式是压土（垫土）法，特别是经过几次翻晒混合，效果更好，如经过 5～7 年，可达到一般水田的产量。

从实践中看出，垫土对水稻生长和产量较好，植株高大而粗壮，根系发育较不垫土的好，比一般水田也好，而且经过翻晒的更好。如舒兰县新生农场垫土后，经过三次翻晒混合，过了 5 年，亩产就达到五百余斤，基本上克服了养分不均衡、不扎根、不结实的缺点。而且泥炭土经过熟化之后，后劲很足，少施肥、不施肥也可增产。但这种方法对大面积开垦，投工过巨，收益较慢。如每亩垫土厚 10～15 cm，翌年每亩就需 1 000～1 500 公方沙土。而且垫土时还需要除掉大量草丘，整平地面，从而大大影响或限制了大面积开垦沼泽的积极性，要克服这种困难，最好是利用自然规律，解决自然本身的矛盾。我们认为

---

① 排水定额就是地下水面降低到排水地面以下的数量。

采用放淤的办法，可能是有效的。

放淤是利用河水含沙量自然淤积的规律，也就是使用水中所含的悬移质尽可能沉淀在需要淤高的土地上[①]。在国外的实践中，把放淤的面积用堤埂分成若干地段，即形成一系列的贮水池——滴漫，以闸控制洪水及河水进出。为了克服淤积不均匀，需要补挖一系列沟渠，并在放淤区内，人工改变水流方向，而且放淤应定期进行。这种方法至少有三大好处：①淤积的泥沙肥力较高，可改变泥炭土的结构及养分状况；②提高放淤的地面，排水后可降低地下水位；③利用放淤区积水，提高水温，灌溉相邻耕地，并可承泄部分洪水，减少泛滥。本区沼泽多在河漫滩上，山区河流流量及含沙量也较多，放淤条件好。如七里二河就是临近小城一带沼泽的河流，它的年输沙量是 4.6 万吨；通过亮兵台沼泽区的榆树川河，年输沙量也有 2.32 万吨。如进行放淤，其沉积量按输沙量的 80% 计算，每年就可以使 10～15 公顷沼泽平均垫（淤）高 5 cm[②]，几年后，就自然改变了沼泽，特别是大片的、认为无法改造的堤外洼地沼泽，常有数条小河穿过，或滨临大河流，采用放淤方法是有希望的，只有对于阶地、坳沟、台地沼泽不适宜。

（3）综合措施：调节土层通气状况与土温。由于泥炭含水量多（80% 以上），热容量大、导热性差，使土层冻结早，解冻迟，因此，土温不易上升，在整个作物发育阶段中，泥炭水田地比一般水田地的地温低，表层约低 2～5℃，底层（20 cm 以下）约低 1～4℃。泥炭层越厚，这种差别就越大。改变这种热力状况，应根据不同泥炭层厚度及沼泽类型，采取综合措施。如以截水沟拦阻地下水，切断冷水侵入，秋后还需彻底排水，进行晒田，如能垫土，并加以深翻，使泥炭与沙土混合，改善土层水情、含气状况，土温即可提高。如在蛟河县保安乡的观测研究，垫土翻晒的较不垫土的表层土温提高 1℃ 多。此外，控制排水定额，也可以调节土层内含气状况及土温。此外，田间管理与耐寒作物品种的选择也都很重要。

2. 本区沼泽利用的主要方向

由于各类沼泽的水、热、土特征有明显不同，因此，在改造途径与利用方向上，都有相应的差别。

河漫滩沼泽是本区面积最广、种类最多的类型。多数已脱离一般洪水的影响，只受较大或特大的洪水泛滥，沼泽表面一般已高出河流平水位 2～4 m。泥炭层下多为亚黏土或细砂等。排水并不困难，除了过厚的泥炭层之外，都可以改造为耕地，已改造的也多属这种类型。

实践证明，泥炭层厚度小于 100 cm 的沼泽，适宜改作耕地，尤以 50～60 cm 厚为最好。如泥炭层厚度超过 2 m，泥炭所束缚的水分就不易排除，因厚层泥炭下部分解度一般大于 60%，渗透能力就极弱（渗透系数约为 2×10^{-6}），大致与黏土相仿。这样，排水沟渠也不易使泥炭含水量降低到 80% 以下，土温和土层通气状况就不易改变，土层阴冷，而且泥炭养分不能释放，改作耕地是不适宜的。如果泥炭层过薄（小于 20～30 cm），厚

①　Ад. 勃鲁达斯托夫. 矿质地和沼泽地排水（下册）. 吴瑞鉉等译. 北京：水利电力出版社，1958：473.
②　根据新生农场、亮兵台人民公社的压土时间，并按土体比重这算.

度尚不及耕作层，排水虽较容易，但肥力状况及保水能力都较差，易受旱灾影响。如舒兰县新生农场等实践证明，改造的薄层泥炭地，不如 50～60 cm 厚的泥炭地产量高。

泥炭层的厚度与水分状况及植物群落有密切的关系。本区河漫滩沼泽中，凡属季节性积水，植被为苔草群落和柳叶绣线菊—苔草群落，泥炭层厚度多在 60～100 cm 之间；如为临时性积水，植被为杂类草—苔草群落、杂类草—修氏苔草群落，泥炭都较薄。后者的草丘高而密度大。因此，我们认为本区河漫滩沼泽中，苔草沼泽和柳叶绣线菊—苔草沼泽改为水、旱田最好，其次是杂类草—苔草沼泽。

阶地沼泽在本区分布面积不广，类型也极为单一，它不受泛滥水的影响，地下水补给量也不大，排水条件较优越，如泥炭层不厚，改造为水、旱田是没问题的。

坳沟沼泽，改造条件与阶地相仿，只有其中的一些沼泽体，因形成时间早，沼泽发育较重，泥炭层也较厚，如毛果苔草—泥炭藓沼泽、乌拉苔草—睡菜沼泽。但有些是发育时间较短、泥炭层不厚、受地下水补给不多的，一般不如河漫滩沼泽，因为它分布零星、排水沟渠过长，如果面积较大，泥炭层不厚，与河漫滩或阶地沼泽一并改造时，也是有利的。但必须注意霜道，如永吉县江密峰、夹信子等地一些坳沟沼泽，就需慎重考虑，否则改造后，不易克服作物贪青及遭受霜害的影响。

熔岩台地沼泽，一般分布在海拔 800 m 以上，多属林区中位及高位沼泽，泥炭层厚，养分贫乏，加之温度低，不适于作耕地，泥炭也不易外运。应该加以疏干，防止沼泽发展、漫延、侵害森林，或改造为森林的更新地及发展副业。

3. 沼泽农业利用分区

沼泽地改作耕地后，必须有足够的温度及生长期，才能满足作物的需要。根据本区的沼泽特征与自然条件，从农业利用角度出发，分成区、亚区。分区的原则及各区特点如下：

分区的原则是：根据沼泽的发育阶段和泥炭积累强度及其农业利用的方向为基础，以影响沼泽发育和泥炭积累的湿润系数为指标，划分为三个区，即宜林沼泽区、宜林宜农沼泽区和宜农沼泽区。

（1）宜林沼泽区：主要是指长白山熔岩台地海拔高度在 800 m 以上，湿润系数在 1.6 左右的中、高位沼泽发育地区。本区沼泽的利用方向，只宜沼泽还林，不宜改作耕地和用泥炭做肥料。

（2）宜农宜林沼泽区：主要指威虎岭、龙岗山一线以东的地上、丘陵和开阔的山间盆地相互交错的地区。湿润系数在 1.4～1.6 之间，发育有中位、低位沼泽，在盆谷地中发育的中、低位沼泽可改作农田或适宜于还林。

（3）宜农沼泽区：本区东接宜林宜农沼泽区，西以土门岭、大黑山一线为界，主要是丘陵与宽谷，湿润系数在 1.0～1.4 之间，发育有营养丰富的低位沼泽，根据低位沼泽内的不同类型、不同特点，可改作旱田和水田。

在区的下面，又按照沼泽植物群落及作物所需的热量状况（≥10℃的活动积温和无霜期）以及作物的适宜种类分成亚区。本区共分九个亚区，各亚区的特征见表 4。

表 4 吉林省东部沼泽农业利用分区

区	亚 区	区 域 范 围	沼泽区的特征	利 用 方 向
宜林沼泽区	适改落叶松林的落叶松—泥炭藓沼泽亚区	海拔 800 m 以上的长白山熔岩台地，包括长白县、安图县南部及抚松、靖宇的一部分	高、中、低位沼泽均有，主要是落叶松、杜香—泥炭藓沼泽，泥炭层一般厚 1~2 m，湿润系数在 1.6 以上，≥10℃积温 2 000℃	本区沼泽适宜于改造后造林，或利用浆果植物发展酿酒业
宜农宜林沼泽区	适改落叶松林的落叶松—苔草沼泽亚区	盘岭、大丽岭一带的中低山地区，包括汪清县和珲春、延吉的一部分	为中、低位沼泽，主要有落叶松—修氏苔草沼泽，泥炭层厚达 1~1.5 m，湿润系数为 1.3~1.6，≥10℃积温 2 100℃，无霜期 100~110 天左右	同上，或在个别盆谷地中改造沼泽为旱田耕地
	适改落叶松林、旱田作物的落叶松—真藓沼泽亚区	威虎岭、牡丹岭和英额岭一带的山地区，包括安图县的大部分和敦化、延吉县一部分	有低位和中位沼泽，主要为落叶松—修氏苔草—灰藓沼泽和落叶松—柴桦—棉花莎草—泥炭藓沼泽，泥炭厚 1.0~1.4 m，湿润系数在 1.3~1.4 之间，≥10℃积温达 2 100~2 300℃，无霜期 110 天左右	绝大部分中、低位沼泽改造后造林，此外在谷底中热量条件较好，泥炭层薄的地方可种谷子、玉米及早熟作物
	适改旱田作物的苔草沼泽亚区	敦化盆谷地，主要是指敦化县及其邻近的地区	以低位沼泽为主，如苔草沼泽、毛果苔草—泥炭藓沼泽及杂类草—苔草沼泽，泥炭层厚约 1.5~2 m，湿润系数 1.2~1.4，≥10℃活动积温 2 200℃，无霜期 120 天左右	沼泽改造后，适种谷子、玉米、马铃薯
	适改水稻、经济作物的杂类草—苔草沼泽亚区	包括延边盆谷地，主要是延吉盆谷地，以及珲春、汪清、亮兵台等盆谷地	皆为低位沼泽，主要是杂类草—苔草沼泽、苔草沼泽，泥炭厚达 1.0~2.0 m，湿润系数 0.8~1.0，≥10℃积温为 2 800℃，无霜期在 140~150 天之间	沼泽改造后，适宜种水稻和经济作物
	适改水稻、旱田作物的苔草沼泽亚区	龙岗山以东、老爷岭以南的地区，包括通化县及集安、临江市的一部分	只有低位沼泽，如苔草沼泽和柳叶绣线菊—苔草沼泽，泥炭层在 1.0 m 以下，湿润系数为 1.4，≥10℃积温 2 900℃，无霜期 140~150 天	沼泽改为水、旱田均可，泥炭层在 20 cm 以下时适于改成旱田
宜农沼泽区	适改水稻、经济作物的苔草沼泽亚区	蛟河盆谷地及松花江地区，包括蛟河县全部和桦甸县的一部分	全属低位沼泽，如小叶章—乌拉苔草沼泽和苔草沼泽，泥炭层厚 1.0~1.5 m，湿润系数 1.2~1.3，≥10℃积温 2 700~2 900℃，无霜期 130~140 天	沼泽改造后，适种水稻、甜菜、烟、麻等
	适改水稻、旱田作物的柳叶绣线菊—苔草沼泽亚区	以辉发河流域为主，包括盘石、海龙、辉南及柳河县	以低位柳叶绣线菊—苔草沼泽和苔草沼泽为主，泥炭层厚 1.0 m 以内，湿润系数 1.4，≥10℃积温 2 800~2 900℃，无霜期 140 天	水源充分的河漫滩沼泽可改种水田，阶地和坳沟沼泽可作旱田
	适改水稻苔草沼泽亚区	土门岭以东的舒兰—吉林盆谷地，包括舒兰县和永吉县	为低位苔草沼泽，如杂类草—苔草沼泽、柳叶绣线菊—苔草沼泽，泥炭层一般在 1.0~2.0 m，湿润系数 1.0~1.2，≥10℃积温为 2 800~2 900℃，无霜期 140 天左右	面积大而成片的沼泽，可改成机耕水田

长白山山地苔原土的形成及其剖面性状

陈淑云[①]

【前言】苔原土壤按其分布位置的不同,可分为平原苔原土和山地苔原土两大类。平原苔原土分布在高纬度地带,主要在欧亚大陆和北美大陆北部。在这些地区的苔原土呈东西延展的带状分布。

苔原土壤在我国分布极少,过去很少有人进行系统深入的研究。虽有国内外学者在长白山的综合研究或土壤调查中曾涉及过这类土壤,但其看法都有分歧。例如:杜奎铭在《长白山东北坡森林土壤》一文中指出,长白山 2 000 m 以上地带的土壤称为"高山草甸土";刘象天等认为是"高山寒漠土";高尔捷耶夫称为"高山石质土";黄锡畴等认为是"山地苔原土"。笔者于 1962 年 7~8 月间对长白山的土壤作了较详细的调查,经过室内分析和研究,认为长白山主峰在 2 000~2 500 m 地带,由地衣、苔藓及垫状灌木植被构成的山地苔原景观,其上分布着山地苔原土。自 2 500 m 以上至山顶,多为裸露的岩石,只有在岩石的裂缝里生长一些地衣和苔原,不连成片,构成高山寒漠景观,可称高山寒漠土或高山石质土。

本文对长白山的山地苔原土的形成条件、形成过程及分类等诸问题作一论述。

一、成土条件及其形成过程

山地苔原土主要分布在长白山,位于北纬 40°05′~42°06′,东经 127°54′~128°08′。长白山是本区著名的火山,据历史记载有过数次喷发,大量喷出物使地面覆盖着很厚的火山灰,山地苔原土直接发育在火山喷出物上。

山地苔原土带属于山地苔原气候,特点是寒冷潮湿。据长白山天池气象站连续三年(1959、1960 和 1961 年)的观测资料:年平均温度为 -6.78℃,最低月均温 -25.13℃,绝对最低温可达 -40.10℃,在一年中仅有六、七、八、九四个月平均温度高于零度,但也不超过 10℃;年平均降水量为 1 638 mm,降水季节分配不均,夏季占全年降水量的一半以上,冬季降雪不多,由于经常刮风,积雪仅在沟洼背风处,由于冷湿,全年相对湿度的变幅平均在 75%~90% 之间,山体常在云雾笼罩之中;风大,年平均风速为 11.75 m/s,最大风速可达 40 m/s。

这里的永久冻结层分布广,冻结深度不一,一般距地表 40~65 cm,随着地势的升高,永冻层距地表越来越近。在永冻层和地表之间为活动层,冬天冻结而夏天融化,融化之水因下有永冻层而造成隔水层,所以水滞于永冻层之上,因而引起土壤过湿,其结果是

---

① 【作者单位】东北师范大学地理系。

更加降低了土壤温度。由于热量不足，阻碍了植物的生长和发育。

因为气候严寒潮湿，自然植被以地衣和苔藓为主，还有低矮灌木，如苞叶杜鹃（*rhododendron redowskianum*）、小叶杜鹃（*phododendron parvifolium*）、越橘（*vaccinium uligonosum*）、圆叶柳等。在小沟谷中，生长着松毛翠（*phyllodoce caerulea*）和牛皮杜鹃（*phododendron*）等。

山地苔原土发育在火山喷发物上，主要的母质有凝灰岩、玄武岩、石英粗面岩、黑曜石及浮石等。成土母质在火山锥体的上部为残积物，中部和下部为坡积物和塌积物。多由石块、石砾及粉砂等组成，质地疏松，多孔隙，具有良好的透水性和通气性。

以上各自然地理要素构成了长白山山地苔原土的成土条件，其中以生物和气候为主导因素。

本带由于气候冬季严寒而漫长，夏季凉爽而短促，生长期短，植被稀少，有机质来源少，决定了土壤形成过程非常微弱和缓慢，使得有机质和矿物质的变化经常处于嫌气条件，微生物活动微弱，有机质不能被充分分解，因此，在土壤表层也有半泥炭化或粗腐殖质的累积，而矿物质部分也多处于还原状态，铁和锰被还原。但是，由于这里土壤成土过程微弱和缓慢，大部分仍处于原始土壤形成阶段，所以泥炭化或潜育化作用的表现不够明显，土层很薄，一般不超过 30 cm。

长白山山地苔原土的形成，除了特殊的生物、气候条件之外，成土母质的特点也有着重要的影响。这类土壤由于发育于火山喷发物上，在寒冻的条件下，由于岩石风化以冰冻风化为主，生化过程微弱，而使土壤具有粗骨性及层次分化不明显等特点。

二、分类及其剖面性状

根据土壤发生学的分类原则，长白山山地苔原土按其土壤剖面发育的特点，可以分为两个亚类，即山地石质苔原土（山地原始苔原土）和山地泥炭化苔原土。

山地石质苔原土，剖面发育较弱，其剖面特征层次不明显，土层很薄，约有 8～15 cm。表层有 2～3 cm 厚的粗腐殖质层，AB 层厚度不一，一般不超过 10 cm，有轻度潜育化现象，其下则为岩石碎屑和砾质火山灰组成的疏松母质层。

现以长白山天地气象站附近的土壤剖面为例，该地海拔 2 400 m，植被主要是宽叶仙女木（*dryasoctopetala*）、高山蓼、高山棘豆、高山罂粟（*papaver pseudordicatum*）、高山柳等，在岩石风化的碎石层和石质地上主要是地衣，其厚度 10 cm 左右。永冻层距地表 40～50 cm。土壤剖面如下：

0～2 cm：灰褐色，粗腐殖质，有较多细草根；

2～8 cm：浅棕色，砂壤质，可见少量铁锰锈斑，有少量石质侵入；

8～15 cm：淡黄色，含有粒径 1～2 cm 的石英粒及浮石等；

15 cm 以下：淡黄色，半风化的石块及粉砂等。

山地苔原土的基本性质，根据表 1 分析资料得出：

这种土壤表层有机质含量为 16%，自表层向下则显著降低至 3%；养分以有机态氮为主，但大部分集中于表层，其含量不高，最高可达 0.7%，最低只有 0.087%；磷的含量也不高；盐基总量极低，最高不超过 20 毫克当量／100 克，而从表层向下则减少；代换性阳离子以 Ca^{2+} 为最多，其次是 Mg^{2+}，还含有少量的 K^+ 和 Na^+；土壤呈微酸性至中性反应。

表 1   山地石质苔原土的化学性质

项目\样品深度(cm)	有机质(%)	全N(%)	全磷(%)	盐基总量(m·e/100 g)	代换性盐基离子(m·e/100 g)			PH(H₂O)
					Ca²⁺	Mg²⁺	K⁺和Na⁺	
0～2	16.54	0.77	0.17	17.29	11.71	1.59	/	6.5
2～8	4.57	0.33	0.13	12.09	11.58	0.51	/	6.5
8～15	3.51	0.08	0.09	10.75	8.23	1.47	/	7.0

山地泥炭化苔原土分布于海拔 2 000～2 200 m。这种土壤分布地势较低,植被密集。土层较厚,一般为 30 cm,最厚可达 40 cm。表层有 5～8 cm 厚的半分解的有机质层,其下为薄腐殖质层,被水分所饱和,有轻度潜育化现象,向下为过渡层,其下为母质层。

现以长白山西北坡海拔 2 245 m 处山地泥炭化苔原土剖面为例,该地自然植被为密集的小灌木,以苞叶杜鹃占优势,还有小叶杜鹃和越橘等。土壤剖面如下:

0～3 cm:由低矮灌木、苔藓和地衣提供未分解的有机残体,疏松;

3～9 cm:棕褐色,湿,半分解的有机质层;

9～15 cm:棕褐色,分解较好的腐殖质,可见少量铁锰斑点,较紧实,细根较多,向下逐渐过渡;

15～31 cm:棕黄色,较紧实,根少,有较多的石质侵入;

31 cm 以下:棕黄色,在火山喷出物的半风化石块上有铁锰斑点。

山地泥炭化苔原土的基本性质,根据表 2 分析资料得出:

表层有机质含量比石质苔原土要高,可达 20% 以上,向下则迅速降低至 2% 左右;养分含量低,全 N 最高不超过 1%,最低只有 0.1%;全磷含量一般为 0.1% 左右;盐基总量比山地石质苔原土高 10m·e/100 g 左右,最高可达 33m·e/100 g,最低为 2m·e/100 g 左右;阳离子总量 90% 以上,其中以代换性 Ca²⁺ 为最多,并含有少量 Mg²⁺、K⁺ 和 Na⁺。土壤呈微酸性至中性反应。

表 2   山地泥炭化苔原土的化学性质

项目\样品深度(cm)	有机质(%)	全N(%)	全磷(%)	盐基总量(m·e/100 g)	代换性盐基离子(m·e/100 g)			PH(H₂O)
					Ca²⁺	Mg²⁺	K⁺和Na⁺	
3～9	24.07	0.90	0.17	23.18	21.67	1.59	/	6.0
9～15	27.52	0.99	0.17	33.63	32.75	0.76	0.128	6.5
15～31	2.86	0.14	0.094	2.76	1.96	0.46	0.338	7.1
31 以下	2.39	0.13	0.090	4.78	4.27	0.25	0.254	7.1

三、利用途径

山地苔原土气候严寒，成土过程微弱，土壤肥力低，因此不宜于发展农业和林业。但山地苔原土其上生长垫状苔原植被，对于山地水源涵养，防止土壤侵蚀有着重要的作用。

另外，山地苔原土带也是鹿和紫貂等珍贵兽类的天然繁殖场所，地衣是鹿喜欢的饲料。在保护自然植被的同时，有计划地发展越橘一类的野生浆果植物，既有利于珍贵兽类的繁殖，也可发展制酒和果酱等。

此外，长白山虽然面积不大，却是一个奇特而又引人入胜的地方。山顶天池及四围熔岩峭壁，风景奇绝。既可以作为教学、科研的园地，又可辟作疗养、旅游的场所。

综上所述，山地苔原土带虽然不利的条件很多，但在社会主义制度下，这些不利因素可被控制并加以改造，发挥有利因素，使其成为具有重要的生态环境意义和科研旅游的胜地。

参 考 文 献

1. 杜奎铭等.长白山东北坡森林土壤.北京：中国林业出版社，1958.
2. 黄锡畴等.长白山北侧的自然景观带.地理学报.北京：科学出版社，1959.
3. 中国科学院林业土壤研究所编著.中国东北土壤.北京：科学出版社，1980.

长白山无林带的冰缘环境与土壤发育

张 一①

长白山主峰海拔 2 700 m 左右，是我国东北最高的山峰，是我国东部唯一具有高山苔原带的一座名山。

长白山由于地势高峻，它的上部，特别是在海拔 2 000 m 以上的无林高山苔原带，构成了明显的高山冰缘环境，因而形成特殊的现代冰缘地貌形态及其组合。在这种特有的现代冰缘环境中有其特殊的土壤形成条件，因而土壤性状及其分布规律有其明显的特殊性。

长白山火山锥体高耸的空间位置使其获得了中纬度高寒的冰缘环境，冰缘环境下的外力作用使这座火山明显地打上了气候地貌的烙印，具有典型的中纬度高寒冰缘山地的面貌。在这种冰缘地貌的条件下，土壤严格地受着现在冰缘环境条件的控制呈有规律的分布（图1）。

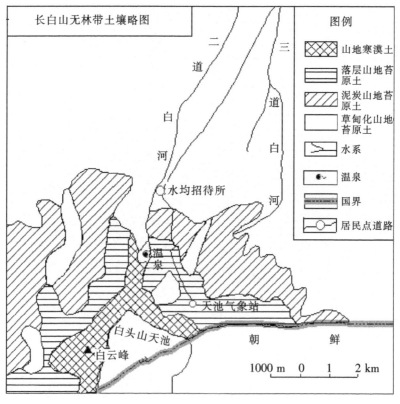

图1

① 【作者单位】东北师范大学地理系。

长白山顶部无林带属高寒苔原气候，气候寒冷持久，无霜期短，风大，年平均气温为－7.3℃，无霜期 50 天左右，据 1959～1977 年的气象观测资料，每年月平均气温为负温的月份达 8 个月，即从十月份到翌年的五月份。最冷月份（1 月或 2 月）平均气温－20.2～－24.9℃。最热月（7 月或 8 月）平均气温 7.8～12.7℃。极端最低气温－44℃（1965 年 12 月 15 日），极端最高气温 19.2℃。气温年较差达 50～60℃，形成吉林省的低温中心。年降水量为 1 400 mm 以上，为全东北之冠，积雪最深，常达 1 m 左右。完全是高寒而冷湿的高寒苔原气候特征。由于高寒的生态条件，只有一些苔原植被生长，随着海拔的升高，总盖度越来越小，植株的高度越来越低，2 400 m 以上则呈高山半荒漠景观，基岩裸露及大片火山砂加浮石铺地的裸地。

在上述条件下，高山苔原带的土壤是一种寒冻期长的土壤，又由于脱离火山影响较晚，所以成土年龄较短，所在地形多为冰缘地貌，山坡上岩石裸露或岩屑、冰缘沉积物广泛分布。所以，成土特点是土壤形成过程微弱，剖面发育比较原始，土层较薄，粗骨性强，微生物的活动微弱，植物残体的分解和腐殖化作用也微弱。因此，根茎密结，形成层状的草根层，其下有机质则以泥炭状的形式在土体中积累，这是一种特殊的"生草"作用。

在 2 400 m 以上的长白山锥体外侧和天池的内壁，寒冻风化形成的岩石碎屑广泛分布，构成大片岩屑坡、岩屑锥和倒石堆等堆积地貌。在山顶的高山寒漠地带，山坡的坡度一般在 20～30°，岩石碎屑物小者数厘米至数十厘米，大者达数米，由于岩屑受重力作用，有分选。这种作用基本上是机械搬运与物理风化作用的过程，物质只是机械破碎和机械运动，远远望去连成一片。规模较大的倒石堆，高度达近百米，其上是悬崖峭壁、岩柱耸峙。这就是高山漠土发育的地方，成土过程微弱，不见成片的土壤被覆，只在岩石碎屑或在倒石堆微有积水条件的局部地方可见有植物，生长一些矮小丛生的倒根草、轮叶马先蒿、岩菖蒲等植物，还有苔藓地衣及仙女木等，覆盖度很低（总盖度小于 40％），地表全是火山砂及浮石，地面大部分裸露。愈向上植物愈稀少，只有在岩石面长些苔藓地衣，岩石缝内长些细矮小草（高山黑蔍草、珠芽紫羊茅等），可见成土环境更加恶劣，土壤发育微弱，所以土壤的形成处于原始成土过程。

2 000 m 以上的白头山苔原地带，在那些稍为平缓的坡段（10°左右），由于寒冻风化和融冻作用交替进行，致使草皮发生蠕动，再加之冻胀、冻裂等营力组合，使之出现了细粒风化。这里有苔原植物被覆，水分条件稍好，块体移动明显减慢，化学风化得到了不同程度的发展。在这种细粒风化不断发展、自身原始地面比较平缓的条件下，相应地产生了不同的冰缘地貌过程和冰缘地貌形态，同时形成了不同的成土过程和土壤类型。

首先是片状流水产生的破坏作用，因冻层使这里地表容易产生径流，而刚刚解冻的地表土体又往往十分松散，极易遭受片状水流的冲刷。强烈的片蚀，使斜坡变缓，并将更深处的岩体暴露在融冻作用之下。长白山降雨集中，年暴雨日可达三天以上。在暴雨的影响下，片蚀作用尤为强烈。因此，在地表表层细粒风化的基础上，就大大增加了融冻蠕流作用（即泥流与草皮蠕动），特别是在高山苔原地带的北侧 10°缓坡部位，几乎到处都有分布。蠕流往往形成舌状阶坎，较大的阶坎高 30 cm，长宽 100 cm 左右，而高几厘米，长宽几十厘米的微型阶坎更为普遍，它们相互交错就像坡地上的一身"鳞片"。由于草皮蠕动，连续的苔原植被被扒裂开来，其裸露的部分在雨季或融雪季节再遭冲刷，便使这种"鳞片"更加明显醒目。由于这种融冻蠕流的作用，苔原植被被扒裂，地表植被的覆盖度仅在 40％～50％左右，裂隙内的松散物质裸露于地表，加之植被以苞叶杜鹃和仙女木混生在一起的群落为主，都是一些常绿矮小的灌木以及苔藓、地衣等，易遭受雪和雨水的冲刷。在这种成土环境条件下，土壤发育程度很低，土层薄，而且不连片，物理风化较强，多石砾，化学风化不深。根据机械分析表明，整个剖面中大于 1 mm 的石砾在 40.6％～64.4％之间，而粒径小于 1 mm 的为 59.4％～35.6％，其中小于 0.01 mm 的仅占7.2％～6.8％；整个剖面厚度 1.5～22 cm 左右。同时，有机质来源较少，微生物区系单纯，植物残体分解不明显，腐殖化作用也较弱。所以，在剖面形态上表现出明显的粗骨性、薄层性和层次分异不明显等特征的山地薄层苔原土。

分布在海拔 2 000～2 400 m 之间的长白山火山锥，相当于高山苔原带，可见到一系列高夷平阶地，一般以二级居多，如在高山气象站以下的北坡，阶地前缘陡坎明显，高差一般 3～5 m，阶地面宽而平坦，缓缓向山坡或沟谷倾斜，其上生长的苔原植物主要有牛皮杜鹃、苞叶杜鹃、笃斯、越桔、小叶杜鹃、松毛翠等常绿小灌木，此外还有苔藓和地衣等，覆盖度较高，超过 90％。高夷平阶地的沉积物主要是碱性粗面岩、玄武岩、凝灰岩等岩石风化物，以及火山砂所组成的坡积和塌积物，这就为成土母质具有疏松性创造了条件。这种高夷平阶地在长白山苔原带分布面积相当广泛，由于它具有比较平坦而宽敞的阶地面和微倾的斜坡，特别是随着高度的降低，阶地面愈来愈宽而平缓。这种环境条件大大好于山地薄层苔原土，在此种成土条件下而发育成山地泥炭化苔原土。不过，泥炭化山地苔原土成土过程的速度还是很缓慢的，尤其是本区存在永冻层，当夏季活动层开始融化时，水分却因永冻层托住而停滞，加上年平均温度仍然很低，冬季约有几个月的积雪，没有真正的夏季，就促成了土壤过度湿润，所以土壤形成过程中有机质和矿物质转化长期处于嫌气条件下，微生物活动微弱，结果在土壤表层有半泥炭化和泥炭化的有机质积累，而矿物质则处于还原状态。由于母质多为松散物质所组成，潜育化作用微弱，又由于生物循环作用微弱，土壤中灰分元素的周转也缓慢，所以这种土壤肥力仍较低。山地泥炭化苔原土是高山苔原带的基本土壤类型，分布很广，苔原带各坡均有分布。

长白山火山锥体的周围苔原带，海拔 2 300～2 500 m 左右的阴坡上普遍分布着雪蚀洼地和雪蚀槽谷，这是本区发育比较典型又最为常见的两种冰缘地貌类型。雪蚀洼地的规模大小不等，由几十平方米至几百平方米，有的甚至更大些，形状有的呈碟形，有的则呈倒喇叭形。雪蚀洼地是雪蚀作用的一种冰缘地貌类型，在雪蚀洼地出口处都有融雪通道，顺坡或沿沟伸展几十米。从调查分析可知，雪蚀洼地中的积雪，有的年份夏季全部消失，有的年份夏季还未来得及全部消融，便又被新雪覆盖。如果将当年未融化完的雪斑称为"越年雪斑"，这种"越年雪斑"就像粒粒玉珠，悬挂在高山苔原斜坡上，将长白山点缀得奇特而绚丽。同时，与雪蚀洼地相连的低处顺山坡延伸的雪蚀槽谷，在长白山火山锥体周围呈放射状排列，槽谷横断面呈浅"U"字形，槽谷的长度一般在 1 000～2 000 m 左右，宽几十米，乃至超过 100 m，这"U"字形雪蚀槽谷承泄周围坡麓上的雨水和雪水，以及携带的细粒风化物，而且雪蚀洼地通过融雪通道与雪蚀槽谷相接。在这种冰缘地貌部位喜湿植物群落有所发展，如牛皮茶和松毛翠组成的群落，越接近雪斑的周围和谷底，禾本科和菊科等植物组成的群落越发达。因为水热条件良好，植物生长较茂密，植株高达30 cm，最高可达 60 cm，覆盖度达 100%。这里的成土母质有一定细粒沉积物。这些雪蚀洼地和雪蚀槽谷的底部从远处望去，恰似高山苔原中一片绿油油的草甸一般，这就是山地草甸化苔原土发育的地方。在土壤剖面上仔细观察可见到蓝灰色氧化亚铁的"斑点"，这就是潜育化过程中铁的移动标志。由于这里年平均气温低，积雪融化缓慢和低洼的汇水条件使土壤形成过程中嫌气型微生物活动占优势，这样大量的矿物质元素在土壤中进行着潜育化作用。由于土壤经常处于湿润状态，有机质来源丰富，因此土壤形成的草甸化过程较强。但正因如此，使得有机质分解缓慢，所以腐殖质自表层至下部都有大量的积累，但上层仍远远高于下层（表1）。

表 1　山地草甸化苔原土理化分析表

地点 地形 剖面号	发生层次及 采样深度 （cm）	有机质 （%）	全 N （%）	全 P （P$_2$O$_5$） （%）	PH （H$_2$O）	代换性盐 基总量 （m·e/ 100 g）	物理黏粒 <0.01mm （%）	黏粒< 0.001mm （%）	备 注
长白山 苔原带 北坡 2 260 m 雪蚀 洼地 天 6 号	A$_0$　0～2 A$_1$　2～6 A$_1$/B　6～14 B　14～25 B/C 25～42 C　42 以上	— 24.07 27.52 5.79 2.40 2.87	— 0.99 0.92 0.36 0.13 0.14	— 0.17 0.16 0.12 0.09 0.09	— 6.5 6.0 6.5 7.3 7.5	— 33.63 23.19 14.49 4.73 2.77	— — 25.0 40.4 11.9 3.9	— — 4.1 3.8 0.9 0.5	引自陈淑云 分析资料。 代换性盐基 总量是指代 换性 Ca^{2+}、 Mg^{2+}、K$^+$、 Na$^+$ 之总 量。

从以上描述可以清楚地看出，长白山上的冰缘现象显著，在长白山上由现代冰雪所雕刻的冰缘地貌类型的组合规律是非常清晰的。又由于长白山属中纬度沿海型的山地高寒冰缘环境，所以在整个冰缘地貌结合中，相应地形成了不同的冰缘环境地形，这种冰缘环境地形因素严格地控制着其他自然地理要素——土壤、植物及其地球化学物质的移动等规律，在不同的冰缘环境中就得到了非常明显的、有规律的反映。如在雪蚀洼地和雪蚀槽谷等凹地形中，由于高处岩石的物理崩解和融雪期雪的块体移动，其上生长着发育良好的禾本科、菊科中的一些植物群落，使土壤中的草甸化过程明显，并在土壤形成过程中嫌气微生物活动占优势，这样矿物质元素就封锁在土体中，进行着潜育化作用，形成了游离的氧化亚铁。在稍高处苔原植物中以小灌木发育占优势，水热条件比较干热些，但气候仍严寒持久，无霜期短，无四季之分，所以土壤形成过程中有机质泥炭化加强了，形成山地泥炭化苔原土。

长白山 2 000 m 以上无林带冰缘环境下的土壤组合规律是非常明显的。冰缘地貌类型是以天池为中心向四周随着高度的降低而呈有规律的演替，同时由于天池四周高峰耸立，成为向外流的放射状水系，地形由山峰向四周倾斜，在此环境下，形成了一系列山地苔原土壤，以天池为中心呈同心圆状分布，大致以天池周围各山峰向四周依次分布着山地寒漠土、山地薄层苔原土、山地泥炭化苔原土和山地草甸化苔

原土等。（图 3）

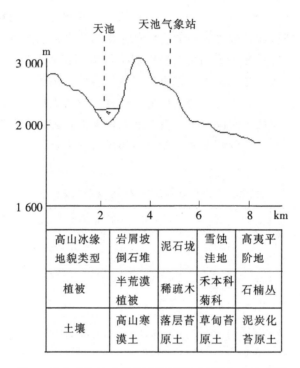

高山冰缘 地貌类型	岩屑坡 倒石堆	泥石垅	雪蚀 洼地	高夷平 阶地
植被	半荒漠 植被	稀疏木	禾本科 菊科	石楠丛
土壤	高山寒 漠土	落层苔 原土	草甸苔 原土	泥炭化 苔原土

图 2 长白山北坡无林带冰缘环境下土壤组合示意图

　　土壤发育在一定的自然环境下，是生物、气候、地形、母质、时间等成土因素综合作用下的产物。我们在这里突出阐明冰缘环境条件对长白山土壤的形成、发育及分布的影响，并不排斥生物在土壤形成中的主导作用，只是在这样一个总的规律下，由于冰缘环境因素作用的深刻烙印而引起了这样的一些变异。但土壤的形成与发育并不同于高山冰沼土一类的概念，这些土壤变化的差异性和特殊性，在土壤地理学理论上，以及在林业、牧业生产实践上都有重要意义。

长白山北坡各垂直带的典型植被调查报告

钱家驹①

【前言】巍峨的长白山为中朝两国所共有，位于北纬 41°23′～42°36′，东经 126°55′～129°。中国侧的白云峰海拔 2 691 m，朝鲜侧的白头峰海拔 2 751 m，其山势雄伟，资源丰富，为中外植物学家及其有关学科的工作者们所向往。已有不少资料都认为这座名山是东北亚大陆上唯一有高山冻原带的天然综合宝库，有待我们分头索取，综合汇编。森林是这个生态系统中物质和能量转化交换的主体环节。人类一向是这个生态系统的主宰，造福、造祸责无旁贷。

作为统一规划，明确分工，全面调查，联合协作为人类造福的生态系统定位研究工作，在我国东北从 1979 年开始，现阶段，全是搞本底调查。

关于长白山垂直带的划分，过去已有十余种（包括笔者的），其特点是一个人说了算。这次是综合多数意见，经过反复观察核对，重新划分，如图 1 所示。

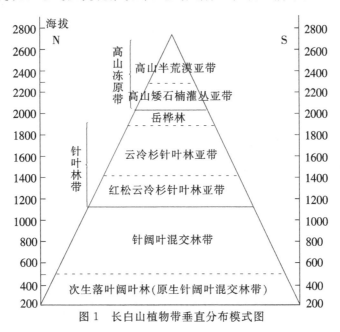

图 1　长白山植物带垂直分布模式图

作为垂直带应该是三个，即：

1. 针阔混交林带：海拔 1 100 m 以下；

① 【作者单位】东北师范大学地理系。

2. 针叶林带：海拔 1 100～1 800（2 000）m；

3. 高山冻原带：海拔 2 000 m 以上。

岳桦林是个过渡林型，已看到有被针叶林代替的苗头。我们的目的是揭出自然规律，先按自然植被的现状，认真探讨其过去和将来的基本动态，作为我们合理利用和改造现状的依据。

还有落叶松林、长白松林、杨桦林和沼泽等非地带性植被，一并加以描述和探讨。文中讹误之处，希望读者多加指正。

一、地带性植被群落

（一）高山冻原带

在长白山顶部海拔 2 000 m 以上的无林带，气温特低，降水特多，风云无常，一日数变。冬季酷寒，长达 9 个月，积雪厚达 1 m 左右。夏季冷凉，盛夏之日尚有雪斑。山顶部的年平均气温为 −7.3℃，无霜期仅 57 天。7～8 月最热，平均气温为 8.5℃；1 月最冷，平均气温为 −24℃。绝对低温达 −44℃（1965 年 12 月 15 日），大风常在 8 级以上。

亚带的划分以植被的总覆盖度 50%～60% 为界，大体在海拔 2 300 m 一线可分为两个亚带。在海拔 2 300 m 以上为高山半荒漠亚带。这里常见基岩裸露及大片火山砂加浮石铺地的裸地。随着海拔的升高，总盖度越来越小，植株的高度越来越低。在同一高度的脊梁上总盖度小，冲刷沟旁总盖度大。

在海拔 2 300 m 以下植被基本上 100% 地覆盖了地面。越向下常绿矮石楠灌丛越多，长得越高。相对的，苔藓地衣越少，而且多和小环境条件有关。

为了和大家有个共同明确的认识，我在每个亚带两头都选一片样地，分别描述探讨如下：

1. 高山半荒漠

（1）倒根草＋轮叶马先蒿群落（表 1）

这个样方在天池气象站观测场附近，中长生 11 号。海拔 2 615 m，坡向东，坡度 13°，样方面积 1 m²，总盖度 40%，地表全是火山砂及浮石，地面大部分裸露，5～10 cm 以下才有棕色土壤。

样方外个别地方有小片苔藓地衣及仙女木（*Dryas octopetala varasiatica*）、岩菖蒲（*Tofieldia natans*）群落，其总盖度达 80%，地面相对高出约 3 cm，已起到水土保持作用。

再向上至 2 670 m 以上。岩石面上只能长些苔藓地衣，岩石缝内才能长些细矮小草，连高山黑蘺草（*Scripus maximowiczii*）才有 10 cm 高，珠芽紫羊茅（*Festuca rubra var. vivipara*）却能成小片生长，可能与其能适应恶劣环境的珠芽有关。

稍向下海拔 2 580 m 一带的沟旁生有茂密的藓类，岩菖蒲、牛皮茶（*Rhododendron aureum*）及红飞蓬（*Erigeron komarovii*），还有些高不过 10 cm 的长白峰斗菜（*Petasites saxatilis*）等。这些种类在海拔 2 300 m 以下个体数量很多而且植株高大，这说明高山冻原带是个整体，因总盖度和多度不同分为两个亚带是合适的。

表 1　倒根草十轮叶马先蒿群落

总盖度 40%

植物名称	亚层	高度		多度	生活力	物候相	群聚度	生活型	备注
		生殖枝	叶层						
珠芽拳蓼 (*Bistorta vivipara*)	Ⅰ	12	6	＋＋＋	正常	花	散生	G	
萝蒂草 (*Lloydia serotina*)	Ⅰ	10	6	＋＋＋	正常	果	散生	G	
轮叶马先蒿 (*Pedicularsi verticillat*)	Ⅰ	9	6	＋＋＋	正常	花	散生	H	
高山罂粟 (*Papavera pseudoradiatum*)	Ⅰ	10	4	＋＋	正常	花	散生	H	
长白棘豆 (*Oxytropis anertii*)	Ⅰ	8	6	＋＋	正常	花果	聚丛	H	
长白虎耳草 (*Saxifraga laciniata*)	Ⅰ	9	3	±	正常	花	散生	H	
大戟柴胡 (*Bupleurum euphorbioides*)	Ⅰ	9	4	＋	正常	花	散生	H	
云间地杨梅 (*Luzula wahlenbergii*)	Ⅰ	8	5	±	正常	果	散生	H	
细毛苔 (*Carex sedakovii*)	Ⅱ	5	4	＋	正常	果	丛生	GH	
高山长白景天 (*Rhodiola sachalinensis falpina*)	Ⅱ	5	4	＋＋	正常	果	丛生	H	
圆叶柳 (*Salix rotundifolia*)	Ⅱ	3	3	＋＋	正常	果	散生	CH	N

　　为了证明这一点，我们在海拔 2 450 m 处，基岩裸露的地段上选了一个样方，调查结果如表 2 所示：

表 2　牛皮茶十毛毡杜鹃群落

总盖度 50%

植物名称	亚层	高度		多度	生活力	物候相	群聚度	生活型	备注
		生殖枝	叶层						
牛皮茶 (*Rhododendron aureum*)	Ⅰ	15	12	＋＋＋	正常	花	群生	N	
毛毡杜鹃 (*Rh. confertissimum*)	Ⅱ	10	9	＋＋	正常	花	群生	CH	N
有苞杜鹃 (*Rh. redowskianum*)	Ⅱ	10	6	＋＋	正常	花	群生	CH	N
萝蒂草 (*Lloydia serotina*)	Ⅱ	12	6	＋＋	正常	花	散生	C	
长白棘豆 (*Oxytropis anertii*)	Ⅱ	10	8	＋＋	正常	花	丛生	H	

这个样方周围的总盖度一般不到 40%，样方面积为 1 m²，内有一小片苔藓地衣，占总盖度的 10%左右，仅在植被覆盖处有些细砂及腐殖质，下边都是大石块。(1979 年 7 月 3 日调查)

当地植株的高度主要是叶层已高出上一个群落的 0.5～1 倍。若与下一个样地的植物对比更是一目了然。

2. 高山常绿矮石楠灌丛亚带

本亚带的种类成分较多，每种植物的个体数也多且植株较高大粗壮，我们在风口附近海拔 2 260 m 处，坡向北 40°东，坡度 21°，样方面积为 4 m²，编为中长生 10 号。(1977 年 7 月 22 日调查) 详见表 2。

表 3　牛皮茶＋笃斯群落

总盖度 100%；亚层高度（cm）：Ⅰ 20 cm，Ⅱ 15 cm，Ⅲ 10 cm。

植 物 名 称	亚层	高度		多度	生活力	物候相	群聚度	生活型	备注
		生殖枝	叶层						
牛皮茶 (Rhododendron aureum)	Ⅰ	20	15	＋＋＋	正常	花果	群生	H	
长白三毛草 (Trisetum spicatium)	Ⅰ	20	15	＋＋	正常	果	散生	H	
高山笃斯 (Vaccinium uliginosum var. alpinum)	Ⅱ	15	15	＋＋	正常	果	群生	N	
有苞杜鹃 (Rhododendron redovoskianum)	Ⅱ	14	10	＋＋	正常	花	群生	CH	N
仙女木 (Dryas octopetala var. asiatica)	Ⅱ	13	6	＋＋	正常	果	群生	CH	
凹耳兰 (Coeloglosum viride)	Ⅱ	15	8	±	正常	花	群生	G	
轮叶马先蒿 (Pedicularis var ticillata)	Ⅱ	15	10	＋	正常	花	群生	H	
珠芽拳蓼 (Bistorts vivipara)	Ⅱ	13	6	＋＋	正常	花	群生	G	
长白棘豆 (Oxytropis anertii)	Ⅲ	10	6	＋＋	正常	花果	丛	H	
岩菖蒲 (Tofieldia natans)	Ⅲ	8	3	＋	正常	花	散生	CH	
高岭风毛菊 (Saussurea alpicola)	Ⅰ	20	15	＋＋	正常	蕾	群生	G	样方外
长白狗舌草 (Senecio phaeonthus)	Ⅰ	18	5	±	正常	花	群生	H	样方外
高山黑蔍草 (Soicpus maximcwiczii)	Ⅰ	18	10	＋＋	正常	花	群生	CH	样方外
松毛翠 (Phyllodoce caerulea)	Ⅱ	13	10	＋＋	正常	花	群生	CH	N
圆叶柳 (Salix rotunndifolia)	Ⅱ	12	12	＋	正常	果	群生	CH	N
萝蒂草 (Lloydia serotina)	Ⅱ	12	8	＋＋	正常	果	散生	G	
毛颤杜鹃 (Rhododendron confertissimum)	Ⅲ	10	7	＋＋	正常	花果	群生	CH	N

　　从表中可看到样方外种类还有不少，若用 9 m² 的样方则大部分可以圈进来。生长基质也是火山沙砾。腐殖质和土层已有 5 cm 厚，种类数量及总盖度都是上一样方的一倍左右，叶层又高出 1/2 倍。

　　这是个典型的高山常绿矮石楠灌丛之一。

　　为了阐明此亚带的同一性，我们又在海拔 2 020 m 处，离岳桦林不远处，选出一块样地，调查结果如表 4 所示：

表 4　笃斯十仙女木群落

总盖度 100%

植物名称	亚层	高度		多度	生活力	物候相	群聚度	生活型	备注
		生殖枝	叶层						
大白花地榆 (Sanguisorba sitchensis)	I	30	15	+	正常	花	散生	H	
高山三毛草 (Trisetum spicatum)	I	30	15	+	正常	果	散生	H	
大戟柴胡 (Bupleurum euphorbioides)	II	22	13	+	正常	花	散生	H	
蟋蟀苔 (Carex eleusilinoides)	II	22	12	+	正常	果	散生	CH	
高岭风毛菊 (Saussurea alpicola)	II	20	15	++	正常	蕾	散生	G	
高山笃斯 (Vaccinium uliginosum var. alpinum)	II	15	15	++	正常	果	群生	N	
珠芽拳蓼 (Bistorta vivipara)	III	15	8	++	正常	花	散生	G	
长白棘豆 (Oxytropos anertii)	III	12	10	++	正常	果	丛生	H	
毛毡杜鹃 (Rh. conferrtissimum)	III	12	11	+	正常	果	群生	CH	N
仙女木 (Dryas octopetala var. asiatica)	III	10	5	+++	正常	果	群生	CH	
高山龙胆 (Gentiana algida)	III	12	7	+	正常	蕾	散生	G	

　　此表与表 3 对比样方内种类数量基本相同，总盖度相同，但植株又高大些。第一亚层又高出 1/2，共同种数占 1/2，同一种植物也比表 3 的都高些。高山三毛草竟高出 1/2。若用共同建群种比较则更明显，即附近沟旁的牛皮茶高 30～35 cm。大白花地榆高出 40～50 cm，土壤和腐殖质层也较厚（5～10 cm），苔藓地衣层只有小团块，在整个植被中已无影响了。

　　通过对高山冻原带自上而下的调查分析，清楚看到的是植被的总盖度逐渐加大，可以概括为 0~100%，第一亚层的高度 10~50 cm。当前首先意识到植被指示着环境条件越向下越好。因此植被的生物生产量必然越向下越大。每个垂直带，各有自己的植物生物生产量，也可看做一个大的生态系统，每个群落各自也是一个生态系统。我们的定位研究已体现了这一点，但人力物力必须大力加强。

（二）岳桦林

岳桦林分布于海拔 1 800~2 000 m。当地是山地生草森林土。年平均降水量为 1 000~1 100 mm，1 月平均气温为−19~20℃，7 月平均气温为 10~14℃，生长季节常有 8 级以上大风，中上部冲风坡的岳桦林矮曲，向一边倒。背风坡和沟谷两翼的岳桦林无此现象。

由于岳桦林目前占据一段垂直空间，故不少人认为岳桦林是各地带性植被。其实它和白桦及落叶松同样都是先锋树种，只是岳桦最耐寒又最耐瘠薄土壤，甚至可长在无土壤的大石块表面的藓褥上。这个专题拟另文探讨。今按现生的表面现象初步描述如下：

岳桦林可分为两大类，共选三块样地。

1. 岳桦——牛皮茶群落

位于上山方向公路旁的左侧，海拔 1 850 m 处。样方面积为 100 m²。地势缓斜，枯枝落叶及腐殖质层厚达 10 cm，由于当地多雨多雾，土壤及小气候均较湿润。样方外有两棵第一代岳桦的倒木已腐朽，胸径约 30 cm，估计树龄有 150~200 年，具体内容见表 5：

表 5　　　　　　　　岳桦——牛皮茶群落

5 - 1　立 木 记 载

总郁闭度 0.6　样方面积 100 m²　平均株距

植 物 名 称	林层	组成			胸径（cm）		树高（m）		枝下高（m）	优势木年龄	标准地上的株数	林况	备注
		按株数%	按树冠投影	按材积	最大径	优势径	最大树高	优势树高					
岳桦 (Betula ermanii)	I	100	100	100	32	17	14	13	5	120	33	单层	

5 - 2　灌 木 层 记 载

总盖度 1

植 物 名 称	亚层	多度	盖度	高度(cm)	生长特性	生活强度	物候状况	备注
牛皮茶 (Rhododendron aureum)	II	+++	0.8	30	连成大片	正常	花—果	
兰靛果 (Lonicera caerulea var. edulis)	I	±	0.1	60	散生	正常	花	
高山桧 (Juniperus sibiricus)	II	+	0.1	20	成丛	正常	花	
林奈草 (Linnaea borealis var. arctica)	III	+	0.1	18	连生不成片	正常	花	
越桔 (Vaccinium vitis−idaea)	III	+	0.1	12	散生	正常	花	

5－3 草本层记载

总盖度 0.05

植物名称	亚层	高度 生殖枝	高度 叶层	多度	生活力	物候相	群聚度	生活型	备注
Calamagrostis angustifolia	I	/	60	++	稍弱	叶	散生	H	
Sanguisorba sitchensis	II	/	35	±	稍弱	叶	散生	H	
Streptopus koreana	II	/	35	±	稍弱	叶	散生	G	
Lycopodium clavatum	III	/	7	+	正常	叶	散生		
Trollius japonica	I				正常	花	散生	G	样方外
Petasites saxatilis	II				正常	花	散生	G	
Moehlenbergia longistolon	III				正常	花	散生	H	
Maianthemum dilatatum	III				正常	花果	散生	G	
Trientalis europaea	III				正常	花	散生	H	

5－4 苔藓和地衣类植被

土壤盖度 90%

厚度 10 cm 活层 4 cm 死层 6 cm

一般特征（紧密度、均匀度等）

植物名称	多度	盖度	生长特性	生活强度	备注
塔藓（*Hylocornium splendens*）	+++	8.5	连片	正常	
大金发藓（*Polytrichum commune*）	+	5	小片	正常	

这片岳桦林的生长基质是火山砂砾。上面发育着山地生草森林土。由于背风向阳，树干毫无矮曲现象。

总郁闭度为 0.6，林下只有一株更新幼树。发育不良。在周围的林冠上已露出一个个尖塔形的针叶树冠。这就是岳桦林将要被针叶林演替的标志。

灌木层的总郁闭度是 1。但是牛皮茶的盖度就有 0.8，使林下的草本层生育困难，总盖度仅 5%，几近于无。主要草类生育不良，连习性成片生长的小叶章（*Calamagrostis angustifolia*）也成散生的了。只是在样方外灌木层发育不太好的地段上有 5 种草能正常生育。

苔藓层厚达 10 cm，总盖度达 90%。这样成层结构的岳桦林代表着一大类，其分布很广，但与海拔高度无关。

在统一编排永久样方后我们又选了一个岳桦—牛皮茶群落。在海拔 1 990 m 处，样方面积为 50×50 m²，调查结果记入表 6，中长生 7 号。

表 6 岳桦 牛皮茶群落

6 - 1 立 木 记 载

总郁闭度 0.5

植物名称	林层	组成		胸径（cm）		树高（m）		枝下高（m）	优势木年龄	标准地上的株数	林况	备注
		按株数%	按材积	最大径	优势径	最大树高	优势树高					
岳桦 （Betula ermanii）	I	90	80	20	11.5	11	10	2	120±	154	复层	
黄花松 （Larix olgensis）	II	10	20	32	20	12	11	3	120±	15		

6 - 2 灌 木 层 记 载

总盖度 0.7；亚层盖度 I，0.1；II，0.5；III，0.1

植 物 名 称	亚层	多度	盖度	高度（cm）	生长特性	生活强度	物候状况	备注
兰靛果 （Lonicera caerulea var. edulis）	I	+	0.1	70	散生	正常	嫩果	
牛皮茶 （Rhododendron aureum）	II	+++	0.5	40	连片	正常	嫩果	
高山桧 （Juniperus sibiricus）	III	++	0.1	40	连片	正常	嫩果	
越桔 （Vaccinium vitis－idaea）	III	++		10	疏群	正常	果	
高山笃斯 （Vaccinium uliginosum var. alpinum）	III	++		10	疏群	稍弱	叶期	
北极林奈草 （Linnaea borealis var. arctica）	III	+		10	疏群	正常	花	
天栌 （Arctous ruber）	IV	±		5	单生	正常	果	

6－3 草本层记录

总盖度 30%

植物名称	亚层	高度 生殖枝	高度 叶层	多度	生活力	物候相	群聚度	生活型	备注
小叶章 (Calamagrostis angustifolia)	I	80	70	＋＋	正常	抽穗	成片	H	
小白花地榆 (Sanguisorba parviflora)	I	80	30	＋	正常	花	散生	H	
东北龙常草 (Diarrhena mandshurica)	I	120	80	±	正常	果	散生	H	
光脉藜芦 (Veratrum patulum)	I	/	60	±	稍弱	叶	散生	G	
大白花地榆 (Sanguisorba sitchensis)	II	55	45	＋	正常	蕾	散生	H	
一枝黄花 (Solidago virga－aurea)	II	50	45	＋	正常	蕾	散生	H	
金莲花 (Trollius japonicus)	II	50	40	＋	正常	果	散生	G	
高岭风毛菊 (Saussurea alpicola)	III	35	30	＋	正常	蕾	散生	G	
高山茅香 (Hierochloe alpina)	III	40	35	＋	正常	果	散生	H	
锦地杨梅 (Luzula pallescens)	III	35	10	＋	正常	果	散生	H	
大戟柴胡 (Bupleurum euphorbioides)	III	35	30	＋	正常	果	散生	H	
岩茴香 (Tillingia tachieroei)	III	30	20	±	正常	蕾	散生	H	
普通早熟禾 (Poa trivialis)	III	30	15	±	正常	果	散生	H	
毛萼麦瓶草 (Silene repens)	IV	15	15	±	正常	蕾	散生	H	
石松 (Lycopodium clavatum)	IV	15	10	＋	正常		散生		
杉曼石松 (L. annotinum)	IV	/	15	±	正常		散生		
算盘七 (Streptopus koreanus)	IV	/	10	＋	弱	叶	散生	G	
七筋姑 (Climtonnia udensis)	II	45	10	＋	正常	果	散生	G	
长白龙胆 (Gentiana jamesii)	IV	10	8	＋	正常	花	散生	CH	
午鹤草 (Maianthemum dilatetum)	IV	12	10	＋	正常	果	散生	G	
羊胡子苔 (Carex callitrichos)	IV	/	10	＋	正常	叶	丛	CH	
七瓣莲 (Trientalis europaea)	IV	7	5	±	正常	果	丛	H	
岩菖蒲 (Tofieldia natans)	IV	7	3	＋	正常	果	丛	CH	

6—4 苔藓和地衣类植被

土壤盖度 30%～50%

厚度 6 cm，活层 3 cm，死层 3 cm

植 物 名 称	多度	生长特性	生活强度	备 注
塔藓 （Hylocornium splendens）	＋	成片	正常	小片无灌木草本处有
茅疏藓 （Ptilium cristacastrensis）	＋＋	小片	正常	小片的苔藓地衣
大金发藓 （Polytrichum commune）	±	小片	正常	
细金发藓 （P. gracile）	±	小片	正常	
枝状地衣	＋＋		正常	局部地小块全是地衣

在这个表比起表 5 突出的感觉是种类成分特别是草本层的种类多出 1 倍以上，其主要原因是样方面积过大。小环境不一致，包括了不同的群落。很明显，在样方内斜坡的上部冲风处有一小片岳桦是矮曲林。但不向一边倾斜，说明风力还不算大。林下只有苔藓地衣，土壤盖度为 100% 但无灌木和草本层，这是另外一个类型。

总体看来这片林子接近森林界限，生境条件不如上一群落好。林子的总郁闭度和灌木的总盖度都较小，草本层才有生存的必要条件。23 个种基本上生育正常就是有力的证明。其中有光脉藜芦 （Veratrum patulum） 及算盘 （Stroptopus koreana） 生育不良，这只能是湿度和温度的影响。因为它们在海拔 1 800 m 以下的林内能正常生育。现在林下没有更新的幼苗。林内有 1/10 的落叶松，下一代是什么林子无法推断。

母树天然下种几乎是年年有。但最适于生根发芽有长大成材的综合条件真不太多。因为不单是无机环境条件，还有种间种内斗争关系。所以先锋树种形成的纯林经常是同龄的，特别是层片结构相同的森林植物群落。

2. 岳桦—高草群落

表 7　　　　　　　　　　　　　　岳桦—高草群落
7-1 立木记载

总郁闭度 0.7，平均株距 6 m

植 物 名 称	林层	组成			胸径 （cm）		树高 （m）		枝下高 (m)	优势木年龄	标准地上的株数	林况	备注
		按株数%	按树冠投影	按材积	最大径	优势径	最大树高	优势树高					
岳桦 (Betula ermanii)	I	100	100	100	40	20	18	17	10.1	20	151	单层	

7-2 草木层记载

总盖度100%；亚层盖度（cm）：Ⅰ100，Ⅱ70，Ⅲ50，Ⅵ30

植 物 名 称	亚层	高生殖枝	度叶层	多度	盖度	生活力	物候相	群聚度	生活型	备注
星叶三尖菜 (*Cacalia komaroviana*)	Ⅰ	100	80	＋＋＋	80	正常	花	成片	G	
小叶章 (*Calamagrostis angustifolia*)	Ⅰ	/	80	＋＋		弱	叶	成片	H	光
蒿叶乌头 (*Aconitum artemisaefolium*)	Ⅰ	/	80	＋		弱	叶	散	G	热光
酸模 (*Rumex acetosa*)	Ⅰ	120	100	±		正常	花	散	H	
东北龙常草 (*Diarrhena manshurica*)	Ⅰ	120	90	±		正常	蕾	散	H	
高山芹 (*Coelopleurum saxatile*)	Ⅱ	80	70	±		正常	蕾	散	G	
毛芯老鹤草 (*Geranium eriostemon*)	Ⅱ	70	60	＋		正常	花	散	H	
金莲花 (*Trollius japonicus*)	Ⅱ	70	60	＋		正常	花	散	G	
猴腿 (*Athyrium multidentatum*)	Ⅱ	/	60	±		正常		丛		
光脉藜芦 (*Varatrum patulum*)	Ⅲ	/	40	＋		弱	叶	散	G	热光
一枝黄花 (*Solidago virga—aurea*)	Ⅲ	60	50	＋		正	蕾	散	H	
贝加尔野豌豆 (*Vicia baicalensis*)	Ⅱ	/	60	±		弱	叶	散	H	热光
狭叶牛防风 (*Heracleum moellendorffii f. subbipinnatum*)	Ⅱ	70	50	±		正常	蕾	散	G	
单花橐吾 (*Ligularia jamesii*)	Ⅱ	/	40	±		弱	叶	散	G	光
勿忘我草 (*Myosotis sylvatica*)	Ⅲ	40	20	＋		正常	花	散	H	
大白花地榆 (*Sanguisorba sitcheneis*)	Ⅲ	/	30	＋＋		弱	叶	群生	H	光
高岭风毛菊 (*Saussurea alpicola*)	Ⅳ	30	20	±		弱	蕾	散生	G	
单穗升麻 (*Cimicifuga simplex*)	Ⅲ	50	30	±		正常	花	散生	H	
广羽金星厥 (*Phegopferis polypodioides*)	Ⅳ		30	＋		正常		散生		
东方草莓 (*Fragaria orientalis*)	Ⅳ		30	＋		弱	果	散生	H	热光
球花风毛菊 (*Saussurea pulchella*)	Ⅳ	/	20	＋		弱	叶	散生	G	
午鹤草 (*Maianthemum dilatatum*)	Ⅳ	20	15	＋		正常	果	散生	G	
算盘七 (*Streptopus koreanus*)	Ⅳ	/	15	＋		弱	叶	散生	G	热

样地在上山方向公路的左侧，海拔 1 980 m，地势缓平，背风。样方面积为 50×30 m²，中长生 6 号，1979 年 7 月 30 日调查。

这是我们调查过的结构最简单的森林群落。上层是岳桦，下层是高草。只有几株牛皮茶、蓝靛果（*Lonicera caerulea var. edulis*）及一株棣棠升麻（*Aruncus asiaticus*）都生育不良，没有开花结果。若圈定 10×10 m² 的样方，则一棵灌木也没有。

由表 7-1 及表 7-2 我们不难看出这里的岳桦长得最高，最粗林下全是高草，第一亚层全在 1 m 以上。小叶章没抽穗，叶层已达 80 cm，影响每个种正常生育的生态因子写在表 7-2 的备注栏内。草本层发育良好的主要原因是先长草后长树。树林长起来以后当然蔽光。以致使 1/3 以上的种类生育不良。但它们在林间高草草地上全能正常生育。

岳桦林内还有些平坦的地段，至今还是林间草地毫无被岳桦林演替的迹象。

值得指出的是，在高草层下面基本上无苔藓地衣层。所有岳桦林全无层间的藤本或草本缠绕植物。这片岳桦林长得最好，也是水分条件最好的指标。

"长草"、"长灌丛"和"长树"，除了演替阶段外，地形因子起决定作用。它决定着排水良好与否及由此引起的一系列生境条件的变化。

"山林"和"草原"是地形及其植被类型的正确概括，是个自然规律。要想改造这里的林间草地，只有开沟排水种植落叶松。

（三）针叶林带

针叶林带分布于海拔 1 100~1 800 m 即长白山锥体以下的较缓斜的地带，气候阴湿冷凉，年降水量为 800~1 000 mm，6~9 月份的降水量占全年的 2/3 以上。无霜期为 80~100 天，主要是山地棕色针叶林。建群种为鱼鳞松（*Picea jessoensis*），红皮臭（*P. koraiensis*）及臭松（*Abies nephrolepis*），阔叶树只有硕桦（*Betula costata*）在海拔 1 400 m 以下的针叶林中主要有红松（*Pinus koraiensis*），还有些零星散存的美人松（*P. sylvestriformis comb. nov*）。

我们根据红松的分布上界，在海拔 1 400 m 以下分成两个压带。分述如下：

1. 云冷杉林亚带（上部针叶林带）

样地选在沿公路上山方向的左侧，温泉下方 4 km 左右，海拔 1 620 m 处，地势平坦，基质是冲积的火山砂。林床上的枯枝落叶层厚 3~5 cm，粗腐殖质层 5 cm 左右，细腐殖质层 5~10 cm。下面是山地棕色森林土，样方面积为 50×50 m²，对云冷杉群落的调查等级见表 8，中长生 5 号。1979 年 7 月 25 日调查。

表 8　　　　　　　　　　云 冷 杉 群 落
8-1　立 木 记 载

总郁闭度 0.93

植 物 名 称	林层	组成			胸径（cm）		树高（m）		枝下高 m	优势木年龄	标准地上的株数	林况	备注
		按株数%	按树冠投影	按材积	最大径	优势径	最大树高	优势树高					
鱼鳞松 （*Picea jezoensis*）	I	90	90		66	26.8	28	25	5	10	190	复层	
臭松 （*Abies nephrolepis*）	II	10	10	30	30	25	25	13	20	7			

8－2　立木更新

树　种	多度	树高（m）	年龄	分布特性	起源	生长情况	备注
硕桦 （Betula costata）	＋＋＋	10	30	均匀	天然下种	正常	
鱼鳞松 （Picea jezoensis）	＋	1.8—2.5	30	均匀	天然下种	正常	
臭松 （Abies nephrolepis）	＋＋＋	0.5—3	5—2.8	成片	天然下种	正常	

8－3　下木记载

林冠郁闭度（十分法表示）0.4

植物名称	亚层	多度	生活强度	投影盖度	树高（m）		物候期	备注
					最大	优势		
花楸 （Sorbus pohuashanensis）	Ⅰ	＋＋	正常		18	10	果	
花楷子 （Acer ukurenduense）	Ⅰ	＋＋	正常		10	3—5	果	
朝鲜荚蒾 （Viburnum koreanum）	Ⅱ	＋	正常		4	3	果	

8－4　灌木层记载

总盖度 0.3

植物名称	亚层	多度	盖度cm	高度	生长特性	生活强度	物候状况	备注
兰靛果 （Lonicera caerulearar. edulis）	Ⅰ	＋＋		100	散生	正常	果	
毛脉黑忍冬 （L. nigra var. barbinervis）	Ⅰ	＋		80	散生	正常	果	
大蔷薇 （Rosa acicularis）	Ⅰ	＋		80	散生	正常	花—果	
林地铁线莲 （Clematis brevicaudata）	Ⅱ	＋		23	散生	弱	叶	

8－5　层间附生植物

名　称	多度	被附生的树种	分布情况	生活强度	备注
松萝（Usnea logissima）	＋＋	臭松，鱼鳍松	林冠下	正常	
悬垂藓（Leucodon pendulus）	＋＋＋	臭松	林冠下	正常	

8-6　草本层记载

总盖度 50%

植物名称	亚层	高生殖枝	度叶层	多度	盖度	生活力	物候相	群聚度	生活型	备注
星叶三尖菜 (Cacalia komaoviana)	I	60	40	++		正常	花	散生	G	
单穗升麻 (Cimicifuga simplex)	I	50	40	+		正常	果	散生	H	
东北龙常草 (Diarrhena mandshurica)	I	50	30	+		正常	果	散生	H	
毛芯老鹳草 (Geranium eriostemon)	I	50	35	+		弱	花	散生	H	
绵马 (Dropteris crassirhizoma)	I		40	+		正常		丛		
小叶章 (Calamagrostis angustifolia)	I	50	35	++		弱	果	疏群	H	
广羽金星厥 (Phegopferis polypodioides)	II		25	++		正常		疏群		
猴腿 (Athyrium multidentatum)	II		36	++		正常		丛		
七筋姑 (Clintona udensis)	II	35	10	+		正常	果	散	G	
一枝黄花 (Solidago virga-aurea)	II	40	30	+		弱	花	散	H	
矮羊茅 (Festuca supina)	II	30	22	+		弱	果	散	H	
长白风毛菊 (Saussureatenerifolia)	II	30	20	+		弱	蕾	散	G	
算盘七 (Streptopus koreanus)	II	40	40	++		正常	果	散	G	
透骨草 (Phryma leptostachya)	II	40	20	+		弱	花果	散	G	
深山草莓 (Fragaria concolor)	III	15	17	++		正常	果	散	H	
午鹤草 (Maianthemum dilatatum)	III	10	8	++		散	果	散	G	
败酱 (Patrinia scabiosaefolia)	III	/	10	+		弱	叶	散	G	幼苗
唢呐草 (Mitella nuda)	III	8	4	+		正常	果	散	H	
腋花草 (Moehringia latiflora)	III	7	7	+		正常	果	散	H	
天栌 (Arctous ruber)	III	/	5	±		弱	叶	散	CH	

8－7 苔藓和地衣类植被

土壤盖度 100%

厚度：6 cm；活层：3 cm；死层：3 cm

植 物 名 称	多度	盖度%	生长特性	生活强度	备注
塔藓（Hylocornium splendens）	＋＋＋	60	成片	正常	
茅疏藓（Ptilium cristacastrensis）	＋＋＋	40	成片	正常	

在研读过表 8 后，突出的感觉是成层结构很复杂。但每层的种数并不多，特别是建群中只有两种。

第二个突出的感觉是各层的郁闭度较大，特别是立木层和苔藓层以及特有的层间附生植物，当时在现场调查的感觉是阴湿得很，又不通风。也只有在这样的植物环境中才适于松萝（Usnea logissima）及悬垂藓（小白齿藓，Leucodon pendulus）生存。它们密密麻麻地披挂在林冠的中下部，特别是臭松树枝上最多，较矮者一直披挂到树顶，这些臭松很快就会死亡，较高者也有天然整枝的作用。它们是自然稀疏和整枝的功臣。保证优者生存，加快了物质和能量的转化和循环，即林下过多植物死掉能加快主林木的生长。

在草本层中有 2/5 的种类生育不良，蕨类植物生育繁茂。灌木和草类生育不良的根本原因是光照不足。

在林下还有不少倒木，绝大部分已经腐朽，主要是鱼鳞松。胸径约 70 cm，树龄约 250～300 年，在倒木上更新良好。在样方 50×50 m² 内的更新数量为 3 240 株，其组成为：6 硕桦 4 鱼鳞松＋臭松，幼苗占 94%。这个事实意味着下一代林子初期是硕桦＋云冷杉林，后期硕桦死掉还是云冷杉林。

2. 红松云冷杉林亚带

红松云冷杉林亚带分布在海拔 1 100～1 400 m，特点是云冷杉林中有红松，有些地段还散生有美人松。

样地在上山方向公路的右侧，海拔 1 270 m，地势平坦，枯枝落叶及腐殖质层较厚（未具体测）。弱灰化棕色森林土。

样方是中长生 3 号。调查登记如表 9 所示。

表9　　　　　　　　红松云冷杉群落

9－1 立 本 记 载

总郁闭度 0.8

植 物 名 称	林层	胸径（cm）			树高（m）			枝下高（m）	优势木年龄	标准地上的株数	林况	备注
		按株数%	按材积	最大径	优势径	最大树高	优势树高					
红松（Pinus koraensis）	Ⅰ	31	31.1	52	26.4	30	28	5	20	200	复层	
鱼鳞松（Picea jessoensis）	Ⅰ	18.5	17	48	24.4	33	30	5	17			
红皮臭（P. koraiensis）	Ⅰ	14.1	25.6	52	34.4	33	30	5	20			
臭松（Abies nephrolepis）	Ⅱ	19	7.5	36	17.2	25		5	18			
黄花松（Larix olgensis）	Ⅱ	7.1	11.2	48	32.1	33	30	5	22	250		
白桦（Betula platyphylla）	Ⅱ	4.9	46	40	25	25		5	20	200		共184株

9-2　立 木 更 新

树　　种	多度	树高（m）	年龄	分布特性	起源	生长情况	备注
红松（Pinus koraiensis）	+++	0.1～8	5～50	均匀	天然下种	正常	
鱼鳞松（Picea jessoensis）	+++	0.8～1.3		均匀	天然下种	正常	
红皮臭（P. koraiensis）	++			均匀	天然下种	正常	
臭松（Abies nephrolepis）	+++		5～40	成片	天然下种	正常	
黄花松（Larix olgensis）	++				天然下种	正常	
鱼鳞松（Picea jessoensis）	+						倒木
红皮臭（P. koraiensis）	+						倒木
白桦（Betula platyphylla）	++						

9-3　下 木 记 载

林冠郁闭度（十分法表示）0.3

树　　种	亚层	多度	生活强度	树高（m）		物候期	备注
				最大	优势		
花楷槭（Acer ukurenduense）	I	++	正常	15	10	果	
青楷槭（A. tegmentosum）	I	+	正常	13	10	果	
花楸（Sorbus pohuashanensis）	II	±	正常	1		叶	幼苗

9-4　灌 木 层 记 载

总盖度 0.1

植　物　名　称	亚层	多度	高度(cm)	生长特性	生活强度	物候状况	备注
兰靛果（Lonicera caeruleavar. eduvis）	I	+	70	散生	弱	叶	
尖叶茶藨（Ribes maximowiczianum）	I	±	110	散生	弱	叶	
大蔷薇（Rosa acicularis）	II	+	50	散生	弱	花	
毛脉黑忍冬 （Lonicera var. barbinervis）	II	+	50	散生	幼苗	叶	
宽叶白山茶 （Ledum palustre var. dilatatum）	II	+	30	散生	稍弱	果	
长白瑞香（Daphne koreana）	III	+	20	散生	正常	果	
林地铁线莲 （Clematis brevicaudata）	III	+	20	散生	弱	叶	
北极林奈草 （Linnaea borealis var. arctica）	IV	+++	7	群生	正常	花	
越桔（Vaccinium vifis—idaea）	IV	++	7	群生	正常	果	

9 - 5　草 本 层 记 载

总盖度50％；亚层高度（cm）：Ⅰ.60，Ⅱ.40，Ⅲ.20

植 物 名 称	亚层	高　度		多度	生活力	物候相	群聚度	生活型
		生殖枝	叶层					
小叶章 (*Calamagrostis angustifolia*)	Ⅰ	/	60	＋＋＋	弱	叶	疏群	H
栗草 (*Millium effusum*)	Ⅰ	60	40	±	弱	果	散生	H
绵马 (*Dryopteris crassirhizoma*)	Ⅰ		40	＋	正常		丛	
七筋姑 (*Climtonnia udensis*)	Ⅰ	50	20	±	正常	果	散	G
矮羊茅 (*Festuca supina*)	Ⅰ	50	30	＋	弱	果	散	H
一枝黄花 (*Solidago virga－aurea*)	Ⅱ	40	30	＋	正常	蕾	散	H
石松 (*Lycopodium clavatum*)	Ⅲ	20	15	±	正常		散	
肾叶鹿蹄草 (*Pyrola renifolia*)	Ⅲ	15	5	＋＋	正常	果	散	CH
一叶兰 (*Microstylis monophylla*)	Ⅲ	16	5	±	正常	花	散	G
单侧花 (*Ramischia secunda*)	Ⅲ	15	5	＋	正常	花－果	散	CH
午鹤草 (*Maianthemum dilatcotum*)	Ⅳ	10	7	＋＋	正常	果	散	G
大二叶兰 (*Listera major*)	Ⅳ	10	5	±	正常	花	散	G
斑叶兰 (*Goodyera repens*)	Ⅳ	7	3	±	正常	花	散	CH
地刷子 (*Lycopodium anceps*)	Ⅳ	/	10	±	正常		散	
七瓣莲 (*Trientalis europaea*)	Ⅳ	10	7	＋	正常	花	散	H
败酱 (*Patrinia scabiosaefolia*)	Ⅳ	/	10	＋＋	弱	苗	散	G
羽节厥 (*Gymnocarpus jessoense*)	Ⅳ	/	10	＋＋	正常		散	

9 - 6　苔藓和地衣类植被

土壤盖度100％

厚度：10 cm；活层：4 cm；死层：6 cm

植 物 名 称	多度	盖度％	生长特性	生活强度	备注
塔藓 (*Hylocornium splendens*)	＋＋＋	80	连成片	正常	
茅疏藓 (*Ptilium cristacastrensis*)	＋＋＋	20	连成片	正常	

9 - 7　层间附生植物

植 物 名 称	多度	被附生的树种	分布情况	生活强度	备注
县垂藓 (*Leucodon pendulus*)	＋＋＋	臭松、鱼鳞松	15 m 以下、树枝上	正常	
尖叶提灯藓 (*Mnium cuspidatum*)	＋＋		老树干基部	正常	

　　成层结构与云冷杉群落一样，具体对比分析才能明确两者的显著差别，这正是我们划分成两个亚带的依据。

首先在林冠层中出现了红松及红皮臭（*Picea koraiensis*），样方外还有散在的长白松，虽然也是针叶林，但多出三种优乔木，即按种类数量相当于云冷杉林的 2.5 倍。若加上落叶松和白桦就是 3.5 倍。因为这两个先锋树种都是前一代的遗老，不应计算在内，还用 2.5 倍为准。

在样方 $50 \times 50 \text{ m}^2$ 内，幼苗幼树共有 2 457 株。更新组成为：6 臭松 3 红松 1 鱼鳞松 ＋落叶松，白桦，更新频度为 96.4%

立木更新树种及倒木树种都相应地多出 1～1.5 倍。

从倒木中可知上一代的针叶林和现生的树种基本一样，从幼树和幼苗可以看出下一代林子的组成也没什么改变。

通过比较分析可以肯定云冷杉群落和红松云冷杉群落分别是这个亚带的顶级 Climax。

立木层郁闭度比云冷杉群落仅小 10%，在此林内调查时感到明亮不少。因为红松和红皮臭比鱼鳞松和臭松遮光较少，加上林冠和下木高差较大。层间的附生植物只有悬垂藓，但不如云冷杉林中密茂，松萝不见了。说明它对光照和湿度的反应比悬垂藓灵敏。

灌木层的种数也多出 1 倍以上。值得提出的有：

长白瑞香（*Daphne koreana*）原来很多，因被采去作药，现在已很难找到，要加强保护。

草本层的总盖度及能正常生育的中也基本一致。二者重大的差别在于草本层中不见了星叶三尖菜（*Cacalia komaroviana*）多出了三种兰科植物，即大二叶兰（*Listera major*）、一叶兰（*Microstylis monophylla*）和斑叶兰（*Goodera repens*）。还有两种鹿蹄草科植物，即肾叶鹿蹄草（*Pyrola renifolia*）和单侧花（*Ramischia secunda*），据过去调查，鹿蹄草科有 10 种，全分布于这个亚带，云冷杉带只有 6 种。这也是两个亚带的明显区别。

苔藓层和云冷杉群落无区别，只是在老树干基附生有尖叶提灯藓（*Mnium cusdidatum*），在云冷杉群落中没注意，不知有否。

（四）针阔混交林带

针阔混交林带在海拔 1 100 m 以下是面积最大、坡度最小的缓平玄武台地。冬季较寒，夏季温暖，年平均气温为 3℃。元月最冷平均为 −15～ −17℃，7 月最热平均为 17～ 19℃，无霜期为 100～200 天。年降水量为 700～800 mm，6～9 月份的降水量几乎达到全年的 75%。别看降水量较小，实际上水向低处流，是水量最大的地带。特别是在海拔 600 m 上下，河流纵横，宜于农耕和聚居。

由于人口特多，再加上所有伐木场全设在此带的中下部，从维持生态平衡的原则出发，拔大毛还可以，一扫光是太败家了。所有的低山丘陵全是宜林地，应该千方百计地恢复其森林植被。这是人类长期掠夺自然、自吃苦头后才认识到的。从 20 世纪 50 年代开始各国建立自然保护区，环境保护研究所及生态系统定位研究站就是这个时代的标志，只是我国较其他先进国家落后了二十多年。

我们在自然保护局西北漫岗上公路北侧选了一块样地。样方编号是中长生 1 号，面积是 $50 \times 50 \text{ m}^2$。海拔 810 m，地势平，土壤为白浆化暗棕色森林土，底土是黄土，对这个群落的调查登记表见 10。

表 10
红松＋水曲柳＋色木群落
10 - 1　立　木　记　载

总郁闭度 0.81

植物名称	林层	胸径 (cm)		树高 (m)		枝下高 m	优势木年龄	标准地上的株数	林况	备注
		最大径	优势径	最大树高	优势树高					
红松 (Pinus koraiensis)	I	57	31	31	28	20	200	145	4层	总株数
蒙古栎 (Quercus mongolica)	I	69	/	32	/	24	250			
水曲柳 (Fraxinus mandshurica)	I	52	23	32	30	23	250			
色木 (Acer mono)	I	43	32	32	30	16				
紫椴 (Tilia amurensis)	I	44	26	26	20	20				
春榆 (Ulmus propinpua)	II									

10 - 2　立　木　更　新

树　种	多度	树高(m)	年龄	分布特性	起源	生长情况	备注
红松 (Pinus koraiensis)	++	10—20	40—80	均匀	种生	正常	
紫椴 (Tilia amurensis)	+	1.8			种生	正常	
色木 (Acer mono)	++				种生	正常	
水曲柳 (Fraxinus manshurica)	+++				种生	正常	
春榆 (Ulmus propinpua)	+				种生	稍弱	
蒙古栎 (Quercus mongolica)	±				种生	弱	

10 - 3　下　木　记　载

林冠郁闭度（十分法表示）0.5

树　种	亚层	多度	生活强度	树高 (m)		物候期	备注
				最大	优势		
拧劲子 (Acer triflorum)	I	+	正常	18	12	果	
青楷子 (A. tegmentosum)	I	++	正常	12	8	果	
樱槐 (Maackia amurensis)	II	++	正常	7	5	叶	
胡榛 (Corylus mandshurica)	II	+	正常	4.5	3	果	
白牛槭 (Acer mandshurica)	III	++	正常	0.7		叶	幼苗
假色槭 (Acer pseudosieboldianum)	III	+	正常	0.8		叶	幼苗
疣枝卫矛 (Evonymus pauciflorum)		±		0.15		叶	幼苗

10－4　灌 木 层 记 载

总盖度 0.1

植物名称	亚层	多度	高度 cm	生长特性	生活强度	物候状况	备注
小花溲疏（Deutzia parviflora）	Ⅰ	＋	1.9	散生	正常	果	
刺五加（Eleutherococcus senticosus）	Ⅱ	＋	1.5	散生	正常	花	
东北山梅花（Philadelphus schrenkii）	Ⅱ	＋	0.8	散生	正常	果	
刺南蛇藤（Celastris flagelaris）	Ⅲ	±	0.15	散生	弱	叶	？

10－5　草 本 层 记 载

总盖度 50％；亚层高度（cm）：Ⅰ.100，Ⅱ.60，Ⅲ.30，Ⅳ.20

植物名称	亚层	高度 生殖枝	叶层	多度	生活力	物候相	群聚度	生活型	备注
透骨草（Phryma leptostachys）	Ⅰ	100	60	＋＋	正常	果	散生	G	
黑水缬草（Valeriana amurensis）	Ⅰ	100	70	±	正常	果落	散生	G	
轮叶百合（Lilium distichum）	Ⅱ	60	40	＋	正常	花	散生	G	
卵叶福王草（Prenanthes tatrinovii）	Ⅱ	60	50	＋	稍弱	蕾	散生	H	
林凤毛菊（Saussurea sinuata）	Ⅱ	80	50	±	稍弱	蕾	散生	G	
轮叶王孙（Paris verticillata）	Ⅱ	50	40	＋	稍弱	果	散生	G	
山茄子（Brachybotris paridiformis）	Ⅱ	/	35	＋＋	正常	落后叶	群生	G	
东北天南星（Arisaema amurensis）	Ⅱ	/	30	±	正常	叶	散生	G	
林大戟（Euphorbia lucorum）	Ⅲ	/	25	＋	弱	叶	散生	G	
光叶蚊子草（Filipendula palmatavar. glabra）	Ⅲ	/	25	＋	弱	叶	散生	H	
鲜黄连（Jeffersonia dubia）	Ⅲ	/	20	＋	正常	落后叶	散生	G	N
四花台（Carex quadriflora）	Ⅲ	/	20	＋＋	正常	落后叶	群生	CH	
羊胡子苔（C. callitrichos）	Ⅲ	/	20	＋＋	正常	落后叶	群生	CH	
小午鹤草（Maianthemum bifolium）	Ⅲ	15	12	＋	正常	果	散	G	
东北羊角芹（Aegopodium alpestre）	Ⅲ	/	25	＋＋	弱	叶	散		
鹿药（Smilacina japonica）	Ⅲ	25	20	＋	正常	果	散	G	
爬拉秧（Calium spurinum var. echinospermum）	Ⅲ	/	20	＋＋	稍弱	叶	散	H	
卵叶山芍药（Paeonia obovata）	Ⅱ	50	35	±	稍弱	果	散	G	样方外
玉竹之一中（Polgonatum sp.）	Ⅱ	/	35	＋	稍弱	叶	散	G	样方外
黄筒花（Phacellanthus. tuberiflorus）				＋	正常	花	丛生		腐生

10 - 6　苔藓和地衣类植被

土壤盖度100%

厚度：4 cm；活层：2 cm；死层：2 cm

植　物　名　称	多度	盖度%	生长特性	生活强度	备注
塔藓（*Hylocomium splendens*）	＋＋＋	80	连成大片	正常	
毛梳藓（*Ptilium cristacostrensis*）	＋＋＋	80	连片	正常	
尖叶提灯藓（*Mnium cuspidatum*）	＋		小片	正常	
厚角亚种（*Ssp. trichomanes*）	＋				
鼠尾藓（*Myuroclada maximowiczii*）	＋		树干基部	正常	

　　这一片以红松为主的针阔混交林中，立木层内红松的个体数量比海拔1 100 m以上的群落中多，在更新幼树中更多。另一个突出特点是阔叶树的种类和个体数量全是针叶林带中所没有的。值得指出的是样方外的混交林中有散生的沙松（*Abies holophylla*），长白松的个体散在数量也有所增加。

　　阔叶树的种类及个体数量的激增是针阔混交林的首要特征，也是这个地带性植被名称的来源。

　　立木更新良好，在50×50 m² 内的更新数量有5 125株；组成是：6水曲柳3色木1红松＋榆、椴、柞。其中幼树占71%，更新频度97%。

　　在样方内有不少白桦倒木，只剩下树皮。样方附近有落叶松的伐根，基部直径约100 cm，已腐朽。样方内的蒙古栎（*Quercus mongolica*）长得最高，胸径最大（表10 - 1）。

　　再根据红松至今还未超出林冠的事实，可以断言现在林子的上一代是白桦＋落叶松＋蒙古栎群落。从更新幼苗及幼树来看。根据以往的调查，槭树属（*Acer*）的10个种全分布于此带中，在针叶林带的中下部只有7种，到上部只有1种即花楷子（*Acer ukurunduense*），但它在混交林中很少。

　　层间藤本有山葡萄（*Vitis amurensis*）及北五味子（*Schizandra chinensis*），都是针叶林带中所没有的，但生长较弱，因为他们都是在林缘、灌丛或矮疏林下能正常生育的种类。

　　灌木层很贫乏，有的小片地段上无灌木，草本植物的种类比较多。但是近1/2的种类生育不良。因为它们都是上一代以前侵入的。目前因光照不足又引起林下温度降低的两个生态因子不能满足，使它们生育不良了。

　　苔藓层完全覆盖地面，只有鼠尾藓（*Myuroclada maximowiczii*）附生在老树干基部。层间再也没有松萝及悬垂藓了。

　　在藓褥下发现不少黄筒花（*Phacellanthus tuberiflorus*，腐生植物）。

　　这个带内的腐生植物最多，另外还发现不少有经济价值的真菌，如猴头（*Hydnumerinaceus*）、灵芝（*Ganaderma lucidum*）、元蘑（*Pleuroutus ostreatus*）及扫帚蘑（*Clavaria spp.*）等。当然还有能加快枯木腐朽的真菌，它们都是生物圈内加快物质和能量的转化和循环中不可缺少的环节。不少种类是林区副业中必须经营的山珍和药材。人参（*Panax ginseng*）和天麻（*Gastrodia elata*）全分布在针阔混交林下。

　　总之，针阔混交林带的生物生产量最大，和人类的关系最密切，要大力加强保护管理，合理开发，综合利用。

二、非地带性植被

（一）落叶松林

落叶松的生态幅度很广，在长白山区内的森林地带中从下到上皆有，而且常形成纯林。只是年生长量因立地的生境条件而有所变化。在黄松浦的公路两旁是大片的落叶松纯林，生育良好。落叶松也叫"黄花松"，黄松浦即以此而得名，1945 年，这里遭过一次大火，有些地段是全林烧光，现在是一片杨桦林，林缘林下已有不少红松幼苗，更新良好。有些地段仅遭林床火，还有仅遭林冠火的。现在还留下一面焦黑的树干。

我们选的这个样方，编号为中长生 4 号，面积是 $50 \times 50 \ m^2$，海拔 1 380 m，基质是冲积的火山砂上面发育着灰化棕色针叶林土。地势缓平。调查登记见表 11，1979 年 7 月 27 日调查。

表 11　　　　　　　　　　　**落 叶 松 林**

11 - 1　立 木 记 载

总郁闭度 0.7，各层郁闭度 0.7，平均植株 5.2 m

植 物 名 称	林层	胸径（cm）		树高（m）		枝下高 m	优势木年龄	标准地上的株数	林况	备注
		最大径	优势径	最大树高	优势树高					
落叶松（Larix olgensis）	I	80	36	33	30	20	200	90	单层	

11 - 2　立 木 更 新

树 种	多度	株数	年龄	分布特性	起源	生长情况	备注
落叶松（Larix olgensis）	+++	3053	幼苗	成片	天然下种	正常	
落叶松（Larix olgensis）	++	120	幼苗	成片	天然下种	正常	
白桦（Betula platyphrlla）	+++	577	幼树	成片	天然下种	正常	

11 - 3　灌 木 层 记 载

总盖度 0.4

植 物 名 称	亚层	多度	高度（cm）	生长特性	生活强度	备注
大蔷薇（Rosa acicularis）	I	+++	50	散生	G	
蓝靛果（Lonicera caerulea var. edulis）	I	+	50	散生	G	
紫枝忍冬（L. maximowiczii）	I	+	50	散生	G	
大黄柳（Salix raddeana）	I	±	80	散生	G	样方外单株高出亚层 I
里白悬钩子（Rubus sachalinensis）	I	±	70	散生	G	样方外单株高出亚层 I
尖叶茶藨（Ribus maximoniczii）	II		35	散生	G	样方外火烧迹地
宽叶杜香（Ledum palustre var. dilatatum）	II	+++	25	群生		有疏林处
狭叶杜香（Var. angustum）	III		25	小片群生	G	有疏林处
小葡萄茶藨（Ribes procunbens）	III	±	10	散生	G	有疏林处
越桔（Vaccinium vitisidaea）	III	++	10	散生	G	有疏林处
北极林奈草（Linnaea borealis f. arctica）	III	++	10	散生	G	有疏林处

11 - 4　草本层记载

总盖度 0.35

植物名称	亚层	高度		多度	生活力	物候相	群聚度	生活型	备注
		生殖枝	叶层						
小叶草 (*Calamagrostis angustifolia*)	I	100	80	++	正常	花	群生	H	
一枝黄花 (*Solidago virga—aurea*)	I	82	70	+	正常	花	散生	H	
黄莲花 (*Lysimachia davurica*)	II	75	60	±	正常	花	散生	G	
桂皮紫箕 (*Osmunda asiatica*)	II	/	50	+	正常	叶	丛		
七筋姑 (*Clintona udensis*)	II	60	18	+	正常	果	散生	G	
全叶山芹 (*Ostericum maximow—iczii*)	III	/	25	±	弱	叶	散生	G	
羽节蕨 (*Gymncarpium jessoense*)	III	/	20	+	正常		散生		
林地铁线莲 (*Clematis brevicaudata*)	III	/	18	±	弱	叶	散生	N	
东方草莓 (*Fragaria orientalis*)	III	10	12	+	弱	果	散生	H	
七瓣莲 (*Trientalis europaea*)	III	12	9	±	正常	果	散生	H	
羊胡子苔 (*Carex callitrichos*)	III	/	20	++	正常	果熟	丛	CH	
小午鹤草 (*Maianthomum bifelium*)	III	12	10	±	正常	果	散	G	

11 - 5　苔藓和地衣类植被

土壤盖度 40%

厚度：5 cm；活层：2 cm；死层：3 cm

植物名称	多度	盖度%	生长特性	生活强度	备注
塔藓 (*Hylocomium splendens*)	+++	30	均匀成片	正常	
毛梳藓 (*Ptilium crista—castrensis*)	+	6	均匀成片	正常	
拟垂枝藓 (*Rhytidiadelphus triquetrus*)	+		小片	正常	
大金发藓 (*Polytrichum commune*)	+	4	小片	正常	
藓之一种	+		小片	正常	

这片落叶松纯林林下的投光量较大，可能是经过一次林床火才导致立木更新良好的。

根据幼树的成片生长及附近有基部烧黑的树干可以证实。反之，在附近地势稍高，未遭林床火的一片郁闭度较大些的落叶松下，只有厚厚的一层枯枝叶，别说是更新幼树，连灌木、草本及苔藓层都没有。偶然见到几株细弱的草，那是残遗下来的。为此应该换一块样地，或补充 1～2 个样方。

在样方外我们找到一些散生和成片连生的灌木和草本植物。同时看到些烧焦的树槎和倒木。由于尚未腐朽，说明年代不久。苔藓层的总盖度较小而且和枯枝落叶混在一起。

另外在采伐更新上有所启发，可以重复试验。任其天然下种，很可能再育出一片落叶松纯林。至少是杨桦或者白桦、落叶松林，这样分段分片推进，30 年左右可把这一大片落叶松林更新了。不然这一大片成熟的落叶松林，任其自然倒下去太可惜。

（二）长白松林

长白松（Pinus sylvestriformis, stat, nov）. 散生在红松云冷杉林中及针阔混交林中是一般的现象。小片纯林仅见于二道白河镇附近。我们的样地就选在这里，样方编号为中长生 2 号，面积是 50×50 m²，海拔 690 m，基质是冲积的火山砂，上面发育着暗棕色森林土。地势平坦周围无林。受人类干扰严重。林内有人行小道，林缘是职工住宅，据说是伐树盖的新房。

调查的结果见表 12，1979 年 7 月 24 日调查。

表 12　长白松纯林

12 - 1　立　木　记　载

总郁闭度 0.4

植物名称	林层	组成			胸径（cm）		树高（m）		枝下高 m	优势木年龄	标准地上的株数	林况	备注
		按株数%	按树冠投影	按材积	最大径	优势径	最大树高	优势树高					
长白松（Pinus sylvestriformis）	II	90	90	90	38	48	28	27	20	200	30	单层	
大黑杆（Pinus sp.）	I	10	10	10							3		

12 - 2　立　木　更　新

树种	多度	株数	年龄	分布特性	起源	生长情况	备注
蒙古栎（Quercus mongolica）	++	22	20+	均匀	萌条	正常	
落叶松（Larix olgensis）	+	8	20+	均匀	种生	正常	
色木（Acer mono）	+	2.1	20+	均匀	萌条	正常	
紫椴（Tilia amurensis）	+	3.2	20+	均匀	萌条	正常	
春榆（Ulmus propinqua）	+	2	20+	均匀	萌条	正常	
长白松（Pinus sylvestriformis）	±	0.5			种生	弱	

12-3 下 木 记 载

林冠郁闭度（十分法表示）0.1

树　　种	亚层	多度	生活强度	树高（m）		物候期	备注
				最大	优势		
柠劲子（Acer triflorum）	Ⅰ	+	正常	4	3		
假色槭（A. pseudo-sieboldianum）	Ⅰ	+	正常	4	3		
山定子（Malus pallasiana）	Ⅱ	+	正常	2			
毛山楂（Crataegus maximowiczii）	Ⅱ	+	正常	2	1		
臭槐（Maackia amurensis）	Ⅱ	+	正常	2			

12-4 灌 木 层 记 载

总盖度90％；层盖度：Ⅰ.85％Ⅱ～Ⅲ.5％

植 物 名 称	亚层	多度	盖度	高度（cm）	生长特性	生活强度	物候状况	备注
胡枝子（Lespedeza bicolor）	Ⅰ	+++	80％	1.7		正常	花果	干山坡，林绿
山玫瑰（Rosa davurica）	Ⅰ	+++		1.2		正常	花后果	林绿
东北山梅花（Philadelphus schrenkii）	Ⅰ	+		1.2		正常	果	
暴马子（Syringa amurensis）	Ⅰ	+		1.3	幼树	正常	叶	
榛（Corylus heterophylla）	Ⅰ	+		1.7		正常	果	干山坡，林绿
暖木条子（Viburnum burejaeticum）	Ⅰ	++		1.9		正常	果	
里白悬钩子（Rubus sachalinensis）	Ⅱ	++		0.8		正常	果熟	
托盘（R. crataegifolius）	Ⅱ	+		0.8		正常	果熟	
长白忍冬（Lonicera ruprechtiana）	Ⅱ	±		1		正常	果	
蓝靛果（L. caerulea var. edulis）	Ⅲ	++		0.5	幼苗	正常	叶	
东北鼠李（Rhamnus schnederi var. manshurica）	Ⅲ	±		0.5	幼苗	正常	叶	
鸡树条子（Viburnum sargentii）	Ⅲ			0.2	幼苗	正常	叶	

12－5 草本层记载

总盖度 100%；亚层盖度（cm）： Ⅰ.150，Ⅱ.120，Ⅲ.60，Ⅵ.30

植 物 名 称	亚层	高生殖枝	度叶层	多度	生活力	物候相	群聚度	生活型	备注
山牛蒡（Synurus deltoides）	Ⅰ	180	120	±	正常	蕾	散	G	总盖度如
翼果唐松草（Thalictrum aquilegifolium var. sibiricum）	Ⅰ	150	110	＋	正常	果	散	G	不算人行
深山唐松草（Th. tuberiferum）	Ⅰ	130	80	＋	正常	果	散	G	小道应该
山野豌豆（Vicia amoena）	Ⅰ	120	120	＋	正常	花果	群	H	是 100%
假泥胡菜（Serratula coronata）	Ⅰ	120	100	＋	正常	蕾	散	H	
三尖菜（Cacalia hastata）	Ⅰ	120	100	＋	正常	花	散	H	
大叶柴胡（Bupleurum longeradiatum）	Ⅰ	120	100	＋	正常	果	散	H	
黄芪（Astragalus membranaceum）	Ⅰ	150	120	＋	正常	花果	散	H	
败酱（Patrinia scabiosaefolia）	Ⅰ	120	100	＋	正常	花	散	G	
大油芒（Spodiopogon sibiricus）	Ⅰ	/	100	＋＋	弱	叶	散	H	
花葱（Polemonium liniflorum）	Ⅰ	80	60	±	正常	花	散	H	
歪头菜（Vicia unijuga）	Ⅰ	/	80	＋	正常	花	散	H	
长白沙参（Adenophora pereskiaefolia）	Ⅰ	80	60	＋	正常	花	散	G	
毛百合（Lilium davuricum）	Ⅱ	70	65	＋	正常	花	散	G	
桂皮紫箕（Osmunda asiatica）	Ⅱ	/	60	＋	正常		散		
猴腿（Athyrium multidentatum）	Ⅱ	/	80	＋	正常		散		
蕨（Pteridium aquilinum）	Ⅱ	/	50	＋＋	正常		散		
黄莲花（Lysimachia davurica）	Ⅱ	80	60	±	正常	花	散	G	
缴花山柳菊（Hieracium umbellatum）	Ⅱ	70	60	＋＋	正常	花	散	H	
鸦葱（Scorzonera albicaulis）	Ⅱ	70	60	＋	正常	花	散	G	
命子话（Lactuca sibirica）	Ⅱ	60	50	＋	正常	花	散	G	
透骨草（Phryma leptostachys）	Ⅱ	60	40	±	正常	果	散	G	
龙牙草（Agrimonia pilosa）	Ⅱ	50	40	±	弱	花果	散	H	
山萝花（Melampyrum roseum）	Ⅲ	30	25	＋	正常	花	散	TH	
美汗美（Meehania urtifolia）	Ⅲ	/	20	＋＋	正常	叶	散	G	
四花苔（Carex quadriflora）	Ⅲ	20	20	＋＋＋	密丛	果	密丛	CH	
透骨草（Phryma leptostachys）	Ⅲ	/	20	＋	散	叶	散	G	幼苗
龙牙草（Agrimonia pilosa）	Ⅲ	/	20	＋	散	叶	散	G	幼苗
大叶柴胡（Bupleurum longeradiatum）	Ⅲ	/	20	＋	散	叶	散	H	幼苗
小午鹤草（Maiathemum bifolium）	Ⅵ	10	70	＋	散	果	散	G	
东北羊角芹（Aegopobium alpcstre）	Ⅵ		10	＋＋	散	叶	散	G	幼苗

在一小片长白松林只能是在二道白河水量减少河身下切后，露出来的冲积平原上，第

一代侵入的纯林。这个树种在东北东部山地分布稍广。形成纯林却很少见，暂按非地带群落处理。

在立木层中长白松挺拔耸立，净干高度达 20 m，样方中只有 30 株，另有 3 株树干黑色，枝叶较密，叶暗绿色，当地叫它"大黑杆"，看来不是长白松，还未定出学名。

由于长白松面积太小，郁闭度又小，仅 0.4，下木和更新幼树多是萌条，高度多不超过 4 m，故林下光照充足。样地灌木如胡枝子（*Lespedeza bicolor*）及山玫瑰（*Rosa davurica*）生育繁茂是必然的。再看草本植物中种数空前的多，也是光照水分条件具佳所致。草本层不单是种数最多，亚层最多，而且喜阳和耐阴的种类都有。松林下完全是一片山坡林绿的景观。说明两者的生境条件基本一致，主导因子是光照。其中只有大油芒（*Spodiopogon sibiricus*）及龙牙草（*Agrimonia pilosa*）生育不良。原因是大油芒为干山坡及草甸草原植物，龙牙草是较矮的路旁杂草，都感到光照不足。

地面无苔藓层，也不同于以上所有的林子。这正是通风透光良好，人类干扰严重的林下的一般现象。

林间藤本植物有山葡萄及北五味子生育正常，后者已经开花结果。

最后提一下立木更新问题。看来这一小片长白松纯林是空前绝后的了。下一代是以蒙古栎为主的夏绿林。根据在样方内的调查：更新数量为 854 株，其中大幼树 667 株，绝大部分为萌条；其组成为：5 柞 2 白桦 1 长白松 1 榆 1 椴 ＋1 黑桦、色木、落叶松。更新频度为 83.4%。

这一小片长白松纯林，若不严加保护，势必提早在地球消失，要引起足够的重视。

（三）沼泽

长白山北坡的沼泽过去不少，现在大部分被落叶松林演替，还有些被开垦为农田，过去黄松浦公路的两旁是长白山最后一次喷火后，大水漫流冲积的火山砂形成一大片平缓地段，凡是低凹处都经过一段沼泽植物群鹿才演替成现生的落叶松林。至今林下还有不少沼泽植物。如白山茶（*Ledum palustre var. dilatatum*）及（*Var. angustum*）金老梅（*Dasiphora fruticosa*）及小叶金老梅（*D. parvifolia*）。在园池附近的落叶松疏林下有沼柳（*Salix brachypoda*）、西伯利亚沼柳（*Salix sibirica*）及油桦（*Betula ovalifolia*）等，还有不少梅花草（*Parnasia palustris var. multiseta*）等，这些都是典型的沼泽植物。

现在的园池是一片最低凹的地方，水面与地下水位等高，从岸边可看到水位还有慢慢下降。有说是火山口者，纯属杜撰。池边水很浅，岸边是泥炭藓（*Sphagnum spp*）. 沼泽，泥炭藓层上还有著名的食虫植物茅蒿菜（*Drosera rotundifolia*）。

这一点点沼泽群落是当地大片沼泽的遗迹，随着水位的下降，沼泽上逐渐长起来落叶松。落叶松被火烧或砍伐后又长起来落叶松林或杨桦林。杨桦林下及林缘已长起红松的幼苗及幼树。这个自然规律，我们必须合理及时地运用，创造出更多的物质财富，即加速物质和能量的转化和循环。

最后必须明确自然保护区应该是个管理保护，调查研究及科学试验的园地。综合概括成各式各样的数学模型。再因地制宜地推广再造荒山秃岭既不适于人类生活的地面空间（即陆地生态系统）。从我国的实际出发，森林面积亟需迅速扩大。

长白山产的新植物

钱家驹[①]

【提要】 近 20 年来，在我校标本室内捡出一些新植物标本，其中有 1931 年野田光藏采的，主要是新中国成立后我们自己采的及外单位赠的。这些植物在我国东北主要有关文献上多未记载过、有些是近半世纪以前曾有人记载过，此后再无人提及，即遗漏种。本文发表的主要是些新记录。今先整理出长白山产的 18 种，其中东北对开蕨 (*Phyllitis japonica Kom*). 已由植物分类学报及森林生态系统研究分别发表。这里描述 18 种。其中有一个变种两个新变种。这项工作是 1955 年开始的，1964 年基本完成。因积压太久，有些种已被别的著者发表了。如扁穗草 (*Brylkinia caudata* (*munro*) *Fr. Schm.*)，长鳞苔 (*Carex tarumensis Franch*)、白鳞刺子莞 (*Rhynchospora alba* (*L.*) *Vahl*)。

一、十字花科 (Cruciferae)

(一) 水菜花

Cardamine impatiens L. Sp. PL. (1753) 655；Hook. f. Fl. Brit. Ind. I (1875) 138；Forbes and Hemsl. Journ. Linn. Soc. XXⅢ (1886) 43；Sugaw. Ill. Fl. Saghal. Ⅲ (1940) 1005, Tab. 495；Гроосcreим，фл. Кав. Ⅳ (1950) 182，Таб. XX，6；Ohwi, Fl. Jap. (1956) 570；Clapham, Tutin and Warbura, Fl. Brit. Isl. (1957) 205。

越冬一年生草本，高 30 cm 左右，全株稍有短毛或近无毛；茎直立，绿色，有棱沟，上部少分枝；叶互生，羽状全裂，基出叶莲座丛形，有柄，茎上叶渐无柄，基部有耳，戟形，抱茎，小叶片 9～20 枚，质薄，羽状深裂或缺刻；顶生总状花序，小花多数，白绿色，梗长 1 cm 左右，萼淡绿色，长椭圆形，花瓣白色，倒披针形，长为萼的 2 倍或缺加；角果线形，长 2 cm 左右，无毛又散生单毛，熟时由下方开裂；种子多数；花果期 6～7 月。

分布：欧亚大陆温带及亚热带高山上。

生境：生于山麓林下。

该种在 Komarov 的 "满洲植物志" 中有过记载，但根据的标本是其在南部乌苏里地区所采。我国东北产的标本为野田光藏 1931 年 5 月 31 日在长白山所采的，现收藏在东北师范大学生物系植物标本室内，标本室号为 3242 号。

---

① 【作者单位】东北师范大学地理系。

（二）扭果葶苈

Drada borealis DC. Syst. Ⅱ（1821）342；Ohwi, Fl. Jap.（1956）577；—*Draba borealis var. kurilensis* Fr. Schm. Reis. Amurl. （1868）114；Makino and Nemoto, Fl. Jap. （1931）400；Sugaw. Ill. Fl. Saghal. Ⅲ（1940）1027, Tab. 469.—*Draba borealis var. leiocarpa* Pohle, Nemoto Fl. Jap. Supl.（1936）266。

多年生小草，半莲座丛形；被星状毛，夹生一些单毛；高 10 cm 左右；基出叶倒披针形，长 1.5～2 cm，宽约 4 mm，具疏齿或全缘，钝头，中部向下渐狭成柄，茎上叶卵形乃至卵圆形，无柄；总状花序，小白花 10 余朵，小花梗长 5～8 mm，花瓣倒卵形，有爪；果熟时黄白色，光滑，长约 10 mm，宽 2.3～3 mm，显著扭捩；种子淡褐色。花果期 6～7 月。

分布：鄂霍茨克海周边地区及日本海北部两岸及日本、千岛、库页岛等地，在中国东北长白山上首次发现。

生境：海岸及亚高山带岩石上。

该种是陈灵芝于 1963 年 8 月 1 日在长白山北坡冰场附近小天池旁（海拔 1 850 公尺）处，岳华林下岩石缝中采到的。

标本：陈灵芝等 965 号，现分别收藏在中国科学院植物研究所及东北师范大学生物系标本室中。

二、蔷薇科（*rosaceae*）

（三）刺叶悬钩子（拟），蛹梅（日）

Rubus pungens Camb. *var. oldhami* Maxim. in Mél. Biol. Ⅷ（1871）386；Ohwi, Fl. Jap. （1956）644—*Rubus oldhami* Miq. in Ann Mus. Bot. Lugd. Bat. Ⅲ（1867）34.

落叶灌木：枝铺散，弓形向下弯曲，疏生弯刺；开花枝直立，长 10～15 cm，羽状复叶，小叶片 5～7（9）枚，顶生小叶片较大，长 3～4（5）cm，卵状披针形，缺刻状不齐锯齿缘乃至羽状浅裂，叶质薄，渐尖，基部圆形又广楔形，嫩叶散生细毛，后渐无毛，表面脉上常有毛，背面主脉上有小弯刺，两侧小叶片较小，叶柄上有小弯刺，托叶线形，与叶柄基部连合；有长毛，单花顶生，花梗上有刺毛，萼外刺毛更多，萼 5 片，披针形，长约 1.5 cm，里面密生毡毛，花瓣 5，红色，长椭圆状倒卵形，长 1.5～2 cm，宽约 4 mm，开花时花瓣和萼片稍直立，雄蕊多数，长近 5～7 mm，雌蕊多数，花柱稍短于雄蕊，花柱及子房上稍有白毛；果熟时红色；花果期 6～8 月。

分布：中国东北长白山区、朝鲜及日本山地，海拔 900 公尺以下有分布。正种分布于印度西北部自喜马拉雅山经中国西南至华北。日本海周边区的是变种。

生境：深山密林下，稀见种。

标本：野田光藏 1931 年采。标本室号 3610，保存在东北师范大学生物系植物标本室内。

三、山茱萸科（Cornaceae）

（四）草四照花

Chamaepericlymenum canadense（L.）Asch. Et Graebn. Fl. *nordostaentsc lanchland*

(1898) 539；Nakai, Fl. Sylv. ⅩⅥ (1927) 65，t. 18；Sugaw. Ill. Fl. Saghal. Ⅲ (1940) 1419，t. 655；Pojark. Not. Syst. Herb. Inst. Bot. Kom. Acad. Sci. URSS. Ⅶ (1950) 169；idem，Fl. URSS ⅩⅦ (1951) 327，Tab. ⅩⅩⅤ，f. 2.—*Cornus canadensis* L. Sp. Pl. (1753) 117；Forbes & Hemsl. Journ. Linn. Soc. ⅩⅩⅢ (1888) 344；Kom. Fl. Manch. Ⅲ (1907) 181；Hegi Ill. Mittel.—Europa. V₂，1943；Ohwi，Fl. Jap. (1956) 870；Makino，new Ill. Fl. Jap. (1963) 449，f. 1794.

常绿灌木状小草；根茎细长，匍匐，本质化，有分枝，茶褐色；茎直立，4 棱，高 10～15 cm，具 2～3 节，褐色鳞片叶早落，叶痕褐色；茎顶 6 片叶假轮生，一对特大，倒卵状披针形，全绿，先端渐尖，基部渐狭成短柄近无柄，侧脉两对，弓形弯曲，伸向叶尖。上面疏生伏毛，下面近无毛；总花梗长约 2 cm，直立于叶轮中央，总苞 4 片，花瓣状，白色，广卵形，锐尖，长 6～9 mm，5～7 条脉，小花 10～20 朵，花梗甚短，萼片三角形，花瓣 4 枚，白绿色，子房下位，外被白色伏毛；果实球形，熟时红色，径约 5 mm，核长椭圆形，有浅棱沟。花果期 7～9 月。

生境：生于针叶林下及林缘，稀见。

分布：格陵兰南部；北美；白令海、鄂霍次克海及日本海周边地区。中国东北长白山北坡和西南坡首次发现。

该种 *Komarov* (1907)，山荙一海 (1930) 有过记载，但采集点不在中国境内，*Forbes & Hemsl*，(1887) 写有"满洲及朝鲜东部"。1959 年，傅沛云等在长白山采到标本，1979 年王战又采到标本，据说周以良教授也采到标本。

标本：延边一组（傅沛云等）265 号，现收集在东北师范大学生物系植物标本室内。

四、忍冬科 (Caprifoliaceae)

（五）波叶荙子

五、菊科 （Compositae）

（六）大三尖菜

Cacalia robusta Tolm. sp. nov. Not. Syst. Herb. Inst. Bot. Kom. Acad. Sci. URSS ⅩⅤⅢ （1957） 237，f. 1.；Pojark. in Kom. Fl. URSS. XXⅥ （1961） 689－*Cacalia hastata ssp.* orientalis Kitam. Act. Phytotax. Geobot. Ⅶ （1938） 244，p. p.；idem，Comp. Jap. Ⅲ （1942） 216，p. p.；Sugaw. Ill. Fl. Saghal. Ⅳ （1940） 1843，Tab. 845－*C. hastata var. orientalis* （Kitam.） Ohwi，Fl. Jap （1956） 1177－Hasteola robusta （Tolm.） Pojark. in Not. Syst. Herb. Inst. Bot. Kom. Acad. Sci. URSS. ⅩⅩ （1960） 381，t. 4. －*C. hastata var. glabra* （Ldb.） Makino New Ill. Fl. Jap. （1963） 661，f. 2642. p. p.

夏绿植物，茎粗壮，高 1－2 m，无毛，梢部 "之" 字形弯曲；叶三角状戟形，基部微心形，表面绿色无毛，背面色淡，脉上疏生短曲毛，边缘具微突尖的小牙齿，叶柄两侧有翅，基部有耳抱茎，花期茎下部叶枯萎，茎中部叶片长 20－30 cm，长大于宽或近相等，茎上部叶片渐小，叶柄亦渐短，基部截形至广楔形，近花序的叶片卵状披针形乃至线形；圆锥花序多分枝，枝上升，小枝平展，头状花序多数，长约 9 mm，花梗及小枝上密被短曲毛，总苞狭钟形，苞通常 5 片，外面基部有短曲毛，花 5－8 朵，花冠长约 6 mm，狭筒部长约 1. 5 mm，花冠裂片长约 1 mm，冠毛污白色，长约 6 mm；瘦果狭柱形，长约 5 mm，有纵肋。花果期 7－9 月。

分布：库页岛，日本及中国东北东部针阔混交林区。

标本：钱家驹等，361 号，1955 年 8 月 21 日采于长白山西南坡，漫江－卫东林下山路旁，标本室号 11954 号。张文仲等 34 号。

本种曾长期（1907－1957）被认为是 Cacalia hastata 的变种或亚种，至 1957 年苏联植物学家 Tolmatchev 才把它分出另立新名。本文的描述主要根据我们的标本和野外观察记录。

（七）星叶三尖菜

Cacalia komaroviana （Pojark.） Pojark. in Kom. Fl. URSS. ⅩⅩⅥ （1961） 691－C. faraefolia var. ramosa （non Maxim.） Kom. Fl. Manch. Ⅲ （1907） 689，p. p. （excl. Syn. et area Jap.）；Nakai，Fl. Sylv. Korean. ⅩⅣ （1923） 106－*C. hastata ssp.* orientalis Kitam. in Acta Phytotax. Gebot. Ⅶ （1938） 244，p. p. （quoad syn. Kom.）；idem，Comp. Jap. Ⅳ （1942） 216，p. p. （quoad area Korean. Et Mansh.）；Kitag. Lineam. Fl. Manch. （1939） 441. －*C. kamtschatica* （non Kudo） Liou，东北植物检索表 （1959） 402，图版 138，图 2，p. max. p. （图版 138，图 2 为 C. komaroviana 茎中上部叶片）－Hasteola komaroviana Pojark. in Not. Syst. Herb. Inst. Bot. Kom. Acad. sci. URSS （1960） 381，f. 5。

夏绿粗壮植物，高 1～1.5 m；根茎横走，绳状根多数；茎直立，下部粗 6～10 mm，上部 "之" 字形弯曲，具棱沟，光滑或疏生短毛，仅在花序下有卷曲微柔毛；叶多扁五角状戟形茎下部叶花期枯萎，中部叶长约 15～30 cm，宽约 20～40 cm，上部叶形较小，卵状三角形，纸质，表面绿色，散生短柔毛，背面色淡，仅脉上具腺柔毛，边缘具不整齐三角状牙齿，齿尖突然收缩成短刺尖，叶柄较叶片短 3～4 倍，具宽翅，基部有耳抱茎；

花絮塔状圆锥形，分枝极多，有短曲的腺毛，下部苞叶较大，长圆状披针形，向上苞叶披针形渐成线形，头状花序极多，小花序梗纤细，长（4）6～10 mm，被短曲腺毛，总苞 5 片，狭长圆形，长 7～10 mm，锐尖，绿色小花（3）5～7 朵，花冠长 7～8 mm，花期较冠毛稍长，花冠上部管状狭钟形，比下部长 3～4 倍，裂片长 1.5～2 mm，雄蕊长约 3 mm，开花时高出花冠，基部箭形，耳部粘合成钻形，顶部附属物长 0.4～0.5 mm，花柱伸长，顶部外面及上面有毛，花托扁平，无毛有小孔；瘦果狭圆柱形，长 6～7 mm，基底变细，纵肋多条，冠毛白色，长 7～8 mm；花果期 7～9 月。

分布：苏联远东乌苏里地区的南部，中国东北东南部及朝鲜北部。

生境：针阔混交林区山地及河岸。

标本：钱家驹等 849 号，1957 年 8 月 9 日采于长白山漫江镇前头道岭，针阔混交密林下，海拔 1 000 m；张文仲等 414 号，采于长白山北坡温泉路旁，海拔 1 740 m；李建东等 115 号；刘慎谔、武占元 1460 号。

模式标本：产于吉林省张广才岭 L. V. Komarov 于 1896 年采，保存在苏联科学院植物研究所（列宁格勒）标本室内。

（八）大蝙叶菜

Cacalia praetermissa (Pojark.) Pojark. In Kom. Fl. URSS. XXVI (1961) 692 —*C. auriculata var. ochotensis* (non Maxim.) Kom. Fl. Mansh. III (1907) 688, p. p. —*C. kamtschatica* (non. Kudo) Sugaw. Ill. Fl. Saghal. IV (1940) 1845, Tab. 846, A. —*C. auriculata var. kamtschatica* (non Matsum.) Kom. Fl. Mansh. III (1907) 688. ——*C. auriculata var. alata* Nakai, Fl. Sylv. Korean. XIV (1923) 106—*C. ariculata var. kamtschatica* (non Maxim.) Kitam. Comp. Jap. III (1942) 201, p. p. （quoad pl. korean.）; Ohwi, Fl. Jap. (1956) 1176. p. p. —*C. auriculata* (non. DC.) Liou, 东北植物检索表 (1959) 402，图版 138，图 3p. maxim. p. （图版 138，图 3 是 *C. praetermissa* 的花序及茎中上部叶片）—*Hasteola praetermissa* Pojark. in Not. Syst. Herb. Inst. Bot Kom. Acad. sci. URSS. XX (1960) 386, f. 7。

夏绿植物，根茎斜生或横走；绳状根数多；茎高 50～100 cm，下部粗约 5 mm，上部 2～3 mm，通直或稍"之"字形折曲，中部节间长 8～16 cm，有棱沟，光滑或具短毛，下部叶开花时枯萎，中部叶片最大，五角形或三角形肾状，基部心形或近截形，两侧裂片微二裂，顶部急尖，边缘具广三角形牙齿，齿尖急缩成短针状，表面深绿色，背面色淡，两面无毛，叶柄比叶片约短 2～3 倍，多少有翅，基部有耳，抱茎，上部叶 1～2 枚，骤然变小，近三角形；圆锥花序狭长，长 15～30 cm，宽 8 cm，中上部总状排列，下部分枝全为总状排列，花絮轴上的苞叶线状披针形或线形，头状花序开花时下垂，梗纤细，长 2～5 mm，总苞狭筒形，苞五片，线状椭圆形，绿色，稀变红色，长 6～8 mm，宽约 1.5 mm，花果期花冠和冠毛都较总苞短，花冠下部狭筒形，上部加宽为狭钟形，雄蕊基部箭形，顶部附属物三角形，花托扁平，无毛，具小孔；瘦果狭柱形，淡棕色，有纵肋，冠毛纯白色；花果期 7～9 月。

模式标本：为 A. Bulavkina No.1671，1913 年 8 月 24 日采，保存在苏联科学院植物研究所（列宁格勒）标本室内。

标本：刘慎谔、武占元 1807 号，东北师范大学生物系植物标本室号 151，152，7634 及 7689 号（钱家驹等采）。

分布：中国东北东部山地，日本北部，朝鲜北部及苏联乌苏里地区，生于山地针叶林及针阔混交林下。

Var. praetermissa

全缘大蝠叶菜

Var. subintegra var. nov.

Folia caulina media reniformi —cordata vel cordato —deltoidea, basi cordata vel subcordata, apice mucronata, margine subintegra, infra undulata, tota minimo —denticulate.

Typus. Chien J. —J. No. 17477*, Frov. Jilin Changbaishan in sylvis mixtis montanis. Herb. Univ. Paed. N. E. China conservatur.

茎中部叶肾状心形或心状三角形，基部心形或近心形，先端突尖，边缘近全缘，下部波状，全部疏生极小的锯齿。

模式标本：钱家驹等 17477* 号，保存在东北师范大学生物系植物标本室内。

"附"：带岭大蝠叶菜（拟）

Var. dailingensis var. nov.

Folia caulina media, subdeltoides, basi leviter truncata, apice caudiculata, margine irregulariter inciso — denticulata。

Typus：M. Takenouchi No. 9907 *, Prov. Helungkiang Dailing. in sylvis mixtis montanis. Herb. Univ. paed. N. E. China conservatur.

茎中部叶近三角形，基部稍截形，先端尾尖，边缘具不规则牙齿。

模式标本：竹内亮 9907 号 *，1954 年 7 月 20 日采于黑龙江带岭山地针阔混交林下。保存在东北师范大学生物系植物标本室内。

（九）芒苞风毛菊

Saussurea aristata Lipsch. In Not. Syst. Inst. Bot. Kom. Acad. Sci. URSS. (1961) 363, f. 1。

夏绿植物，高 100～110 cm，直立；茎下部单一，上部分枝，分枝斜上近直立，稍有毛，有棱沟；叶革质，表面绿色，背面灰绿色，两面光滑或微有毛；卵状三角形或近三角形，基部近心形或截形，不整齐牙齿缘，齿尖具短刺，主脉明显，干时凹下，侧脉不明显，干时凸起，基生叶开花时枯萎，下部叶片长 9～11 cm，宽 6～7 cm，叶片与叶柄近等长，向上叶片渐小，叶柄渐短乃至无柄，最上部叶披针形乃至线状披针形，近全缘；头状花序，倒圆锥形，长约 1.8 cm，宽约 0.8～1 cm，2～3 分枝或不分枝，花序梗密生刚毛，总苞暗紫色，总苞片 5 列，基部苞片卵形，长尾尖，中部苞片比内部者稍长或近等长，内部苞片线形，渐尖，花托密生鳞片，鳞片白色有光泽，花冠长 1.2 cm，狭筒部长约 0.6 cm，冠毛长 1.1 cm，2 列，外面的不等长，粗糙，早落，内部的羽毛状，上部变白，下部淡棕色；瘦果圆柱形，暗棕色，长 0.5 cm，顶部无小冠，向基部稍收缩。

模式标本：产于中国吉林省安图县二道林内。海拔 390 m，刘慎谔、周以良 3770 号，1952 年 8 月 30 日采，保存在苏联科学院柯马洛夫植物研究所标本室内（列宁格勒）。

标本：钱家驹等（延边 2 组）602 号，1959 年 9 月 16 日采于和龙县百里坪北 13 里处山坡针阔混交林下；韩进轩等（综考会）178 号，1980 年 8 月采于安图县二道白河附近，保存于东北师范大学地理系植物标本室内。

六、禾本科 (Graminae)

（十）毒麦

Loliumt temulentum L. Sp. Pl. （1753）83；A. S. Hitchcock, Mann. Grass. Unit. Stat. （1935）272, f. 535；耿以礼等，中国主要植物图说——禾本科（1959）449，图381。

一年生；须根稀疏细弱，秆丛生，高40~60 cm，3~4节，叶鞘疏松较节间长；叶舌长约1 mm，叶片长10~15 cm，宽4~6 mm，质地较薄，无毛或微粗糙；穗状花序长10~15 cm，每节有一枚小穗，小穗以颖和稃的背腹面对穗轴，小穗长5~9 mm，宽3~4 mm，含4~5朵颖花；颖质地较硬，5~9条脉，具狭膜质边缘，外稃较薄，5条脉，顶部膜质透明，第一外稃长6 mm，芒长达1 cm，由近顶部伸出，内稃和外稃近等长，脊上有微纤毛。熟时内外稃紧包颖果。由小穗轴分节脱落；花果期7~8个月。

原产欧洲，1955年吉林省东部山区麦田中发现。据说，人吃了混入毒麦的面粉后头晕，痉挛、重则死亡。特记此引起注意。

（十一）扁穗草

Brylkinia caudate (Munro) Fr. Schm. Reis. Amurl. （1868）199；Keng, Fl. Ill. Pl. Prim. Sinic. Gram. （1959）190, f. 236 —*Brylkinia Schmidtii* Ohwi, Act. Phytotax. and Geobot. X（1941）108；id. Fl. Jap. (1956)125, Tab. 1.

多年生草本，稍疏生；根茎细短；秆细弱，高40~60 cm，具三节，顶节在中下部约1/3处；叶鞘闭合，脉间有倒向微毛，基部残存有裂成纤维状的老叶鞘，中上部叶鞘短于节间，叶舌很短而质硬，长不及0.5 mm。叶片薄，软而平展，上面疏生微毛，下面无毛，长10~15 cm，宽3~5 mm，总状花序，具8~15枚小穗，穗轴4楞，小穗柄长4~8 mm，被长毛，基部向下弯曲，小穗倾斜下垂，长12 mm左右（芒除外），颖斜披针形，先端渐尖，脊上微粗糙，外颖3脉，长5 mm左右，内颖不明显5脉，长6 mm左右，含3花，下2花不孕，仅有外稃，状如第3、4颖片，长10 mm左右，其刺尖和短芒，顶生两性花，外稃长11 mm左右，先端具2齿，脊部有狭翼，翼缘粗糙，芒长15 mm左右，内稃较短而窄，脊上具微毛，花果期7~9月。

分布：中国西南及东北，日本，萨哈林。

生境：生于山地疏林下。

该种耿以礼等曾记载"长白山有分布，但未见到标本"。陈灵芝等于1962年7月在长白山西南坡，柞树（*Quercus mongolica*）林下采到标本，无号，现分别收藏在中国科学院植物研究所及东北师范大学生物系植物标本室内。

（十二）北极早熟禾

Poa arctica R. Br. Parry's lst. Voy. Suppl. (1819~20) 288；kom. Fl. URSS Ⅱ（1934）410, tab. 30；Hitchcock, Mann. grass. U. S. A. （1935）115, f. 188；кузеиева, фл. Мут. I（1953）212, *Таб. L X X I*；*Keng*, Fl. Ill. Pl. Prim. sinic. Gramin. (1959)203, f. 157 p. p.

多年生草本，疏丛生，较细弱；根茎细长；秆光滑，基部膝曲；叶鞘短于节间，叶舌白膜质，平截，长1~3 mm，叶片宽约2 mm，长1~3 cm；圆锥花序疏散，广卵形，绿色带紫色，长 4 cm 左右，中下部每节分生 2 枝，分枝平展或斜上，先端生 1～2 枚小穗，小穗长约 5 mm，含 2～3 花，颖较薄，卵状披针形，边缘至先端为宽膜质，带草黄色及污紫色，脊部绿色，外颖一脉，内颖不明显 3 脉，较外颖稍长，外稃膜质，钝头，脊脉中下部具长柔毛，上部粗糙，边脉下部约 1/3 被柔毛，脉间贴生微毛，基盘具绵毛，内稃膜质，较窄又稍短于外稃，先端微凹，脊上粗糙，脊间被微毛。花果期 7～8 月。

分布：环北极地区及欧、亚、美高山带，南部界限约在北纬 41°附近，在长白山 2 100 m 以上首次发现。

生境：高山冻原草甸上。

该种耿以礼等记载："中国河北等省有分布"。但从形态描述及图版上看不完全是 *Poa arctica*。陈灵芝等于 1962 年 7 月在长白山高山冻原带采到标本，草本样方22～1号，现分别收藏在中国科学院植物研究所及东北师范大学生物系植物标本室内。

七、莎草科（Cyperaceae）

（十三）长颖苔

Carex tarumensis Franch. Bull. Soc. Philom. Paris，Ser. Ⅶ，vii（1895）86；Ohwi，Fl. Jap.（1956）190—*Carex buxbaumii* auct. non Franch.

多年生草本；根茎细长，横走地中，被棕褐色或赤褐色鳞片，秆高 30～40 cm，锐三棱，上部粗糙，下部平滑，基生叶鞘无叶片，赤褐色；叶灰绿色，宽 2～3 mm，长于秆略相等；花序由 3～4 枚小穗密集成短穗状，长 2 cm 左右，顶生小穗有短柄，两端常为雄花，中部常为雌花，下方小穗多全为雌花，无柄，近直立；苞甚短，鳞片状，雌花鳞片狭卵状披针形，暗紫褐色，短芒尖，脊部绿色；果囊狭，鳞片短而稍宽，椭圆形，长 2.5～3 mm，灰绿色，细脉不太明显，稍扁平，密生突起，上部急尖成短嘴，2 齿甚小或微凹；柱头 3。花果期 7～8 月。

分布：日本北部至千岛南部，中国东北长白山区。

生境：生于沼泽地。

该种为陈灵芝等于 1962 年 7 月 28 日在长白山天池边沿采到标本，第 392 号，现分别收藏在中国科学院植物研究所及东北师范大学生物系植物标本室内。

（十四）白鳞刺子莞

Rhychospora alba（L.）Vahl. Enum. Pl. Ⅱ（1806）236；唐进等，中国植物志十一卷（1961）113，图版ⅩⅩⅩⅥ，图 11—13. —Schoenus albus L. Sp. Pl.（1753）44。

多年生草本；无根茎；近丛生；秆细弱，三棱形，高 1～30（50）cm，下部平滑，顶端略粗糙，直径 0.5～0.8 mm。基部有鞘，鞘无叶或有短叶片，淡褐色，有纵肋；叶于秆等长或稍短，宽 0.7～1.5 mm，草质，边缘内卷，苞片叶状；聚缬花序集成头状，顶生或侧生；小穗 3～7 枚簇生，披针形或卵状披针形，长 5～6 mm，小花两性，鳞片卵形或卵状披针形，有花的鳞片较大，膜质，初黄白色，熟时淡棕色，脊部色稍深，顶生两朵小花，上花雌蕊不育，下花两性，下位刚毛 9～13 条，有倒刺，基部有顺向柔毛，刚毛长于小坚果，雄蕊 2，花柱细长，柱基膨大呈圆锥形，柱头 2 裂；小坚果倒卵形，长 2～2.5 mm，双凸形，黄绿色或淡绿色。花果期 7～8 月。

分布：欧、亚、北美东部温带地区广布。

生境：沼泽湿草地。

标本：钱家驹等 328 号，1957 年 7 月采于漫江镇后山（海拔 900 m）沼泽地中，现分别收藏在中国科学院植物研究所及东北师范大学生物系植物标本室内。

八、天南星科（*Araceae*）

（十五）日本臭菘

Symplocarpus nipponicus Makino, in Journ. Jap. Bot. V（1928）24；Ohwi, Fl. Jap.（1956）259—*Spathyema nipponica*（Makino）Makino, in Journ. Jap. Bot. Ⅵ,（1929）33 —Symplocarpus foetidus auct. non Salisb. et Nutt.

多年生草本；绳状根多数，白色，干时皱缩；假鳞茎短粗，基生 2～4 枚大形、白色无叶的叶鞘，叶 4～5 枚，大形，有长柄，狭卵形，长约 17 cm，宽约 10 cm，渐尖，钝头，稀锐头，基部心形，叶丛旁具 1～2 枚花序，佛焰苞黑紫色于肉穗花序同色。6～7 月间果熟后连叶全部枯死，8 月中旬再生出花序，越冬后翌年春再出叶、枯萎、开花。

生境：生于林缘沟谷湿草地。

分布：日本北海道、本州、北朝鲜、中国长白山区。

标本：钱家驹 1071—1 号，1957 年 8 月 14 日采于漫江镇附近。刘德芳无号，1975 年 6 月采于吉林省桦甸县红旗村。现保存在东北师范大学生物系植物标本室内。

九、百合科（Liliaceae）

（十六）车前叶山慈姑

Erythronium japonicum Decne, in Rev. Hort. Sev. Ⅳ, iii（1854）284；Kitag. Rep. Inst. Sci. Res. Manch. Ⅵ（1942）132；Ohwi, Fl. Jap.（1956）307—308。

早春多年生草本；鳞茎柱状披针形，直立，稍肉质，长约 5 cm，径约 1 cm，外皮带黄褐色，基部一侧有虫状白色根茎；花茎高约 20 cm，下部有一对叶，叶有柄，狭卵状披针形，钝头微突尖，长 8～12 cm，宽 4～5.5 cm，全缘又微波状缘，有不明显的白色斑纹；顶生单花，开时下垂，红紫色，花被 6 片，长约 3 cm，宽 5～8 mm，狭披针形，反卷，里面中部有 "W" 形暗紫色斑纹，雄蕊 6 不等长，药紫色，长约 6 mm，广线形，花柱短，柱头 3 裂；蒴果圆 3 棱形。花果期 5～6 月。7 月地上部枯死。

生境：生于针阔混交林及杂木林下。

分布：日本、朝鲜、中国东北的长白山区。

标本：东北师范大学生物系植物标本室号 1085 号（祝廷成采）。

该种 Kitagawa 曾记载过 "通化地区有分布"，此后再无人提及。祝廷成曾于 1954 年 5 月 11 日在遥林采到。

十、鳞毛蕨类（Dryopteridaceae）

（十七）毛枝蕨

Leptorumohra miqueliana（Maxim.）H. lto, in Nakai et Honda, Nova Fl. Jap, 4：119（1939）—*Aspidium miquelianum*. Maxim. ex Fr. et Sav. Enum. Pl. Jap. 2：240（1877）—*Dryopteris miqueliana*（Maxim.）C. Chr. Ind. 278（1905）；Koidz. Fl. Symb. Or. —As. 42（1930）—*Rumohra miqueliana*（Maxim.）Ching, Sinensia 5：67, pl. 17（1934）—*Dryopteris miqueliana var. narawensis* Koidz. Fl. Symb.

Or. — As. 42（1930）— *Rumohra miqueliana var. narawensis*（Koidz.）Ching, Sinensia 5 ：68（1934）—*Polystichopsis miqueliana*（Maxin.）Tagawa, Journ. Jap. Bot. 33：94（1958）; idem Coll. Ill. Jap. Pterid. 88（1959）, Pl. 31. f. 178.

夏绿植物，高 40～60 cm；根茎横走，光滑，黑褐色；叶远生或近对生，叶柄较叶片稍长，基部黑褐色，近地面处棕褐色，向上至叶轴及羽轴淡绿禾秆色，基部密生膜质、淡棕色鳞片。鳞片线状披针形，长 1.2 cm，宽 0.2 cm，向上渐小，大部分早落；叶片五角状广卵形，长 20～35 cm；宽 19～30 cm，薄纸质，两面绿色，4～3 次羽状全裂，羽片约 10 对，基部一对羽片最大，近对生，长 15～24 cm，宽 10～13 cm，三角状披针形，渐尖头，柄长 1.5～3 cm，上侧羽片于叶轴并行，下侧斜出，基部一片长 7～1.2 cm，宽 3～4 cm，披针形，渐尖头，基部近对称，柄长 5～8 mm，第三回小羽片 6～8 对，基部下侧一片三角状卵形，长 1.8～3.5 cm，宽 1.2～1.6 cm，钝尖头，上侧羽片与羽轴并行，下侧斜出，柄长约 2 mm，末次小羽片长椭圆形，钝头，钝锯齿缘至中裂，基部不对称。第二对以上的羽片互生，向上渐变短，3～2 回羽状全裂，叶脉羽状分叉，每齿有小脉一条，背面沿羽轴有泡状鳞片，两面沿脉有灰白色单细胞针状毛；孢子囊群较小，直径近 1 mm，着生于裂片小脉顶端，囊群盖圆肾形，中央凹下，膜质淡棕色，无毛。

分布：中国四川、朝鲜及日本，今在中国东北北纬 42°以南长白山南坡首次发现。

生境：吉林省长白县，海拔 800 m，林缘湿草地。

标本：时述武 204 号，1980 年 9 月采，保存在中国科学院植物研究所及东北师范大学地理系植物标本室内。

十一、蹄盖蕨类（Athyriaceae）

（十八）翅轴介蕨

Dryoathyrium pterorachis（Chrit）Ching，静生汇报，11：81，1941—*Athyrim pterorachis* Christ，Bull. Herb. Boiss. 4：688，1896；C. Chr. Ind. Fil. 145，1996；H. Ito, Fil. Jap. t. 192. 1944；Tagwa，Col. Ill. Jap. Pterid. 130，t 53，f. 290，1959 —Lunathyrium pterorachis Kurata in Namegata, Coll. &Cult of our Ferns and Fern Allies, 308, 1961.

夏绿大型植物；高 1 m 左右；根茎长而横走，叶近丛生，叶柄长 40～60 cm，基部粗达 7 mm，禾秆色，疏生鳞片及鳞毛、鳞片长达 1.5 cm，基部宽约 5 mm，卵状披针形，膜质，淡棕色，半透明；叶片长 50～65 cm，宽 20～30 cm，长圆形，2 回羽状深裂，羽片 20 对左右，互生，基部羽片较短，近对生，斜展近平展，下部羽片相距约 5 cm，向上羽片相距很近仍至交接边部重叠，第二对以上羽片长 15 cm 左右，宽 3.5～4 cm，基部平截，宽约 3 cm，先端长渐尖，二次羽片 20～30 对，基部加宽斜展沿羽轴相连成翅，先端钝圆，羽状半裂，裂片钝齿形或矩形，全缘或顶部有 2～3 浅锯齿，叶片背面色淡，叶脉较明显，小脉 2～3（4）条叉状分歧近羽状脉叶草质，绿色，干后褐绿色；孢子囊群椭圆形，新月形乃至弯钩形，近主脉两侧排成两列，每小裂片上 1 枚，着生于基部上侧支脉上，囊群盖与囊群同形，淡棕色，上侧开裂后缩近支脉而稍显厚，宿存。

分布：日本，朝鲜。1957 年 8 月 3 日在中国长白山西坡，一面坡附近，海拔 1 500 m 首次发现，1980 年 8 月 5 日在长白山南坡红头山，海拔 1 500 m，第二次采到。

生境：密林下。

标本：钱家驹等 652 号（1957 年）及 2975 号（1980 年），分别保存在中国科学院植物研究所及东北师范大学生物系和地理系植物标本室内。

长白山蕨类植物垂直分布名录（增订）

钱家驹①

【前言】 在秦仁昌教授的指导下，1980 年开始采集长白山蕨类植物标本，经初步鉴定后，1981 年初又两次进京在秦教授的全面审定及刑公侠等的大力协助下，初步整理出 21 科 36 属 95 种。超过笔者原著种数的 1/4。今先整理出名录，以便大家共同掌握，作为进一步的工作基础资料。新记录及新种等拟另文发表。

学名　　　　　　　　　　　　　　　　　　中名

1. Lycopodiaceae　　　　　　　　　　　　**石松科（1—8）**

　　Lycopodium alpinum L.　　　　　　　高山石松

　　分布于海拔 2000～2400 m，高山冻原

　　L. annotinum L.　　　　　　　　　　杉曼石松

　　var acrifolium Fernald

　　分布于海拔 900～1500 m，林缘或疏林下。

　　L. clavatum L　　　　　　　　　　　石松、伸筋草

　　var asiaticum Ching.

　　分布于海拔 1000～2000 m，林缘及疏林下。

　　L. complanatum L. anceps Wallr.　　地刷子

　　分布于海拔 1000～2000 m，林缘及疏林下。

　　L. myoshianum MaKino

　　L. chinense（non Christ）auct.　　　中华石松

　　分布于海拔 800～1200 m，林缘及疏林下。

　　L. obscurum L.　　　　　　　　　　玉柏

　　分布于海拔 800～1200 m，林下

　　L. selago L.　　　　　　　　　　　小杉兰

　　分布于海拔 1000～2400 m 的高山冻原及林下。

　　L. serratum Thunb.　　　　　　　　蛇足草

　　分布于海拔 900～1400 m，林下。

2. Selaginellaceae　　　　　　　　　　　**卷柏科（1～5）**

　　S. helvatica（L）Link　　　　　　　小卷柏

　　分布于海拔 800～1400 m，林下阴湿地及石塘上。

---

① **【作者单位】** 东北师范大学地理系。

S. tamariscina（Beauv.）Spr. 　　卷柏

分布于海拔 500～1000 m，干山坡石砬子上，常成片生长。

3. Equisetaceae 　　木贼科（1～7）

Equisetum arvense L. 　　问荆

分布于海拔 1200 m 以下的田间、荒地，河边砂质地。

E. hiemale L. 　　木贼、锉草

分布于海拔 600～1400 *m*、林下，有时成纯群落，河边湿地。

E. limosum L. 　　水木贼

分布与海拔 1500 m 以下的沼泽、水边、湿地。

f. verticillata Doell 　　轮枝水木贼

分布生境同原种：

E. palustre L. 　　犬问荆

分布于海拔 500～1200 m，落叶松林下沼泽沟旁。

var. Polystachynum Weigel 　　多穗犬问荆

分布生境同原种，数量比原种多。

E. pratense Ehrh. 　　草地问荆

分布于海拔 500～1200 m，林缘湿草地及灌木中。

E. sylvaticum L 　　林问荆

分布于海拔 800～1200 m，林下，林缘及灌木中

E. variegatum All. 　　兴安问荆

分布于海拔 700～1500 m，沼泽及林下。或河岸砂地。

4. Ophi oglossaceae 　　瓶尔小草科（1～2）

Ophioglossum thermale Kom 　　温泉瓶尔小草科

分布于海拔 1400～1800 m，温泉附近藓褥岩石上

O. vulgatum L. 　　瓶尔小草

分布于海拔 1000 m 以下，林缘灌丛及湿草地。

5. Botrychiaceae 　　阴地蕨科（1～6）

Botrychium lunaria（L.）Sw. 　　扇叶阴地蕨

分布于海拔 1000～1800 m，林缘及林下湿草地。

B. multifidun（Gmel.）Rupr. 　　多裂阴地蕨

分布于海拔 800～1500 m，林缘、林下湿草地。山顶阳处？（时述武 271 号）

B. ramosum Aschers.

＝*B. manshuricum* Ching 　　多枝阴地蕨

分布于海拔 1000～1700 m，林下。

B. robustum（Rupr.）Underw. 　　粗壮阴地蕨

分布于海拔 1000 m 以下，林缘或疏林下。

B. strictum Underm. 　　劲直阴地蕨

分布于海拔 700～1000 m，密林下。

B. virginianum（L）Sw. 　　蕨篡

分布于海拔 1000 m 以下，林间草地或灌丛中。

6. Osmundaceae 紫萁科 （1～2）

Osmunda cinnamomea L. *var. asiatica* Fernald 桂皮紫萁

分布于海拔 1000 m 以下，林缘灌丛湿地

O. claytoniana L. 绒蕨

分布于海拔 800 *m* 以下，林缘河岸湿草地

7. Hymenophyllaceae 膜蕨科 （1～1）

Gonocormus minutus （Bl） Bosch. 石衣团扇蕨

分布于海拔 800 m 以下，林间石砬子藓褥是那个或伐根上。

8. Dennstaedtiaceae 碗蕨科

Dennstaedtia pilosella （Hook.） Ching 细毛藓蕨

＝*Microlepia pilosella* Moore

分布于海拔 700～1000 m，林下石砬子上。

D. wilfordii （Mocre） Christ 魏氏鳞蕨

＝*M. wilfordi* Moore

分布于海拔 800 m 以下，林间阴湿处石砬子上或林下。

9. Pteridaceae 蕨科 （1～1）

Pteridium aquilinum （L.） Kuhn 蕨

var. latiusulum （Desv.） Underw

分布于海拔 1000 m 以下，群生于阳坡林缘或疏林下。

10. Sinopteridaceae 中国蕨科 （1～2）

Aleuritopter argentea （Gmel.） Fee 银粉背蕨

分布于海拔 1000 m 以下，石缝或岩石面上。

var. obscura （Christ.） Ching 无粉变种 （春生型?）

分布生境同原种

Leptolepidium kuhnii （Milde） Sing et S. K. Wu

＝*Aleuritopteris kuhnii* （Milde） Ching 孔氏粉背蕨

分布于海拔 700～1000 m，林下石缝或岩石面上。

11. Adiantaceae 铁线蕨科 （1～1）

Adianthum pedatum L. 铁线蕨

分布于海拔 1000 m 以下，林下及林缘。

12. Gymnogrammaceae 裸子蕨科 （1～1）

Coniogramme intermedia Hieron.

var. glabra Ching 中华风丫蕨

分布于海拔 600～900 m，密林下。

13. Athyriaceae 蹄盖蕨科 （8～20）

Allantodia crenata （Somm.） Ching 黑鳞断肠蕨

＝*Athyrium crenatum* （somm.） Rupr. 圆齿蹄盖蕨

分布于海拔 700～900 m，密林下。

Athyrium brevifrons Nakai   小猴腿

分布于海拔 1900 m 以下，林下及林缘

var. angustifrons Kodama   狭叶小猴腿

分布生境同原种，在阳光角充足处（生活型？）

A. changbaiense Ching et Chien sp. nov.   长白蹄盖蕨

分布于海拔 700 m 左右，密林下。

标本：钱家驹等 3169 号，1980 年 8 月 11 日采于长白县东岗。

A. lineari—pinnum Ching et Chien, sp. nov.

分布于海拔 900～1800 m 左右，林下狭裂蹄盖蕨

标本：钱家驹 3089 号，1980 年 8 月 8 日采于长白县红头山。钱家驹等 3104 号，
1980 年 8 月 5 日采于长白县宝泉山。

A. multidentatum （Doell）Ching   猴腿

分布于海拔 1600 m 以下，林缘及疏林下。

A. patentissimum Ching et Chien, sp. nov.   平羽蹄盖蕨

分布于海拔 1700 m 左右，密林下阴湿处。

标本：钱家驹等 2788 号，1980 年 7 月 31 日采于红头山。

A. pseudo—brevifrons Ching et Chien，sp. nov.

分布于海拔 800～1000 m，密林下

标本：钱家驹等 3202 号，1980 年 8 月 12 日采于长白县干山崩

A. rubripes Kom.   红梗蹄盖蕨

分布于海拔 900 m 左右，林缘湿地。

标本：时述武等 85 号，1980 年 9 月 6 日采于长白县九道沟塘。

A. sinense Rupr.   狭叶蹄盖蕨

分布于海拔 1200 m 以下，林缘及疏林下。

A. tunkangense Ching et Chien，sp. nov.   东岗蹄盖蕨

分布于海拔 700 m 左右，林下。

标本：钱家驹等 3168 号，1980 年 8 月 11 日采于长白上东岗

A. yokoscense （Fr. et Sav.）Christ   横须贺蹄盖蕨

分布于海拔 900 m，林下。

Cystopteris sudetioa A. Br. et Milde   山冷蕨

分布于海拔 800～1500 m，密林下。

* Dryoathyum pterorachis （Christ）Ching，new descr.   翅轴介蕨

=*Lunathyrium pterorachis* （Christ）Kurata

=*Athyrium pterorachis* Christ

分布于海拔 1300～1500 m，针叶密林下。

标本：钱家驹等 2975 号（1980 年）；652（1957 年）

Gymnocarpium dryopteris （L.）Newm.   鳞毛羽节蕨

分布于海拔 800～1600 m，密林下。

G. jessoense （Koidz.）Koidz.

＝*G. continentalis*（Petrov.）Ching　　　　羽节蕨

分布于海拔 800～1500 m，密林下。

Lunathyrium acrostichoides（Sw.）Ching

＝*Athyrium acrostichoides*（Sw.）Diels　　亚美蹄盖蕨

分布于海拔 800～1500 m，林缘湿地。

标本：时述武 160 号，1980 年 9 月 9 日采于长白县宝泉山。

L. coreanum（Christ）Ching

＝*A. coreanum* Christ　　　　　　　　朝鲜蹄盖蕨

分布于海拔 900 m 左右，林缘湿地。

L. pycnosorum（Christ）Koidz.

分布于海拔 700～900 m，密林下及林缘湿草地

标本：钱家驹等 3105，3161 号，1980 年 8 月采于长白县东岗及宝泉山。

Neoathyrium Crenulato－serrulatum（Makino）Ching et Z. R. Wang

＝*Cornopteris crenulatoserrulata* Nakai　　细齿贞蕨

分布于海拔 900 m 左右，密林下。

Pseudocystopteris spinulosa（Maxim.）Ching　　假冷蕨

＝*Athyrium spinulosum*（Maxim.）Milde　　尖齿蹄盖蕨

分布于海拔 800～1600 m，密林下。

　*　东北新纪录及属、种中国新纪录

14. Aspleniaceae　　　　　　　　　　铁角蕨科（3～5）

Asplsnium anogrammoides Christ　　朝鲜铁角蕨？

分布于海拔 800 m 以下，林下阴湿处岩石山。

A. incisum Thunb.　　　　　　　　虎尾蕨

分布于海拔 600～900 m，林缘、石缝中

A. subvarians Ching

＝*A. conmixum* Ching　　　　　　　小铁蕨

分布于海拔 700～900 m，林下山谷岩石上。

Comptosoruss sibiricsu. Rupr.　　　过山蕨

分布于海拔 600～900 m，密林下，岩石上。

* *Phyllitis japonica* Kom.　　　　　东北对开蕨

分布于海拔 800～900 m，林缘湿草地。在长白县首次发现

15. Thelypteridaceae　　　　　　　金星蕨科

Parathelypteris changbaishanensis Ching　长白金星蕨

分布于海拔 900 m 左右，林缘山坡脊梁上。

Phegopteris polypodioide Fee　　　　卵果蕨

＝*Thelypteris phegopteris*（L.）Slosson　广羽金星羽蕨

分布于海拔 700～1700 m，密林下及林缘灌丛中

Thelypteris palustris（Salisb）Schott.　金星蕨、沼泽蕨

分布于海拔 800～1000 m，林缘湿草地及沼泽

16. Onocleaceae   **球子蕨科（2～3）**

Matteuccia struthiopteris（L.）Todaro   大荚果蕨（黄瓜香）

分布于海拔 600～1000 m，林缘路旁灌丛及草地。

* M. orientalis（Hook）Trev.   大荚果蕨

＝*Pentarhizidium orientale* Hayata

分布于海拔 800 m 以下，林缘湿草地。

Onoclea sensibilis L.   球子蕨

var. interrupta Maxim.

分布于海拔 1200 m 以下，林下岩石上。

17. Woodsiaceae   **岩蕨科**

Woodsia ilvens R. Br.   岩蕨

分布于海拔 1200 m 以下，林下岩石上。

W. intermedia Tagawa.   中岩蕨

分布于 600～1200 m，林下岩石缝中。

W. macrochlaena Mett ex Kuhn   大囊岩蕨

分布于海拔 700～1000 m，林上山谷岩石上。

W. manchuriensis Hook.   东北岩蕨

＝*Protowoodsia manchuriensis*（Hook.）Ching 东北膀胱蕨

分布于海拔 700～1000 m，林下山谷岩石上。

W. Polystichcides Eaton   耳羽岩蕨

分布于海拔 600～1200 m 密林下，岩石上。

W. subcordata Turcz.   心岩蕨

分布于海拔 1000 m 以下，林下岩石上。

18. Drypoteridaceae   **鳞毛蕨科（3～15）**

Dryopteris amurensis Christ   黑水鳞毛蕨

分布于海拔 700～1100 m，红松落叶混交林下常见。

D. austriaca（Jaecq）Woyn.   大鳞毛蕨

分布于海拔 700～1700 m，密林下。

D. coreano－montana Nakai   高山鳞毛蕨

分布于海拔 1500～1900 m，密林下及大块岩石缝中阴湿处

标本：钱家驹等 3061 号，1980 年 8 月 8 日采于长白县红头山。

D. crassirhizoma Nahai   绵马

分布于海拔 1800 m 以下，林缘及林下。

D. dilatata（Hoffm）A. Gray   宽叶鳞毛蕨

分布于海拔 1500 m 左右，针叶密林子下。

标本：钱家驹等 2972 号，1980 年 8 月 5 日采于红头山

D. expensa Fraser－Jenkins   欧亚鳞毛蕨

＝*D. manshurica* Ching?

分布于海拔 1500 m 左右，针叶密林下。

标本：钱家驹等 2974 号，1980 年 8 月 5 日采于长白县红头山

D. fragrans（L.）Schott   香鳞毛蕨
var. remotiuscula（Kom.）Kom.

分布于海拔 70～900 m，林下上古岩石上。

D. goeringiana（Kze.）Koidz.
= *D. laeta*（Kom）C. Chr.   美丽鳞毛蕨

分布于海拔 700～900 m，林下和林缘湿草地。

D. monticola（Kom.）Kom.   中上鳞毛蕨

分布于海拔 900 m 左右，林缘灌丛下。

标本：时述武，142 号，1980 年 9 月 8 日采于长白县九道沟南岗。

D. saxifraga H. Ito   虎耳鳞毛蕨？

分布于长白山岩石间，尚未 iecaidao 标本。

D. tenuissima Tagawa   细叶鳞毛蕨

分布于海拔 600 m 左右，阴湿悬崖及岩石山

* *Leptorumohra miqueliana*（Maxim.）H. Ito
= *Polystichopsis miqueliana*（Maxim.）Tagawa   毛枝蕨

分布于海拔 800 m 左右，林缘湿地

标本：时述武 204 号，1980 年 9 月 11 好采于长白县牛槽沟

Polystichum braunii Fee   布朗耳蕨

分布于海拔 600～900 m，林缘湿地。

P. craspedosorum（Maxim.）Diels   华北耳蕨

分布于海拔 700～1000 m，林缘湿地及林下山谷岩石上。

P. tripteron（Kunze）Presl   三叶耳蕨

分布于海拔 700～1000 m，林缘湿地及密林下。

19. Polypodiaceae 水龙骨可（3～3）

Lepisorus ussuriensis（Rgl. et Maack）Ching 乌苏里瓦韦

分布于海拔 800～900 m，林下山谷岩石上。

Polypodium virginianum L.   小水龙骨

分布于海拔 800～900 m，林缘湿地岩石上。

Pyrrosia petiolosa（Chriost）Ching   有柄石韦

分布海拔 900 m 以上，岩石表面，成片生长

20. Marsileaceae   苹科（1～1）

Marsilea quadrifolia L.   苹、田间草、四叶草

分布于海拔 800 m 以下，水泡子及水田中。

21. Salviniaceae   槐叶苹科

Salvinia natans（L.）All.   槐叶苹

分布于海拔 800 m 以下，水泡子中。

【编后】与北美的 Catskill 山（游览胜地）对比一下，查知两山几乎都在北纬 42°左右。分别处于东、西两半球。只有 29 个公有种，长白山有 67 个独有种，Catskill 山有 37 个独有种。

中国东北兔儿伞属 Cacalia L 植物的
分类地理学初步研究

钱家驹①

关于中国东北兔儿伞属的整理工作首先是 L. V. Komarov，1907，第二是 M. Kitagawa，1939。

新中国成立后刘慎谔等（1959）再补充整理，解决了大部分种类的鉴定问题，但对少数种的分类范畴处理不清。这个问题由 Tolmatchev（1957）及 Pojarkova（1960）的工作初步澄清了。另外三个新种，即 *C. robusta*，*C. komaroviana* 及 *C. Praetermissa*，实质上是分别把一些亚种、变种等提升为种。再命了三个新名。

在前人工作的基础上，笔者遵循东亚植物分类学家们的传统概念，重新整理了我校的标本，绝大部分找到了适当的分类位置，最后剩下两份标本无处安插。经初步研究，根据其狭长圆锥花序的特点、当做 *Cacalia praetermissa* 的两个新变种处理了。

本属植物有：三尖菜的幼苗可食，兔儿伞的根部入药、治跌打损伤及疳痈等。

此属约 50 种，中国产 30 余种（已命者 31 种），东北产 8 种。

分种（组、系）检索表

1. 茎生叶 4～多枚，基生叶柄基部不成鞘，花期凋萎，幼叶反卷（*Sect. Eucacalia DC.*）
  2. 茎中部叶三角状乃至五角星状戟形。
    3. 茎中部叶柄下延渐无翅，基部无耳，叶片三角形，株高 $100～150\ cm$（*ser. Hastatae Pojark.*）………………………… 1. 三尖菜 *C. hastata L.*（光叶三尖菜 *f. gladra*（*Ldb*）*Kit—ag.* 叶背面无毛，仅脉上有毛）
    3. 茎中部叶柄全有翅，基部有耳抱茎（*Ser. Robustae Pojark.*）
      4. 茎中部叶三角状戟形或近戟形，长宽近相等或长大于宽。……………………………………………………… 2. 大三尖菜 *C. robusta Tolm.*
      4. 茎中部叶五角星状近戟形，宽显著大于长 ……………………………………………… 3. 星叶三尖菜 *C. Komaroviana*（*Pojark.*）*Pojark.*
  2. 茎中部叶肾形或肾状三角形乃至心形，叶柄常无翅，基部多有耳抱茎（*Ser. Auriulatae Pojark.*）
    5. 总状花序，基部偶有少数短分枝，茎中部 2～3（4）枚，稍疏生，叶柄基部有小耳或无。植株高 $40～80\ cm$ ……………… 4. 蝠叶菜 *C. auriculata DC.*

---

① 【作者单位】东北师范大学地理系。

　　5. 花序多分枝。茎中部叶 3～4（5）枚，稍密生，叶柄基有耳抱茎、植株高 100～130（150）cm。

　　　　6. 狭长圆锥形花序，叶形变化大。叶缘较规则……………………………………
　　　　………… 5. 大蝠叶菜 *C. pratermissa*（Pojark.）Pojark.（全缘大蝠叶菜 *var. subintegra* 叶心形或近心形，全缘；带岭大蝠叶菜 *var. dailingensis* 叶近三角形，具不规则缺刻状大牙齿）

　　　　6. 倒圆锥形花序，叶形及叶缘变化大。具不整齐缺刻状牙齿…………………
　　　　……………………………………… 6. 北蝠叶菜 *C. kamtschatica*（Maxim.）Kudo.

1. 茎生叶 1～3 枚，基生叶花期不凋萎，叶柄基部成鞘，完全抱茎

　　7. 植株高 150～200 *cm*，叶大形，掌状浅裂至中裂，幼叶扇状褶叠（Sect. *Tamingasa* Kitam）……………………………………… 7. 大叶兔儿伞 *C. firma* Kom.

　　7. 植株高 60～100 *cm*，叶中等大，盾圆形，掌状近全裂，裂片又 1～3 次叉状分裂，幼叶褶叠如破伞（Sect. *Syneilesis*（Maxim.）chien）……………………………
　　　　……………………………………… 8. 兔儿伞 *C. aconitifia Bunge.*

　　在整理出各组，系，种的分类系统后，再逐一作各分类级的文献考证，并发表新变种和新组合如下：

组 1　三尖菜组

Sect. Cacalia—Eucacalia DC. Prodr. Ⅵ（1873）327—*Kitam. Compjap. Ⅲ*（1942）203.

系 1.　三尖菜系

Ser. Cacalia—Hastatas Pojark. in Kom. Fl. URSS，ⅩⅩⅦ（1961）686

1.　三尖菜，山尖子（东北通称）

Cacalia hastata L. Sp. Pl.（1753）835—*DC. Prodr. Ⅵ*（1837）327；*Kom Fl. Mansh. Ⅲ*（1907）691；*Kitag. Lineam. Fl. Manch.*（1939）441；*Kitam. Comp. Jap. Ⅲ*（1942）215—刘慎谔等，东北植物检索表（1959）402，图版 139，图 3；*C. C. CmauRoв, В. N. Талиев, Опр. Высш. Раст. Eup.？ acm. CCCP.*（1957）396. *puc*371——*М. Г. Попов. Фл. Срец. Сиб Ⅱ*（1959）742；*Pojarkova in Fl. URSS*，ⅩⅩⅥ（1961）687. —*Cacalia hastata var. pubesceens Ldb. Fl. Alt. Ⅳ*（1833）52—*Senecio sagittatus Sch.——Bip. ex Forbes et Hemsl, in Journ. Linn. Soc. XX Ⅲ*（1888）456—*Hasteola hastate*（L.）*Pojark. Not. Syst. Herb. lnst. BOT Kom. Acad. Sci. URSS. XX*（1960）381.

　　标本：刘慎谔、武占元 1260 号，1757 号，东北师范大学标本室号 158 号，159 号，160 号，9318 号及 171775 号（钱家驹采）。

　　分布：中国东北，朝鲜；日本；蒙古人民共和国；苏联远东至欧洲部分乌拉尔山区以东。

　　生境：丘陵、山地、林下阴湿处，及林缘草甸中。

f. hastata

光叶三尖菜（拟）

f. glabra（Ldb.）*Kitag. Linean. Fl Manch.*（1939）441；刘慎谔等，东北植物

检索表（1959）402—*Pojark. in Kom. Fl. URSS. XX*Ⅶ（1961）687—*Cacalia hastata var. glabra Ldb. Fl. Alt.* Ⅳ（1833）52——*Kom. Fl. Manoh.* Ⅲ（1907）691.

标本：刘慎谔、武占元 1308 号；东北师范大学标本室号 4471 号及 8540 号（钱家驹采），1763 号（钱家驹，祝延成采）；张文仲 673 号。

分布：中国东北；朝鲜；日本；苏联远东地区。

生境：与原种同。

系 2 大三尖菜系

*Ser. Cacalia—Robustae Pojark. in Kom. Fl. URSS. XX*Ⅶ（1961）689.

2. 三大尖菜

*Cacalia robusta Tolm. in Not. Syst. Herb. 1nst. Bot. Kom. Acad. Sci. URSS.X*Ⅷ（1957）237；*Pojark. in Kom. Fl. URSS. XX*Ⅶ（1961）689.—*Cacalia hastata ssp. orientalis Kitam. Act. Phytotax. Geobot.* Ⅻ（1983）224，*p. p.*；*idem, Comp. Jap.* Ⅲ（1942）216. *p. p*；*Sugaw. lll. Fl. Saghal.* Ⅳ（1940）1843. *Tab.*845—*C. hastata var. orientlis*（*Kitam.*）*Ohwi, Fl, Jap.*（1956）1177—*Hasteola robusta*（*Tolm.*）*Pojark. in Not. Syst. Herb. Inst. Bot. Kom. Acad. Sci. URSS.XX*（1960）381. *t.* 4.——*Cacalia hastata var. glabra*（*Ldb*）. *Makino, New Ill. Fl. Jap.*（1963）661, *fig.*2642. *p. p.*

标本：钱家驹 351 号，张文仲 34 号。

分布：中国东北的长白山区；朝鲜北部；日本北部；苏联的远东地区南部。

生境：山地针阔混交林下或林间草甸。

3. 星叶三尖菜

Cacalia komarovianan（*Pojark*）*Pojark. in Kom. Fl URSS. XX*Ⅶ（1961）691—*Hasteola komaroviana Pojark. in Not. Syst. Herb. Inst. Bot. Kom. Acad, Sci. URSS. XX*（1960）381, *fig.*5.—*Cacalia kamtschatica*（*non Kudo*）*Liou*，东北植物索表（1959）402，图版138；图 2，*p. max. p.*（图版 138，图 2，为 *C. komaroviana* 茎的中上部叶片）—*C. farfaraefolia var. ramose*（*non Maxim.*）*Kom. Fl. Manch.*Ⅲ（1907）689, *p. p.*（*excl. syn. et area jap.*）；*Nakai, Fl. Sylv. Korean.* XⅣ（1923）106——*C. hastate ssp. orientalis Kitam. in Act. Phytotax. Geobot.* Ⅵ Ⅰ（1938）244, *p. p.*（*quoad syn, Kam.*）；*idem, Comp. Jap.* Ⅳ（1942）216, *p. p.*（*quoad area Korean. et Mansh.*）；*Kitag. Lineam. Fl. Manch.*（1939）441.

标本：刘慎谔、武占元 1640 号，钱家驹 849 号，张文仲 414 号；李建东 115 号。

分布：中国东北张广才岭及长白山区；朝鲜北部；苏联的乌苏里地区南部。

生境：山地针叶林及上部针阔混交林下，林缘及林间草甸。

3. 蝠叶菜系

*Ser. Cacalia —Auriculatae Pojark. in Kom. Fl. URSS. XX*Ⅶ（1961）692

4. 蝠叶菜

Cacalia auriculata DC. Prodr. Ⅵ（1937）329；*Kom. Fl. Mansh.*（1907）688, *p. p.*—*Kitag. Lineam. Fl. Manch.*（1939）441；*Sugaw. Ill. Fl. Saghal.* Ⅳ（1940）1845, *Tab,*846, *B.*——刘慎谔等，东北植物检索表（1959）402，图版138，图

3. *p. min, p,; Pojark, in Kom. Fl. URSS. XX* Ⅵ（1961）694，*—Cacalia auriculata var. ochotensis（non Maxim.）Kom. Fl. Mansh.* Ⅲ（1907）688*—C. auriculata var. kamtschatica Koidz, in Makino, Ill, Fl, Nipp.*（1942）32. *p. p.（quuoad descry.）—Hasteola auriculata（DC.）Pojark. in Not. Syst. Herb. Inst. Bot. Kom. Acad. Sci. URSS, XX*（1960）391，*t.* 10.

标本：刘慎谔，武占元 1722 号，钱家驹 78 号，655 号，700 号。东北师范大学标本室号 8539 号、465 号（钱家驹采）。

分布：中国华北，东北；日本；朝鲜及苏联远东地区；堪察加、萨哈林及乌苏里等地。

生境：山地林下阴湿处或林缘草甸中。

5. 大蝠叶菜

Cacalia praetermissa（Pojark.）Pojark. in Kom. Fl. URSS. XX Ⅵ（1961）692 *—C. auriculata var. ochtensis（non Maxim.）—Kom. Fl. Mansh.* Ⅲ（1907）688，*p. p.—C. Kamtschatica（non Kudo）Sugaw. Ill. Fl. Saghal.* Ⅳ（1940）1845，*Tab.* 846，*A.—C. auriculata var. kamtschatica（non Maxim.）Kom. Fl. Mansh.* Ⅲ（1907）688*—C. auriculata var. alata Nakai, Fl. Sylv. Korean.* XⅣ（1923）106*— C. auriculata var. Kamtschatica（non Matsum.）Kitam. Comp. Jap.* Ⅲ（1942）201，*p. p.（quoad pl. Korean.）—C. auriculata var. kamtschatica（non Matsum.）Ohwi, Fl. Jap.*（1956）1176 *p. p.—C. auriculata（non Matsum.）Ohwi, Fl. Jap.*（1956）1179 *p. p.——C. auriculata（DC.）Liou,* 东北植物检索表（1959）402，图版 138，图 3. *p. maxim. P.*（图版 138，图 3 是 *C. praetermissa* 的花序及茎中部叶）*— Hasteola Praetermissa Pojark. in Not. Syst. Herb. Inst. Bot. Kom. Acad. Sci. URSS. XX*（1960）368，*fig.* 7.

标本：刘慎谔，武占元 1807 号；东北师范大学生物系标本室号 151 号，152 号；7634 号及 7689 号（钱家驹采）。

分布：中国东北；朝鲜北部；日本北部及苏联乌苏里地区。

生境：山地针阔混交及针叶林下。

Var. praetermissa

全缘大蝠叶菜

Var. subintegra var. non.

Folia caulina media reniformi—cordata vel cordato deltoidea, basicordata vel subcordata, apice mucronata margine subintegra, infra undulata, tota minimo— denticulata.

Typus: J. J. Chien No. 17477 ＊，*Prov. Jilin changbaishan in sylvis mixtis montanis.*

茎中部叶肾状心形或心状三角形，基部心形或近心形，先端凸尖，边缘近全缘，下部波状，全部疏生极小的齿尖。

模式标本：钱家驹 17477 ＊号，采于长白山针阔混交林。

带岭大蝠叶菜

Var. dailinggensis var. nov. （*Tab.* Ⅲ．*fig.* 2）

Folia caulina media subdeltoidea，*basi leviter truncate*，*apice caudiculata*，*margin irregulariter inciso—dentculata.*

Typus：*Takenouchi*，*M. No.* 9907 ＊，*Prov. Heilongjiang Dailing. In sylvis mixtis montains*。．

茎中部叶近三角形，基部稍截形，先端小尾尖，边缘具不规则的缺刻状牙齿。

模式标本：竹内亮 9907 号 ＊，1954 年 7 月 20 日采于黑龙江省带岭山地针阔混交林下。

6. 北蝠叶菜

Cacalia kamtschatica （*Maxim.*）*Kudo in Journ. Coll. Agric. Hokkaido Univ.* Ⅻ （1923）60；*Sugaw. Ill. Fl. Saghal.* Ⅳ （1940）1845，*Tab.* 846A．*p. min. p.* — *C. auriculata var. kamtschatica Koidz*，*in Makino*，*Ill. Fl. Nipp.* （1942）32，*p. p* （*quoad ic.*）；*Pojark. in Kom. Fl. URSS. XX* Ⅵ （1961）695．—*Senecio davricus var. kamtschatica Maxim. in Bull. Acad. Sci. Petersb.* Ⅹ Ⅸ （1874）486 —*Hasteola kamtschtica* （*Maxim.*）*Pojark. Not. Syst. Herb. Inst. Bot. Kom. Acad. Sci.* Ⅹ Ⅹ （1960）389，*fig.* 9.

标本：东北师范大学标本室号 466 号 （钱家驹）

分布：中国东北；朝鲜北部；日本中、北部；苏联远东地区：勘察加、乌苏里、萨哈林及鄂霍次克地方。

生境：生于针叶林，针阔混交林下及林间草甸。

组 2　大明伞组

Sect，Cacalia—Taimingasa Kitam. in Act. Phytotax. Geobot. Ⅵ （1938）294— *idem*，*Comp. Jap.* Ⅲ （1942）221。

7. 大叶兔儿伞

Cacalia firma Kom. in Act. Hort. Petrop. Ⅹ Ⅷ （1901）420；*idem Fl. Mansh.* （1907）691，*Tab .* Ⅺ；*Nakai*，*Fl. sylv. Korean.* Ⅹ Ⅳ （1923）196；*Kitag. Lineam. Fl. Manch.* （1939）441—刘慎谔等，东北植物检索表 （1959）400。

标本：刘慎谔、武占元 1358 号；钱家驹 862 号，东北师范大学生物系室号 11953 号 （钱家驹采）；张文仲 295 号，540 号。

分布：中国东北及朝鲜北部的长白山区特有种。

生境：生于山地红松针阔混交林下或林缘阴湿草地。

组 3 兔儿伞组

Sect. Cacalia —Syneilesis （*Maxim.*）*Chien*，*Stat. nov—Syneilesis Maxim. Prim Fl. Amur.* （1897）165—*Kitam. Comp. Jap.* Ⅲ （1942）170。

8. 兔儿伞

Cacalia aconitfolia Bunge Enum. Pl. Chin. Bor. （1831）37；*Kom Fl. Mansh.* Ⅲ （1907）685；*Kitag Lineam. Fl. Manch.* （1939）440，刘慎谔等，东北植物检索表 （1959）400，图版 139，图 1—*Syneilesis aconitifolia Ma. xim. Prim. Fl. Amur.* （1859）165，*Tab.* 8，*f.* 9；18；*Kitam. Comp. Jap.* Ⅲ （1942）170；*Ohwi*，*Fl. Jap.*

(1956) 1179；裴鉴等，江苏南部种子植物手册（1975）788，图 1272；*Pojark, in Kom.
Fl. URSS.* ⅩⅩⅥ（1961）698—*Senecio aconitifolius*（*Bge.*）*Turcz. ex Forbes et
Hemsl. Journ. Linn. Soc.* ⅩⅩⅢ（1888）449。

标本：东北师范大学生物系标本室号 154 号，156 号，157 号，335 号，8532 号，
8044 号，8958 号，11423 号；17635 号（钱家驹、祝延成采），1819 号（钱家驹采）；赵
玉棠 268 号；

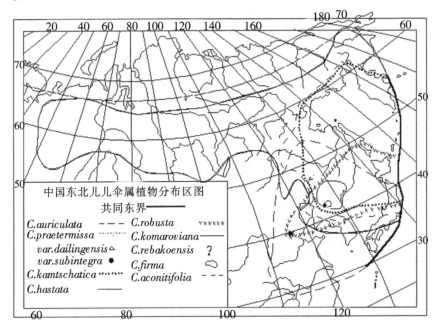

图 1　　中国东北兔儿伞属植物分布区图

李宗玹 103 号；白承吉 37 号；郭秀清 332；张桂芳 57 号。

分布：中国东北、华北、华中、至西南；朝鲜；日本；苏联阿穆尔、乌苏里地区。

生境：生于低山、丘陵的山坡草地及平原的草甸草原上。

以上对中国东北产的兔儿伞属植物的分类学问题初步澄清以后，便进一步探讨其地理
分布和种系发生问题。

为此先作出各个种的分布区图（图 1）。

在图 1 上一看便知 *Cacalia hastata* 的分布最大，它北起北极圈，南达北纬 32°附近，
西自乌拉尔山区，东至亚洲极东的弧形岛群（堪察加，千岛及日本），因海陆隔绝的关系，
与大多数东亚种的共同东界一致。该种是典型的森林种类成分。在乌拉尔山区以西无分
布。这个现象可能是几次冰川侵袭后它伴随着欧洲森林的覆灭而灭绝了。在东亚只有西伯
利亚北部被冰川覆盖，北纬 55°以南仅在山区中有些零星小冰盖。当冰期来临时 *Cacalia
hastata* 随森林南下，冰期后又随森林重返故居，数次往返，在华北留下一些种群
（*Population*）是合理的。但种的起源中心不可能在现分布区南部，可能在长白山区以北
更古老的某个山区。在图 1 上只能找到各个种的几何分布中心和该属内种数的多度分布
中心。

为了进一步确定中国东北兔儿伞属植物的多度分布中心的具体范围，特制成表 1。

表 1　东北兔儿伞属植物在不同经纬度的种数

东　经	50°	105°	115°	125°	135°	145°	155°	165°	180°
种数	1	3	4	8	7	5	3	1	0
北纬	25°	35°	45°	55°	65°	75°	85°		
种数	2	8	7	3	1	0	0		

从表 1 中可清楚地看出东北产的兔儿伞属植物种类数量的变化：经向比纬向变化缓慢得多，在纬向方向，向北比向南变化缓慢得多。但都有两头小中间大的基本趋势、东北的兔儿伞属植物共有 8 种。分布有 8 个种的地区在东经 125～135°，北纬 35°～45°，即长白山是东北兔儿伞属的多度分布中心。

要找种系发生中心，就得把本属在邻近地区的全部种类拿来作分析比较。为此制成表 2。

从表 2 上可以清晰地看到：在欧洲只有一种，乌拉尔山以西无分布；在东亚以中国的兔儿伞属植物种数最多，已命名者有 31 种。在淮河流域以南与东北种类有关的是 *Cacalia aconitifolia var. austrails*（Ling）Chien, comb. nov. in shed，其余 23 种全是替代种。

其次是日本。有 19 种（原为 16 种，其中有三个带 " * " 号的种分别包括在 *Cacalia auriculata*；*C. farfaraefolia* 及 *C. hastata* 中，应分出给以新名。值得注意的是有 13 个特有种，占日本产总数的 68.42%，和我国东北的共有种仅 6 个。

在朝鲜有 8 个种、在苏联远东地区有 7 个种和我国东北是共有种。

最后必须指出华北也和东北接壤，仅有三个共有种。至黄河流域以南只剩下 *Cacalia aconitifolia* 及其变种了。据多年观察、调查，我国东北产的兔儿伞属植物除 *Cacalia aconitifolia* 以外全是典型的森林植物。但在典型性的程度上还有些差别。

附带说一下北美和东亚没有一个共同种，全是替代种。

因单纯的数据常给人假象或错觉。

为了标明有共同种的各地区间的亲缘关系，用相同系数计算如下：

表 2　中国东北及邻近地区兔儿伞属各种的分布概况统计表

编号	种名	苏联		中国		朝鲜	日本	欧洲	备注
		乌拉尔	远东	东北	华北				
1	*Cacalia auriculata*		+	+		+	+		
2	*C. praetermissa*		+	+		+	+ *		
3	*C. kamtschatica*		+	+		+	+ *		
4	*C. hastata*	+	+	+	+	+	+	+	乌拉尔山区以西五分布
5	*C. robusta*		+	+	+	+	+ *		
6	*C. komaroviana*		+	+		+			中朝苏特有种
7	*C. tebakoensis*						+		日本特有种
8	*C. firma*			+		+			中朝特有种

编号	种名	苏联		中国		朝鲜	日本	欧洲	备注
		乌拉尔	远东	东北	华北				
9	C. aconitifolia		+	+	+	+	+		
10	C. adenostiloides						+		日本特有种
11	C. delphiniifolia						+		日本特有种
12	C. farfaraefolia						+		日本特有种
13	C. nikomantana						+		日本特有种
14	C. amagiensis						+		日本特有种
15	C. shikokiana						+		日本特有种
16	C. nipponica						+		日本特有种
17	C. kiusiana						+		日本特有种
18	C. peltifolia						+		日本特有种
19	C. yatabae						+		日本特有种
20	C. palmata						+		日本特有种
21	C. tagamae						+		日本特有种
	共计	1	7	8	3	8	19	1＊＊	

＊＊欧洲即乌拉尔山以东

苏联乌拉尔山区——中国东北　　　1/（8+1-1）＝12.5%

苏联远东地区——中国东北　　　　7/（7+8-7）＝87.5%

朝鲜——中国东北　　　　　　　　8/（8+8-8）＝100%

中国华北——中国东北　　　　　　3/（3+8-3）＝37.7%

日本——中国东北　　　　　　　　6/（19+8-6）＝25.6%

综合上述可以看出：

1. 兔儿伞属是东亚—北美的共有属，属内种数的多度分布中心有三个：中国，日本和北美。

2. Cacalia hastata 的分布区最大，是个古老的种，Cacalia firma 的分布区最小。也是个第三纪植物。

3. 从营养器官的形态学方面来看，Cacalia firma 和 Cacalia aconitifolia 相近似，其共同点有：①基生叶在花期不凋落，叶柄基部成鞘抱基；②叶片的基本型轮廓相似；③幼叶的发状都为伞状褶叠式。但两者的生活习性不同，凡是生有 Cacalia firma 的地段上绝对没有 Cacalia aconitifolia，这些事实说明两者有共同的远祖又早已分途发展。

4. 我国东北产的种类中以 Sect. Eucacalia 的种性分化最快；Sect. Syneilesis 相当孤立，只在黄淮以南有点变异，但生态习性是广幅的。只有 Sect. Tamingasa 的种性最孤立，分布区最小，只限于长白山腰的中下部、针阔混交林下及林缘较阴湿处，而且是成片生长的。

5. 中国—日本共有种全是第三纪植物，不成问题。只有 *Cacalia firma* 也是第三纪植物有些费解。笔者认为它是第三纪子遗种，根据：①在日本有它的近缘种；②分布区最小。

6. *Sect. Eucacalia* 中除 *Cacalia hastata* 以外，其他各个种的种性分化及形成在不同程度上尚未完成，所以在野外，甚至在标本室内常能看到两个种的中间型。特别是叶的形态方面。

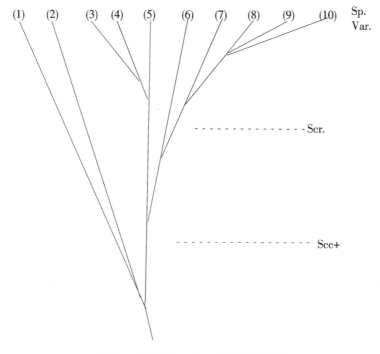

图 2　中国东北兔儿伞植物的谱系图

在 *Sect.* 以下 *Ser. Hastae* 与 *Ser. Robustae* 的亲缘关系较近。*Ser. Ariculatae* 是较早分出的另一支，为了更清楚的表明我国东北产的兔儿伞属内的系统发育关系特制成图版 2。

7. 从相同系数上来看：朝鲜、苏联远东地区和中国东北连壤，关系最近，分别为100％及 87.5％，而日本和中国东北的关系很远（25.6％）。这是入第四纪后两地断离分别形成特有种所致。日本的地形和气候变化都较大，主要是气候更湿润、森林很繁茂、更适于兔儿伞属植物的生存与分化，衍生出 13 个特有种。若是在第三纪，即去掉两地的特有种，则中国—日本的相同系数也是 100％。

华北也和东北连壤，只有三个共有种，没有一个特有种，亲缘关系却很远。因气候地形不同，又缺少繁茂的森林。

8. 本文给植物历史地理学又提供一点点依据，在今后植物区系区划工作中提供了较正确的界限。具体说来即把鄂霍次克海和日本海中北部两岸划成一个"植物区系州"，从中间分开又能划出两个"植物区系县"。

【编后】初稿 1964 年底完成，工作中曾向东北林学院周以良教授借过有关文献，吉林省博物馆苏楠代为拍照片，后来又蒙中国科学院植物研究所陈艺林审阅，均在此致谢。

　　1987 年回校后继续修改，1979 年到北京查阅了该属全部标本后，年底修改完分布区图及文稿，最近又有部分修改脱稿。

主要参考文献（分类学部分已引用者除外）

［1］ Gray's，Mannual of Botany 7th ed.（1907）

［2］ Willis，Age and Area（1922）

［3］ Jones Fuller，Vascular Plant of Illinois（1955）

［4］ B. N. 坡尔扬斯基（唐进等译），关于植物分类学的几个问题（1956）

［5］ H. M. 斯特拉霍夫（北京地质学院地史古生物教研室译）地史学原理，下册（1956）

［6］ C. G. 辛普逊孙（张宗炳译），进化的方式（1957）

［7］ W. 沙菲尔（傅子祯译），普通植物地理学原理（1958）

［8］ W. 罗特玛勒（章鹏高译），普通植物分类学与分布学（1959）

［9］ E. B. 吴鲁夫（仲崇信等译），历史植物地理学引论（1960）

［10］ E. B. 吴鲁夫（仲崇信等译），历史植物地理学（1964）

［11］ L. Benson，Plant Taxonomy—Methods and Principles（1962）

［12］ Davis & Heywood，Principles of Angiospermae Taxonomy（1963）

［13］ J. 赫胥黎主编（胡先骕等译），新系统学（1964）

长白山上岳桦林的调查研究

钱家驹①

【前言】关于中国东北东部山地顶部的岳桦林已有不少报导,看法不一,总起来说是"地带性和非地带性植被类型之争"。

笔者在竹内亮教授的指导下,于1955～1957年开始从西坡三次进入长白山,一次下天池,1959～1980年从北坡七次登到山顶,两次下天池,1975～1980年两次在南坡采集调查,一次登上顶峰。由于多次接触岳桦林,在多次观察记录及调查描述的基础上形成了自己的看法。现把主要资料整理出来,仅供参考并欢迎批评指正。

一、岳桦的生态习性

岳桦(*Betula Ermaii*)是风媒花,风播种子的阔叶中小乔木。群生于海拔较高的山体顶部直到森林界限。在冲风坡上岳桦矮曲,一边倒。在海拔较高处有一株多杆的大灌木状生态型。按其在长白山的生境可概括为:最耐瘠薄土,甚至无土壤的大块岩石面上都能正常生长;最耐冷湿,较喜光,抗风力最强,能曲,能倾斜而不折,不成旗形树冠。但寿命较短,一般为100～150年,很少有超过200年者,树高多在20 m以下。它是东北东部山地自生的耐力最强的阔叶先锋树种;不耐顶部遮阴又长不太高,常和黄花松(*Larix olgensis*)同时侵入裸地,因黄花松生长较快、较高,寿命也较长,后期岳桦必然受黄花松压抑,林下常孕育有云冷杉幼苗和幼树。故岳桦林最后的大部分必然被演替掉。

二、岳桦林的分布特点及其功能

岳桦耐力最强,在东北东部较高的山体上,原生或次生裸地中,首先能蔚然成林。一般是第一代为稀疏的单株,第二代才能形成疏林。主要分布在长白山海拔1 800～2 100 m,还有顺沟谷上延的现象。具体情况要从北、西、南三个坡向分别描述如下:

北坡:分布于海拔1 670～2 050 m,主要分布在海拔1 800～2 000 m。下限杂生于针叶林中,有些已被针叶林所演替。向上有不少岳桦纯林或与少量黄花松混交。因越向上气候越冷湿,风力也越大,多在8级以上,所以岳桦越低矮,弯曲或丛生。

岳桦林下是山地生草森林土,当地年平均降水量为1 000～1 100 mm,7月平均气温为10～14℃。

我们共选4个样地,样方描述如下:

① 【作者单位】东北师范大学地理系。

（一）岳桦——牛皮茶群落

位于上山方向公路旁的左侧，海拔 1 850 m 处。样方面积为 100 m²。地势缓斜，枯枝落叶及腐殖质层厚达 10 cm，由于当地多雨多雾，土壤及小气候均较湿。样方外有两颗第一代岳桦的倒木已腐朽，胸径约 30 cm，估计树龄有 150～200 年，1979 年 7 月 4 日调查，具体内容见表 1：

表 1　　　　　　　　　　岳桦一牛皮茶群落

1 - 1　立 木 记 载

总郁闭度 0.6　样方面积 100m²

植物名称	林层	胸径（cm）		树高（m）		净干高（m）	优势木年龄	标准地上的株数	林况	备注
		最大径	优势径	最大树高	优势树高					
岳　桦	Ⅰ	23.2	17	14	13	5	120	33	单层	

1 - 2　灌 木 层 记 载

总盖度 1

植物名称	亚层	多度	盖度	高度（cm）	生长特性	生活强度	物候状况	备注
蓝靛果	Ⅰ	±	0.1	60	散生	正常	花	
牛皮茶	Ⅱ	+++	0.8	30	连成大片	正常	花一果	
高山桧	Ⅱ	+	0.1	20	成丛	正常	花	
北极林奈草	Ⅲ	+	0.1	18	连生不成片	正常	花	
越桔	Ⅲ	+	0.1	12	散生	正常	花	

这片岳桦林的生长基质是火山砂砾。上面发育着山地生草森林土。由于背风向阳，树干毫无矮曲现象。

总郁闭度为 0.6，林下只有一株更新幼树。生育不良。在周围的林冠上已露出一个个尖塔形的针叶树冠。这就是岳桦林将要被针叶林演替的标志。

灌木层的总郁闭度是 1。单是牛皮茶的盖度就有 0.8，使林下的草本层生育困难，总盖度仅 5%，几近于无。主要草类生育不良，连习性成片生长的小叶章（*Calamagrostis angustifolia*）也成散生的了。

1 - 3　草 本 层 记 载

总盖度 5%

植物名称	亚层	高度 cm		多度	生活力	物候相	群聚度	生活型	备注
		生殖枝	叶层						
小叶章	Ⅰ	/	60	++	稍弱	叶	散生	H	
大白花地榆	Ⅱ	/	35	±	稍弱	叶	散生	H	
算盘七	Ⅱ	/	35	±	稍弱	叶	散生	G	
石松	Ⅲ	/	7	+	正常	叶	散生		
金莲花	Ⅰ				正常	花	散生	G	样方外
长白蜂斗菜	Ⅱ				正常	花	散生	G	样方外
腋花草	Ⅲ				正常	花	散生	H	样方外
午鹤草	Ⅲ				正常	花果	散生	G	样方外
七瓣莲	Ⅲ				正常	花	散生	H	样方外

1－4　苔藓和地衣类植被

土壤盖度 90%

厚度 10 cm，活层 4 cm，死层 6 cm

植物名称	多度	盖度	生长特性	生活强度	备注
塔藓	＋＋＋	85	连片	正常	
大金发藓	＋	5	小片	正常	

　　苔藓层厚达 10 cm，总盖度达 90%。这样成层结构的岳桦林代表着一大类，其分布很广，但与海拔高度关系不大。

　　在统一编排永久样方后我们又选一个岳桦——牛皮茶群落。在海拔 1 990 m 处，样方面积为 50×50 m²，1979 年 7 月 30 日，调查结果记入表 2，中长生 7 号。

表 2　　　　　　　　　　　岳 桦——牛 皮 茶 群 落

2－1　立 木 记 载

总郁闭度 0.5

植物名称	林层	胸径（cm）		树高（m）		净干高	优势木年龄	标准地上的株树	林况	备注
		最大径	优势径	最大树高	优势树高					
岳 桦	Ⅱ	20	11.5	11	10	2	120	154	复层	
黄花松	Ⅰ	32	20	12	11	3	120	15		

　　这个表比起表 1 时突出的感觉是种类成分特别是草本层的种类多出一倍以上。其主要原因是样方面积过大了。小生境不一致，包括了不同的群丛。很明显，在样方内斜坡的上部冲风处有一小片岳桦矮曲林。但不向一边倾斜，说明风力还不算大。这一小片林下只有苔藓地衣，土壤盖度为 100%，但无灌木和草本层，应是另外一个群丛。

　　总体看来这片林子接近森林界限，生境条件不如上一群落好。

2－2　灌 木 层 记 载

总盖度 0.7　层盖度Ⅰ，0.1；Ⅱ，0.5；Ⅲ，0.1

植物名称	亚层	多度	盖度	高度（cm）	生长特性	生活强度	物候状况	备注
蓝靛果	Ⅰ	＋	0.1	70	散生	正常	嫩果	
牛皮茶	Ⅱ	＋＋＋	0.5	40	连片	″	″	
高山桧	Ⅱ	＋＋	0.1	40	″	″	″	
越桔	Ⅲ	＋＋		10	疏群	″	果	
笃斯	Ⅲ	＋＋		10		稍弱	叶	
北极林奈草	Ⅲ	＋		10	″	正常	花	
天 栌	Ⅲ	±		5	单生	″	果	

　　林子的总郁闭度和灌木的总盖度都较小，草本层才有生存的必要条件。23 个种基本上生育正常。就是个有力的证明。其中只有光脉藜芦（*Veratrum patulum*）及算盘（*Streptopus koreana*）生育不良，这只能是湿度、温度不良的影响。因为它们在海拔 1 800 m 以下的林内和林缘都能正常生育。现在林下没有更新幼苗，林内有 1/10 的落叶松，下一代是什么林子无法推断。

2-3 草本层记载

总盖度30%

植物名称	亚层	高度（cm）		多度	生活力	物候相	群聚度	生活型	备注
		生殖枝	叶层						
小叶章	I	80	70	++	正常	抽穗	成片	H	
小白花地榆	I	80	30	+	正常	花	散生	H	
东北龙常草	I	120	80	±	正常	果	散生	H	
光脉藜芦	I	/	60	±	稍弱	叶	散生	G	
大白花地榆	II	55	45	+	正常	蕾	散生	H	
一枝黄花	II	50	45	+	正常	蕾	散生	H	
七筋姑	II	45	10	+	正常	果	散生	G	
金莲花	II	50	40	+	正常	果	散生	G	
高岭风毛菊	III	35	30	±	正常	蕾	散生	G	
高山茅香	III	40	35	+	正常	果	散生	H	
锈地杨梅	III	35	10	+	正常	果	散生	H	
大苞柴胡	III	35	30	+	正常	果	散生	H	
岩茴香	III	30	20	±	正常	蕾	散生	H	
普通早熟禾	III	30	15	+	正常	果	散生	H	
毛萼麦瓶草	IV	15	15	±	正常	蕾	散生	H	
石松	IV	15	10	+	正常	/	散生	/	
杉蔓石松	IV	/	15	±	正常	/	散生	/	
算盘七	IV	/	10	+	弱	叶	散生	G	
若氏龙胆	IV	10	8	+	弱	花	散生	CH	
午鹤草	IV	12	10	+	弱	果	散生	G	
羊胡子苔草	IV	/	10	+	弱	叶	<u>丛</u>	CH	
七瓣莲	IV	7	5	±	弱	果	<u>丛</u>	H	
若菖蒲	IV	7	3	+	弱	果	<u>丛</u>	CH	

（二）岳桦——高草群落

表3 岳桦——高草群落
3-1 立木记载

总郁闭度0.7；各层郁闭度：平均株距6 m

植物名称	林层	胸径（cm）		树高（m）		枝下高	优势木年龄	标准地上的株数	林况	备注
		最大径	优势径	最大树高	优势树高					
岳桦	I	40	20	18	17	10	120	151	单层	

样地在上山方向公路的左侧，海拔 1 980 m，地势缓平，背风。样方面积为 50×30 m²，中长生 6 号，1979 年 7 月 30 日调查。

这是我们调查过的结果最简单的森林群落。上层是岳桦，下层是高草。只有几株牛皮茶、蓝靛果（*Lonicera caerulea var. edulis*）及一株棣棠升麻（*Aruncus asiaticus*）都生育不良、没有开花结果。若圈定 10×10 m² 的样方，则一颗灌木也没有。

在表 3 中我们看到这里的岳桦长的最高（18～17 m），最粗（40～20 cm），林下全是高草，第一亚层全在 1 m 以上。小叶章没抽穗，叶层已高达 80 cm，影响每个种正常生育生态因子均写在表 3-2 的备注栏内。草本层发育良好的主要原因是先长草后成林。岳桦林长起来以后当然蔽光，以致使 1/3 以上的种类生育不良。但它们在林间高草草地上全能正常生育。

在岳桦林内还有些平坦的地段，至今还是林间草地，毫无被岳桦林演替的迹象。

3-2 草 本 层 记 载

总盖度100%　亚层高度cm　Ⅰ.100，Ⅱ.70，Ⅲ.50，Ⅳ.30

植物名称	亚层	高度		多度	盖度	生活力	物候相	群聚度	生活型	备注（不良生态因子）
		生殖枝	叶层							
星叶三尖菜	Ⅰ	100	80	+++	80	正常	花	成片	G	
小叶章	Ⅰ	/	80	++		弱	叶	成片	H	光
蒿叶乌头	Ⅰ	/	80	+		弱	叶	散	G	热、光
酸 模	Ⅰ	120	100	±		正常	花	散	H	
东北龙常草	Ⅰ	120	90	±		正常	蕾	散	H	
高山芹	Ⅱ	80	70	±		正常	蕾	散	G	
毛蕊老观草	Ⅱ	70	60	+		正常	花	散	H	
金莲花	Ⅱ	70	60	+		正常	花	散	G	
猴 腿	Ⅱ		60	±		正常		丛	/	
贝加尔野豌豆	Ⅱ	/	60	±		弱	叶	丛	H	热、光
狭叶东北牛防风	Ⅱ	70	50	±		正常	蕾	丛	G	
单花囊吾	Ⅱ	/	40	±		弱	叶	丛	G	热、光
光脉藜芦	Ⅲ	/	40	+		弱	叶	散	H	
一枝黄花	Ⅲ	60	50	+		正常	蕾	散	H	光
勿忘我草	Ⅲ	40	20	+		正常	花	散	H	
大白花地榆	Ⅲ	/	30	++		弱	叶	群生	H	光
单穗升麻	Ⅲ	50	30	±		正常	花	群生	H	
高岭风毛菊	Ⅳ	30	20	±		正常	蕾	散生	G	
广羽金星蕨	Ⅳ		30	+		正常		散生	/	
东方草莓	Ⅳ		30	+		弱	果	散生	H	热、光
球花风毛菊	Ⅳ	/	20	+		弱	叶	散生	G	
午鹤草	Ⅳ	20	15	+		正常	果	散生	G	
算盘七	Ⅳ	/	15	+		弱	叶	散生	G	热

值得指示的是在高草层下面基本上无苔藓地衣层，所有岳桦林全无层间的藤本或草本缠绕植物。这一片岳桦长得最好，也是水分条件最好的标志。

这片样地是长白山自然保护局的工作人员 1977 年选定的。原定为中长生 8 号，我们在 1979 年 7 月 25 日去调查，认为不典型而作废，今在群落演替中却是一个很好的实例，可惜当时不够重视，调查不够全面。记载为表 5。

样方内的坡度为 45°～60°，不少地方大块岩石裸露，土壤及枯枝落叶层厚薄不均。

表 5   岳桦——高草群落

4-1 立 木 记 载

总郁闭度 0.5

编号	植物名称	林层	胸径（cm）		树高（m）		枝下高	优势木年龄	标准地上的株数	林况	备注
			最大径	优势径	最大树高	优势树高					
1	岳桦	I				15	5	100		单层	
2	黄花松		12.7	10.7	20		2	100	2		两株不成层

4-2 立 木 更 新

树种	多度	树高	年龄	分布特征	起源	生长情况	备注
岳桦	＋	？	5	不均	实生	正常	274 株/公顷
臭松	＋	8～3	40～20	不均	实生	正常	
红松	±	0.4	30	不均	实生	弱	只一株

4-3 立 木 更 新

总盖度 0.3

植物名称	亚层	多度	盖度	高度（cm）	生长特性	生活强度	物候状况	备注
达子香	I	＋		120	不均	稍弱	果	
大叶蔷薇	I	＋		80	不均	稍弱	果	
蓝靛果	II	＋		40	不均	稍弱	果	
牛皮茶	II	＋＋	0.15	30	群生不均	正常	果	
笃斯	II	＋		20	不均	正常	果	
越桔	II	＋		15	不均	正常	果	
高山桧	II	＋		20	不均	正常	果	
林奈草	II	＋		15	不均	正常	花	
天炉	III	±		5	稀见	正常	果	

在此样方内岳桦和黄花松是同时侵入的先锋树种，估计年龄为 100 年，黄花松已高出岳桦林冠约 3 m。因郁闭度较小（0.5），林下更幼树还有不少岳桦幼苗、目前生育正常，将来要受臭松（*Abies nephrolepis*）压抑。终于要被演替掉。连现在的岳桦林也在所难免。这是个普遍规律。奇怪的是发现一颗红松，30 年左右才长 40 cm 高，生育不良，看来没有发展前途。附近没有红松母树，可能是松鸦或者是人搬运来的。

4－4　草本层记载

总盖度80%　亚层高Ⅰ.100～70 cm　Ⅱ.50～30 cm　Ⅲ.25～15 cm　Ⅳ.12～3 cm

编号	植物名称	亚层	高度（cm）		多度	生活力	物候相	群聚度	生活型	备注
			生殖枝	叶层						
1	星叶三尖菜	Ⅰ	100	80	＋	正常	花	散生	G	
2	大三尖菜	Ⅰ	100	80	±	正常	花	散生	G	
3	东北牛防风	Ⅰ	70	40	±	正常	花	散生	G	
4	狭叶东北牛防风	Ⅰ	70	40	＋	正常	花	散生	G	
5	小叶章	Ⅱ	/	40	＋	稍弱	叶	散生	H	
6	金莲花	Ⅱ	50	35	＋	正常	花	散生	G	
7	类叶升麻	Ⅱ	50	30	＋	正常	果	散生	G	未熟
8	蒿叶乌头	Ⅱ	50	40	＋	正常	花	散生	G	
9	毛节缬草	Ⅱ	50	30	＋	正常	花果	散生	G	
10	七筋姑	Ⅱ	35	10	＋＋	正常	果	散生	G	
11	单花乌头	Ⅱ	35	20	＋	正常	花	散和	G	
12	三角叶风毛菊	Ⅱ	35	20	＋	正常	花	散生	G	
13	马先蒿	Ⅱ	30	20	＋	正常	花	散生	TH	
14	猴腿	Ⅱ	/	30	＋	正常	/	散生	/	
15	勿忘草	Ⅲ	25	15	＋	正常	/	散生	H	
16	广羽金星蕨	Ⅲ	/	20	＋	正常	/	散生	/	
17	羽节蕨	Ⅲ	/	20	＋	正常	/	散生	/	
18	算盘七	Ⅲ	25	20	＋＋	正常	果	散生	G	
19	岩茴香	Ⅲ	25	15	＋	正常	花果	散生	H	
20	苔草之一种	Ⅲ		20	＋＋＋	正常	叶	群生	CH	
21	风毛菊	Ⅲ	20	10	＋	正常	蕾	散生	G	
22	矮羊茅	Ⅲ	20	15	＋	正常	果	散生	H	
23	北极早熟禾	Ⅲ	20	15	＋	正常	果	散生	H	
24	高山黄花茅	Ⅲ	20	15	＋＋	正常	花果	群生	H	
25	日本地杨梅	Ⅲ	20	10	＋	正常	果	散生	H	
26	双花堇菜	Ⅲ	16	15	±	正常	花	散生	H	
27	石松	Ⅲ	/	15	＋	正常	/	散生	/	
28	午鹤草	Ⅳ	12	10	＋＋	正常	果	散生	G	
29	林假繁缕	Ⅳ		10	＋	正常	花果	散生	G	
30	长白麦瓶草	Ⅳ		10	＋	正常	花	散生	H	
31	七瓣莲	Ⅳ	8	6	＋	正常	花	散生	H	
32	班叶兰	Ⅳ	8	3	＋	正常	花	散生	CH	

4-5 苔藓和地衣类植被

土壤盖度90%

厚度：3 cm 活层：1.5 cm 死层：1.5 cm

植物名称	多度	盖度	生长特性	生活强度	备注
小塔藓	＋┼＋		均匀	正常	
梳羽藓	＋＋＋	｝90%	均匀	正常	
真菌之一种	＋		散生	正常	未定名

南坡：1975年只作沿途记载，1980年才作样方描述。见表5。

表5 岳桦——高草群落
5-1 立木记载

总郁闭度0.6

植物名称	林层	组成			胸径（cm）		树高（m）		净干高 m	优势木年龄	标准地上的株数	林况	备注
		按株树%	按树冠投影	按材积	最大径	优势径	最大树高	优势树高					
岳桦	I	100	100	100	37.5	25.8	16	15	6	100	29	单层	

5-2 草本层记载

总盖度100% 亚层Ⅰ.130；Ⅱ.100；Ⅲ.60；Ⅳ.30

植物名称	亚层	高度（cm）		多度	盖度	生活力	物候相	群聚度	生活型	备注
		生殖枝	叶层							
星叶三尖菜	I	145	100	＋		正常	花	散生	G	
林蓟	I	135	100	＋＋		正常	花	散生	H	
藜芦	I	130	100	＋＋＋		正常	花	散生	G	
小叶章	Ⅱ	/	100	＋＋＋	100%	稍弱	叶	群生	H	
狭叶牛防风	Ⅱ	105	95	＋		正常	花	散生	G	
蒿叶乌头	Ⅱ	105	95	＋		正常	蕾	散生	G	
高山一枝黄花	Ⅱ	105	100	＋		正常	花	散生	H	
金莲花	Ⅱ	100	60	＋		正常	花	散生	G	
山鸢尾	Ⅱ	100	50	＋		正常	蕾	散生	G	
酸模	Ⅱ	105	50	＋		正常	花	散生	H	
单花橐吾	Ⅲ	80	50	＋		正常	果	散生	G	
单穗升麻	Ⅲ	65	30	＋		正常	花	散生	H	
风毛菊之一种	Ⅳ	50	20	＋		正常	花	散生	G	
小叶芹	Ⅳ	50	30	＋＋		正常	花	散生	G	
深山草莓	Ⅳ	/	30	＋		弱	叶	散生	H	
绵马	Ⅳ	/	40	＋		正常	孢子	散生	/	
算盘七	Ⅳ	/	30	＋		弱	叶	散生	G	
苔草之一种	Ⅳ	/	50	＋		正常	叶	散生	CH	
贝加尔野豌豆	Ⅳ		55	＋＋＋		稍弱	叶	群生	H	

这块样地在长白县干巴河上游奶子山顶上，地势平坦，海拔 1 800 m。土层厚 12 cm，上部粗腐殖质厚约 2 cm，细腐殖质层厚 5 cm，腐殖质层全是草本植物的遗骸。下部为火山砂夹杂有土黄。第一代为单株的岳桦，已枯死，尚未倒。第二代即现生的岳桦疏林，样方内只有岳桦。林下没有任何树种的幼苗，全是高草，以小叶章为主，别的草类杂生其中。蕨类植物中只有绵马（Dryopteris crassirhizma）是目前见到该种分布最高的。

因林下未见到任何树种，看不出演替动向，这种现象在北坡也有，而且都是生长在基质不良的小环境中。

最后选出的样地在干巴河边防哨所西北约 500 m 处，海拔 1620 m，样方面积20×20 m²，1980 年 8 月 1 日调查，具体描述见表6：

表6　　　　　　　　　　　鱼鳞松、岳桦——高草群落

6 - 1　立 木 记 载

总郁闭度 0.8　各层郁闭度 Ⅰ.0.15 m　Ⅱ.0.7 m　平均株距 5 m

植物名称	林层	胸径（cm）		树高（m）		净干高 m	优势木年龄	标准地上的株数	林况	备注
		最大径	优势径	最大树高	优势树高					
鱼鳞松	Ⅰ	56	18	35	23	20	200	4	两层	
岳桦	Ⅱ	28	16	21	20	10	100	22		第一代已死，现生者全是第二代

6 - 2　立 木 更 新

树种	多度	树高（m）	年龄	分布特征	起源	生长情况	备注
鱼鳞松	++	15	100±	散生	实生	良好	第二代
鱼鳞松	+++	1～2.5	20～30	散生	实生	良好	第三代

注：在岳桦的倒木上鱼鳞松第三代更新幼苗及小树长成一排。

6 - 3　草 本 层 记 载

总盖度 60%　亚层高　Ⅰ.150；Ⅱ.100；Ⅲ.70；Ⅳ.50

编号	植物名称	亚层	高度 cm		多度	生活力	物候相	群聚度	生活型	备注
			生殖枝	叶层						
1	小叶章	Ⅰ	150	140	+++	正常	果	群生	H	
2	山牛蒡	Ⅰ	150	120	+	正常	蕾	散生	G	
3	草地乌头	Ⅰ	130	40	+	正常	花果	散生	G	
4	栗草	Ⅱ	100	80	+	正常	果	散生	H	
5	狭叶东北牛防风	Ⅱ	110	100	+	正常	花	散生	G	
6	蒿叶乌头	Ⅱ	100	70	+	正常	蕾	散生	G	

编号	植物名称	亚层	高度 cm		多度	生活力	物候相	群聚度	生活型	备注
			生殖枝	叶层						
7	毛蕊老鹳草	Ⅱ	90	70	＋	正常	果	散生	H	
8	异果唐松草	Ⅲ	75	60	＋	正常	果	散生	G	
9	七筋姑	Ⅲ	75	15	＋＋	正常	果	散生	G	
10	山鸢尾	Ⅲ		70	＋	弱	叶	散生	G	
11	绵马	Ⅲ		70	±	正常	孢子	散生	/	
12	金莲花	Ⅲ	60	50	＋	正常	花	散生	G	
13	单花橐吾	Ⅲ	65	40	＋	正常	花	散生	G	
14	毛节缬草	Ⅲ	60	40	＋	正常	花	散生	G	
15	宽叶山柳菊	Ⅳ	50	50	＋	正常	花	散生	H	
16	光脉藜芦	Ⅳ		45	＋	弱	叶	散生	G	
17	一枝黄花	Ⅳ	55	45	＋		正常	花	散生	H
18	垂臭草	Ⅳ	50	30	＋		正常	花	散生	H
19	小叶芹	Ⅳ	45	30	＋＋＋		弱	花	散	G
20	菊科之一种	Ⅳ		50	±		弱	叶	散生	?
21	Athyrium sp.	Ⅳ	50		＋		正常	孢子	散生	/
22	狭叶蹄盖蕨	Ⅳ	40		＋		正常	孢子	散生	/
23	单穗升麻	Ⅳ	50	25	＋		正常	蕾	散生	H
24	林蓟	Ⅴ		30	±		弱	叶	散生	H
25	深山草莓	Ⅴ		30	＋		弱	叶	散生	H
26	Carex sp.	Ⅴ		20	＋＋		弱	叶	散生	CH
27	马先蒿	Ⅴ	25	20	＋		稍弱	花	散生	TH
28	广羽金星蕨	Ⅴ		20	＋		正常	孢子	散生	/
29	绿宝铎草	Ⅴ		15	＋		弱	叶	散生	G
30	库叶堇菜	Ⅵ		5	＋		弱	叶	散生	H

当地地势缓平，土壤空气都较湿润，是一片已被鱼鳞松演替的岳桦林。第一代岳桦已枯死，有的已成倒木。第一代鱼鳞松在样方内只有 4 株，约有 200 年已远远高出岳桦林

冠。第二代鱼鳞松较多（＋＋），尚未高出岳桦林冠。第三代鱼鳞松很多（＋＋＋），最多处是长在岳桦倒木上，排成一列，说明倒木是鱼鳞松幼苗的最适生境。

在灌木层中只有一颗蓝靛果高约 1 m，生育较弱。在别的样地内灌木层除牛皮茶以外，多生育不良，这是岳桦林下的普遍现象。

草本层发育不太好，也是针叶林下的普遍现象，这里是刚开始衰退，苔藓层发育不良，可能是向发育良好的方向的开始阶段，它们分布不均，多在树干基部和倒木上。土壤盖度 50% 左右，这是郁闭度逐渐增大的必然现象。在长白山常见有郁闭度 0.9～1 的暗针叶林下只有少量灌木和草本植物、不成层。藓褥厚达 10 cm，盖度 100%。

奇怪的是在南坡我们调查过的样地里没有臭松，好不容易在样方外找到几颗。

还有在一大片亚高山草甸中生长有大小不同的岳桦＋鱼鳞松团块。在这一大片亚高山草甸中凡是有岳桦＋鱼鳞松的团块生存的地段上，林下草类稀疏。地面也高出一些，这是长白山针叶林带内常见的现象。看来"长草"或"长树"与排水良好与否有关。再有林下草的种类及长势也和草甸大不一样。

西坡：是笔者 1955～1957 年初次见到的，没有调查，只采些标本及野外记录。那里岳桦林分布的下限是海拔 1 460 m，生长基质是大石块积成的乱石塘。岳桦林周围是落叶松林。上限超过海拔 2 000 m，另外在一大片亚高山草甸的周边有岳桦＋鱼鳞松团块，在向上攀登的陡坡上有小片岳桦林纯林。只有在森林界限岭脊峻峭处有大片岳桦纯林。

根据多年的观察记录及在南坡和北坡样方调查才肯定了自己的看法，有力地验证并支持竹内亮和刘慎谔教授的正确看法和推断1。

凡是岭脊峻峭处都是岳桦纯林；在天池东北方、冲击面较缓平处都是落叶松纯林；在天池西方地面年龄较久的地方已被地带性的云冷杉林所演替。

附带提一下：朝鲜侧的地面年龄最短，全是落叶松（黄花松）林。

上述历史地理事实不用再怀疑。

在长白山海拔 1 400 m 以上岳桦林的团块逐渐增多。被针叶林演替的不同阶段也普遍存在。到海拔 1 850 m 以上岳桦纯林逐渐增多，林下出现了牛皮茶等高山矮石楠常绿灌丛和其他高山冻原的植物种类、小群丛等。这正是多次喷火形成的火山锥体上的普遍现象，即在原生裸地上耐力最强的高山冻原植物成分首先向上侵移，岳桦是第二阶段（批）向上侵移的先锋树种。待岳桦成林后，云冷杉方能在其保护下逐渐向上侵移。某些动物才有食宿之地。这就是在特定空间、生命系统和环境系统相结合而形成生态系统的动态平衡。

三、岳桦林在东北东部山地的分布概况

长白山上的岳桦林初步调查清楚以后，再进一步查看东部山地的有关资料。笔者在 1952 年及 1954 年跟竹内亮教授去过带岭只大体看到一点未作调查，白石砬子未亲自去过全是根据资料。制成岳桦林在东北东部山地的分布示意如下：

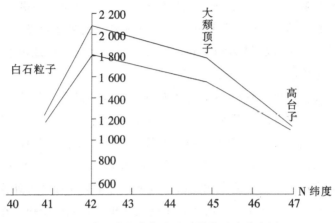

图 1　中国东北东部山地岳桦林垂直分布图

从图上可以清楚地看到在长白山以北的山体顶部好像有点垂直地带性和纬度地带性的相关规律，仔细推敲：大颓顶子——高台子的急折斜下就不符合正相关的规律，即不是受大气候的制约，主要是受山体高度所限及山顶部生长基质和小生境的适生。冲风坡的岳桦林也有矮曲现象，这都是小气候小生境和岳桦林的个性统一规律。

再从长白山向南到辽宁省的白石砬子更确切地说明上述看法。谁都知道在北半球，每一地带性植被类型越往南，分布的海拔越高，岳桦林反而急速下降，也是因为长白山以南没有更高的山体，只有近似的小气候和小生境。

四、结论与建议

岳桦是先锋树种，岳桦林是先锋林，它主要分布在长白山的上部针叶林带内。在东北东部山地的分布不受大气候条件的制约，主要受小气候小生境的影响，所以无垂直地带性和纬地带性正相关的规律。又没有水平分布的对应植被类型。更不是顶级群落（Climax）。虽说材用价值不大，但对土壤形成、水土保持、加速物质和能量的循环、孕育云冷山林真是个珍贵树种。在落叶松生长不了的不良生境中应该说是独一无二的。特此建议在我国东北东部山地较高的山体顶部，土壤瘠薄或基岩裸露不能育材的荒山头上，直播造岳桦林。但在低山丘陵顶部小气候干热处不行，最好直播胡枝子等灌木或当地自生的高草如荻（Miscanthus spp.）及拂子茅（Calamagrostis spp.）等，因为它们的净初级生产量较大。

【编后】野外协助工作的有李树英、赵秀芬、韩福庆、张文仲、杨殿臣、张效武、姜昌斌、筥慧中等。1979 年于同棠在北坡，1980 年殷秀琴等在南坡协助野外调查。均致谢。

参 考 文 献

1. 竹内亮等. 长白山の植物. 长白山预备调查报告书，1943.

2. 竹内亮. 中国东北的植物相概观. 东北师范大学学报，1951（1）.

3. 刘慎谔. 东北植物的分布. 东北木本植物图志，1955.

4. 钱家驹. 长白山西侧中部森林植物调查报告. 植物生态学与地植物学资料丛刊，1956（10）.

5. 林业部森林调查设计局森林综合调查队. 森林综合调查报告，1956～9157（1～2）.（油印本）

6. 周以良等. 中国东北东部山地主要植被类型的特征及其分布规律. 植物生态学与地植物学丛刊，1964（2）：2.

7. 周以良等. 小兴安岭——长白山林区天然次生林的类型、分布及其演替规律. 东北林学院学报，1964（3）.

8. 陈灵芝等. 吉林省长白山北坡各垂直带内主要植物群落的某些结构特征. 植物生态学与地植物学丛刊，1964（2）：2.

9. 董厚德. 辽宁省东部白石砬子山主要植被类型及其分布. 植物学报，1978（20）：2.

附：表内植物名录

岳桦	*Betula ermanii*
牛皮茶	*Rhododendron aureum*
蓝靛果	*Lonicera caerulea var. edulis*
高山桧	*Juniperus sibirica*
北极林奈草	*Linnaea borealis var. arctica*
越桔	*Vaccinium Vitis－Idaea*
小叶章	*Calamagrostis angustifolia*
大白花地榆	*Sanguisorba sitchensis*
算盘七	*Streptopus koreanus*
石松	*Lycopodium clavatum var. asiaticum*
金莲花	*Trollius japonicus*
长白蜂头菜	*Petasites saxatilis*
腋花草	*Moehrinbergia latiflora*
午鹤草	*Maianthemum dilatatum*
七瓣莲	*Trientalis europaea*
塔藓	*Hylocomium splendens*
大金发藓	*Polytrichum commune*
黄花落叶松	*Larix olgensis*
高山笃斯	*Vaccinium uliginosum var. alpinum*
天栌	*Arctous ruber*
小白花地榆	*Sanguisorba parviflora*
东北龙常草	*Diarrhena mandshurica*
光脉藜芦	*Veratrum patulum*
一枝黄花	*Solidago virga－aurea*
高岭风毛菊	*Saussurea alpicola*
高山毛香	*Hierochloe alpina*
锈地杨梅	*Luzula pallescens*
大苞柴胡	*Bupleurum euphorbioides*

岩茴香	*Tilingia tachieroei*
普通早熟禾	*Poa trivialis*
毛萼麦瓶草	*Silene repens*
杉蔓石松	*Lycopodium annotinum*
七筋姑	*Clintonia udensis*
若氏龙胆	*Gentiana jamesii*
羊胡子苔草	*Carex callitrichos*
岩菖蒲	*Tofieldia natans*
毛梳藓	*Ptilium Crista—castrensis*
细叶金发藓	*Polytrichum gracile*
星叶三尖菜	*Cacalia komaroviana*
蒿叶乌头	*Aconitum artemisaefolium*
高山芹	*Coelopleurum alpinum*
毛蕊老鹳草	*Geranium eriostemon*
猴腿	*Athyrium multidentatum*
贝加尔野豌豆	*Vicia baicalensis*
狭叶东北牛防风	*Heracleum moellendorffii f. subbippinatum*
单花橐吾	*Ligularia jamesii*
勿忘我草	*Myosotis sylvatica*
单穗升麻	*Cimicifuga simplex*
广羽金星蕨	*Phegopteris polypodioides*
东方草莓	*Fragaria orientalis*
球花风毛菊	*Saussurea pulchellla*
单穗升麻	*Aruncus asiaticus*
臭松	*Abies nephrolepis*
大叶蔷薇	*Rosa acicularis*
类叶升麻	*Actaea acuminate*
毛节缬草	*Valeriana sttubendorfi*
单花乌头	*Aconitum monanthum*
三角叶风毛菊	*Saussurea triangulate*
马先蒿	*Pedicularis resupinata*
羽节蕨	*Gymnocarpium jessoensis*
高山风毛菊	*Saussurea alpina*
短羊茅	*Festuca supina*
北极早熟禾	*Poa arctica*
岩黄芪	*Hedysarum ussuriense*
日本地杨梅	*Luzula sudetica var. nipponica*
双花堇菜	*Viola bifora*
林假繁缕	*Pseudostellaria sylvatica*

长白麦瓶草	*Silene oliganthella*
斑叶兰	*Goodyera repens*
林蓟	*Cirsium schantarense*
山鸢尾	*Iris setosa*
酸模	*Rumex acetosella*
小叶芹	*Aegopodium alpestre*
深山草莓	*Fragaria concolor*
绵马	*Dryopteris crassirhizoma*
山牛蒡	*Synurus deltoids*
草地乌头	*Aconitum umbrosum*
粟草	*Milium effusum*
翅果唐松草	*Thalictrum aquilegifolium var. asiaticum*
狭叶蹄盖蕨	*Athyrium sinense*
臭草	*Melia nutans*
绿宝铎草	*Disporum viridescens*
库叶堇菜	*Viola sacchalinensis*

对长白松的初步研究

钱家驹[①]

【前言】 1950年冬，竹内亮教授给我和苗以农讲过《东北裸子植物》，1957年秋校对竹内亮老师写的《中国东北裸子植物研究资料》时印象更深，长期认为目前只好如此。1959年后每次到二道白河屯时都特意到这片纯林作些观察和记录。1978年《中国植物志》Ⅶ卷出版后，郑万钧教授又有新的处理意见，再一次引起了我的注意。1979年和徐振邦等在同一样方中作了群落学的详细调查。1980年夏，结合学生实习又作了3次调查，采到完整标本并作了访问、观察等，才形成了自己的看法。

一、分类与分布

长白松、美人松，长果赤松、樟子松、欧洲赤松等。

Pinus sylvestriformis (Takenouchi) Chien, stat. nov.

Pinus densiflora Sieb. et Zucc. *f. sylvestriformis* Takenouchi in Journ. Jap. For. Soc. 24, (1942) 120; f. 1.—*Pinus sylvestris* (non L.) Takenouchi, 中国东北裸子植物研究资料，1958年，第75~80页—*Pinus sylvestris* L. *var. sylvestriformis* (Takenouchi) Cheng et C. D. Chu, in Fl. Reip. Popul. Sinic. Tom. Ⅶ, (1978) 246.

常绿乔木，高20~30 m，胸径40~70 cm，树干笔直，基部树皮粗糙，暗褐色，龟裂，中上部老树皮剥落，树皮棕黄红色，剥片较薄；冬芽卵圆形，芽鳞红褐色，薄被树脂；一年生枝淡褐色，2~3年枝淡灰褐色；针叶2枚一束，长5~8 cm，宽1~1.5 cm，横切面半圆形，维管束间距离较宽，树脂道4~8条，鳞叶鞘永存；一年生球果近球形，具短柄，弯曲下垂，果鳞具直伸的短刺，第二年秋球果成熟前卵状圆锥形，果鳞张开后卵圆形，长4~5 cm，径3~4 cm，与枝轴成锐角，向下弯曲，果鳞背面紫褐色，鳞盾斜方形，或不规则4~5角形，灰绿色，脐部肥厚隆起，球果基部之鳞盾隆起部分向下反曲，横脊明显，鳞脐瘤状突起，具易脱落的短刺；种子黑褐色，长卵圆形或卵形，长4~5 mm，宽2~3 mm，厚1.5~2 mm，种翅半月形，长15~20 mm，宽5~6 mm。

产于吉林省安图县长白山北坡海拔650~1 400 m。在二道白河附近形成小片纯林，其他地方与落叶松、白桦、红松、鱼鳞松等混交。

模式标本：竹内亮采于安图县，二堂房子附近（海拔1 300 m）

---

① 【作者单位】东北师范大学地理系。

二、群落结构

我们的第一块样地选在二道白河火车站附近，样方编号为中长生 2 号，面积是 50×50m²，海拔 690m。基质是火山砂砾，上面发育着暗棕色森林土。地势平坦，林缘有职工宿舍、工厂，林内有人行道，受人类活动干扰较严重。

1979 年 7 月 24 日调查结果见表 1：

表 1　长 白 松 林
1-1　立 木 记 载

总郁闭度 0.4

植物名称		林层	胸径（cm）		树高（m）		净干高	优势木年龄	标准地上的株数	林况	备注
中名	学名		最大径	优势径	最大树高	优势树高					
长白松	*Pinus sylvestriformis*	II	68	48	28	27	20	150	30	单层	
大黑杆	*Prinus sp.*	I			30				3		

1-2　立 木 更 新

树种		多度	树高 m	年龄	分布特性	起源	生长情况	备注
中名	学名							
柞树	*Quercus mongolica*	++	2.2	20+	均匀	萌条	正常	
落叶松	*Larix olgensis*	+	8	20+	均匀	种生	正常	
色木	*Acer mono*	+	2.1	20+	均匀	萌条	正常	
柴椴	*Tilia amurensis*	+	3.2	20+	均匀	萌条	正常	
春榆	*Ulmus propinqua*	+	2	20+	均匀	萌条	正常	
长白松	*Pinus sylvestriformis*	±	0.5		均匀	种生	弱	

1-3　下 木 记 载

林冠郁闭度（十分法表示）0.1

树种		亚层	多度	生活强度	树高 m		备注
中名	学名				最大	优势	
拧劲子	*Acer triflorum*	I	+	正常	4	3	
假色槭	*A. psoudo-sieboldianum*	I	+	正常	4	3	
山定子	*Malus pallasiana*	II	+	正常	2		
毛山楂	*Crataegus maximowiczii*	II	+	正常	2	1	
臭槐	*Maackia amurensis*	II	+	正常	2		

1-4　灌木层记载

总盖度90%

植物名称		亚层	多度	高度 m	生长特性	生活强度	物候状况	备注
中名	学名							
胡枝子	*Lespedeza bicolor*	I	+++	1.7		正常	花果	干山坡，林缘
山玫瑰	*Rosa davurica*	I	+++	1.2		正常	花后果	干山坡，林缘
东北山梅花	*Philadelphus chrenkii*	I	+	1.2		正常	果	
暴马子	*Syringa amurensis*	I	+	1.3	幼树	正常	叶	
榛	*Corylus heterophylla*	I	+	1.7		正常	果	干山坡，林缘
暖木条子	*Viburnum burejaeticum*	I	++	1.9		正常	果	
黑白悬钩子	*Rubus sachalinensis*	II	++	0.8		正常	果熟	
托盘	*R. crataegifolius*	II	+	0.8		正常	果熟	
长白忍冬	*Lonicera ruprechtiana*	II	±	1		正常	果	
蓝靛果	*L. caerulea var. edulis*	III	++	0.5	幼苗	正常	叶	
东北鼠李	*Rhamnus schnederi var. manshurica*	III	±	0.5	幼苗	正常	叶	
鸡树条子	*Viburnum sargentii*	III		0.2	幼苗	正常	叶	

　　这一小片长白松林只能是在二道白河水量减少河身下切后，露出来的冲积平原上，第一代侵入的纯林。这个树种在长白山北坡分布稍广，形成纯林却很少见。

　　在立木层中长白松挺拔耸立，净干高达 20 m，样方中只有 30 株，另有 3 株干树黑色，枝叶较密，叶暗绿色，当地叫它"大黑杆"看来不是长白松，待进一步研究。

　　这片长白松林面积太小，郁闭度又小，仅 0.4，下木和更新幼树多是萌条，高度多不超过 4 m，故林下光照充足。阳地灌木如胡枝子（*Lespedeza bicolor*）及山玫瑰（*Rosa davurica*）生育繁茂是必然的。草本植物种数很多，也是光照水分条件俱佳所致。草本层不单是种数最多。亚层也最多。而且喜阳和耐阴的种类都有。林下完全是一片山坡林绿的景观。说明两者的生境条件基本一致，主导因子是光照。其中只有大油芒（*Spodiopogon sibiricus*）及龙牙草（*Agrimonia pilosa*）生育不良。原因是大油芒为干山坡及草甸草原植物；龙牙草是较矮的路旁杂草，它们都感到光照不足。

　　地面无苔藓层，这正是通风透光良好，人类干扰严重的林下一般现象。

　　林间藤本植物有山葡萄及北五味子生育正常，后者已经开花结果。

　　最后提一下立木更新问题。看来这一小片长白松纯林是空前绝后的了。下一代是以蒙古栎为主的混交林。根据在样方内的调查，更新数量为 854 株，其中大幼树 667 株，绝大部分为萌条；其组成为：5 柞树 2 白桦 1 长白松 1 榆 1 椴 + 黑桦、色木、落叶松，更新频率度为 83.4%。

1—5 草木层记载

总盖度95％ 亚层高 cm Ⅰ.150 Ⅱ.120 Ⅲ.60 Ⅳ.30

编号	植物名称	亚层	高度		多度	生活力	物候度	群聚度	生活型	备注
			生殖枝	叶层						
1	山牛蒡（*Synurus deltoides*）	Ⅰ	180	120	±	正常	蕾	散	G	
2	翅果唐松草（*Thalictrum aquilegifolium var. sibiricum*）	Ⅰ	150	110	＋	正常	果	散	G	
3	山唐松草（*Th. tuberiferum*）	Ⅰ	130	80	＋	正常	果	散	G	
4	（*Vicia amoena*）山野豌豆	Ⅰ	120	120	＋	正常	花果	群	H	
5	（*Serratula coronata*）假泥胡菜	Ⅰ	120	100	＋	正常	蕾	散	H	
6	（*Cacalia hastate*）三尖菜	Ⅰ	120	100	＋	正常	花	散	H	总盖
7	（*Bupleurum longeradiatum*）大叶柴胡	Ⅰ	120	100	＋	正常	果	散	H	度如
8	黄芪（*Astragalus membranaceum*）	Ⅰ	150	120	＋	正常	花果	散	H	不算
9	败酱（*Patrinia scabiosaefolia*）	Ⅰ	120	100	＋	正常	花	散	G	人行
10	大油芒（*Spodiopogon sibiricus*）	Ⅰ	/	100	＋＋	弱	叶	散	H	小道
11	花葱（*Polemonium liniflorum*）	Ⅱ	80	60	±	正常	花	散	G	应该
12	歪头菜（*Vicia unijuga*）	Ⅱ	/	80	＋	正常	花	散	H	是
13	长白沙参（*Adenophora pereskiaefolia*）	Ⅱ	80	60	＋	正常	花	散	G	100％
14	毛百合（*Lilium davuricum*）	Ⅱ	70	65	＋	正常	花	散	G	
15	桂皮紫萁薇（*Osmunda asiatica*）	Ⅱ		60	＋	正常		散		
16	猴腿（*Athyrium multidentatum*）	Ⅱ		80	＋	正常		散		
17	蕨（*Pteridium aquilinum var. latiosculum*）	Ⅱ		50	＋＋	正常		散		
18	黄莲花（*Lysimachia davurica*）	Ⅱ	80	60	±	正常	正常	散	G	
19	缴花山柳菊（*Hieracium umbellatum*）	Ⅱ	70	60	＋＋	正常	花	散	H	
20	鸦葱（*Sconzonera albicaulis*）	Ⅱ	70	60	＋	正常	花	散	G	
21	俞子花（*Lactuca sibirica*）	Ⅱ	60	50	＋	正常	花	散	G	
22	透骨草（*Phryma leptostachys*）	Ⅱ	60	40	±	正常	果	散	G	
23	龙牙草（*Agrimonia pilosa*）	Ⅱ	50	40	±	弱	花果	散	H	
24	山萝花（*Melampyrum roseum*）	Ⅲ	50	25	＋	正常	花	散	TH	
25	美汗花（*Meehania urtifolia*）	Ⅲ	/	20	＋＋	正常	叶	散	G	
26	四花苔（*Carex quadriflora*）	Ⅲ	20	20	＋＋＋	正常	果	密丛	CH	
27	透骨草（*Phryma leptostachys*）	Ⅲ	/	20	＋	正常	叶	散	G	幼苗
28	龙牙草（*Agrimonia Pilosa*）	Ⅲ	/	20	＋	正常	叶	散	G	幼苗
29	大叶柴胡（*Bupleurum longeradiatum*）	Ⅲ	/	20	＋	正常	叶	散	H	幼苗
30	小午鹤草（*Maiathemum bifolium*）	Ⅳ	10	7	＋	正常	果	散	G	
31	东北羊角芹（*Aegopobium alpestre*）	Ⅳ		10	＋＋	正常	叶	散	G	幼苗

表 2

长白松十落叶松林

2-1 立木记载

总郁闭度 0.9

植物名称	林层	基径		胸径		树高		枝下高 m	优势木年龄	标准地上的株数	林层	备注
		最大径	优势径	最大径	优势径	最大树高	优势树高					
长白松（*Pinus sylvestriformis*）	I	71	47.1	65.6	40	32	32	22	150	6	两层	
落叶松（*Larix olgensis*）	I	51.9	43	41	30	32	32	22	150	6		
长白松	II	54.1	/	48	/	29	/	19	150	1		
长白松	倒	45	/	39	/	23.3	/	18	150	1		倒木
白桦（*Betula platyphylla*）	II	31.8	11.1	26.6	13.9	20	19	12	150	5		

2-2 立木更新

树种	多度	树高 m	年龄	分布特性	起源	生长情况	备注
臭松（*Abies nephrolepis*）	+++	11～15	60	散生	实生	正常	样方内 62 株
红松（*Pinus karaiensis*）	++	13	60	散生	实生	正常	
色木（*Acer mono*）	+	8	30	散生	实生	正常	
鱼鳞松（*Picea jezoensis*）	++	3	40	散生	实生	正常	
红皮臭（*Picea koraiensis*）	+	4	40	散生	实生	正常	

2-3 下木记载

林冠郁闭度（十分法表示）0.3

树种	亚层	多度	生活强度	投影盖度	树高（m）		物候期	备注
					最大	优势		
大黄柳（*Salix raddeana*）	I	+	稍弱	0.2	12		叶	样方内有 2 株
青楷子（*Acer tegmentosum*）	II	+	正常	0.2	10		叶	样方内只 2 株

2-4 层间植物

藤本植物

植物名称	多度	高度（m）	物候期	生活强度	备注
北五味子（*Schizandra chinensis*）	++	5～10	叶	稍弱	

2-5 附生植物

名称	多度	被附生的树种	分布情况	生活强度	备注
破茎松萝（*usnea diffracta*）	+	臭松	星散	稍弱	树枝
壳状地衣	+	红皮臭	连片	稍弱	树干基部

2-6 灌木层记载

总盖度 40%

植物名称	亚层	多度	高度 cm	生长特性	生活强度	物候状况	备注
尖叶茶藨 (*Ribes maximowiczianum*)	I	+	50	散生	弱	叶	
高山桧 (*Juniperus sibirica*)	I	+	50	散生	正常	叶	
薄叶山梅花 (*Philadelphu teuifolia*)	I	+	40	散生	弱	叶	
蓝靛果 (*Lonieera caerulea var. edulis*)	I	+	40	散生	弱	叶	
忍冬之一种 (*honicera sp.*)	II	+	20	散生	弱	叶	
越桔 (*Vaccinium vitis—idaea*)	II	+++	15	散生	正常	叶	

2-7 草木层记载

总盖层 30% 亚层 I.15 II.10

植物名称	亚层	高度 (cm)		多度	生活力	物候相	群聚度	生活型	备注
		生殖枝	叶层						
单侧花 (*Romischia secunda*)	I	15	10	+	正常	花	散生	CH	
东方草莓 (*Fragaria orientalis*)	I	15	15	+	正常	花	散生	H	
北极林奈草 (*Linaea borealis f. actica*)	I	12	8	++	正常	花	散生	CH	
肾叶鹿蹄草 (*Pyrola renitolia*)	I	12	7	+	正常	蕾	散生	CH	
广羽金星蕨 (*Phegopteris poypodioides*)	II		10	+	正常		散生		
一枝黄花 (*Solidago virga—aurea*)	II		8	++	弱	叶	散生	H	幼苗
堇菜之一种 (*Viola sp.*)	II	8	5	+	正常	果	散生	H	
舞鹤草 (*Maianthemum dilatatum*)	II	8	5	++	正常	花	散生	G	
七瓣莲 (*Trientalis europaea*)	II	7	5	+	正常	花	散生	H	

2-8 苔藓和地衣记载

土壤盖度 90%

厚度：5 cm 活层：3 cm 死层：2cm

植物名称	多度	盖度%	生长特性	生活强度	备注
万年藓 (*Climacium dendroides*)	+++	90	连片	正常	

这一小片长白松林，应严加保护。

为了研究长白松的生态习性，特选一片长白松＋落叶松林。这片林子在西主线尽头，三道白河旁一级阶地上，地势平坦，基质是冲击的火山砂砾，海拔 1 150 m，样方面积为 $20 \times 20 m^2$，1980 年 6 月 27 日，调查结果见表 2。

从表 2-1 立木记载中看到林内已有站杆和倒木（主林木），可以证明已是一片过熟林。别看现在白桦处于第二层，100 年以前肯定在第一层，即是一片长白松＋落叶松＋白桦的先锋林，因为白桦生性长不太高，才逐渐成了第二层，三者的年龄相同，全是第一代侵入的树种。这个事实证明长白松也是个先锋树种。

在表 2-2 立木更新可以断定下一代是一片含有红松的针叶林，即下部针叶林，因总郁闭度为 0.9，林内阴湿，灌木和草本植物都较贫乏，见表 2-6 及 2-7。苔藓层（表 2-8）却连成大片基本上覆盖地面。臭松枝上少有破茎松萝（*Usnea diffracta*）也是红松云冷杉林的典型特征之一。

表 3

长 白 松 幼 林

3-1 立 木 记 载

总郁闭度 0.7

植物名称	林层	胸径（cm）		树高（m）		净干高	优势木年龄	标准地上的株数	林况	备注
		最大径	优势径	最大树高	优势树高					
长白松 （*Pinus sylvestriformis*）	I	23	15	14	13	8	35	20	两层	

3-2 立 木 更 新

树 种	多度	树高 m	年龄	分布情况	起源	生长情况	备注
蒙古栎（*Quercus mongolica*）	+	0.8	35?	散生	萌条	稍弱	
黑桦（*Befula davurica*）	±	1.6	35?	散生	萌条	稍弱	
紫椴（*Tilia amurensis*）	+	0.5	10	散生	实生	稍弱	
长白松（幼苗）	+++	0.05	10	散生	实生	稍弱	

3-3 下 木 记 载

树 种	多度	生活强度	树高（m）		物候期	备 注
			最大	优势		
山定子	+	稍弱	0.6	0.5	叶	幼 苗
毛山楂	+	稍弱	0.5	0.4	叶	幼 苗

3-4 层 间 植 物

藤本植物

名 称	多 度	物候期	生活强度	备 注
五味子	+	叶	正常	幼 苗

3-5 附 生 植 物

名 称	多度	被附生的树种	分布情况	生活强度	备 注
藓类	++	长白松	均匀	正常	包围树干基部 10～25 cm
叶状地衣	+	长白松	小片	正常	在树干基部 2～8 cm

3-6 灌 木 层 记 载

总盖度 0.2

植物名称	亚层	多度	高度 m	生长特性	生活强度	物候状况	备注
长白忍冬	I	±	1.5	散生	正常	叶	
乌苏里鼠李	II	±	0.9	散生	稍弱	叶	
山玫瑰	II	++	0.8	散生	正常	花	
胡枝子	III	+	0.6	散生	稍弱	叶	
蓝靛果	III	+	0.5	散生	稍弱	叶	

3-7 草本层记载

总盖度70% 亚层 I₆₀ II₈₀

植物名称	亚层	高度（cm）生殖枝	高度（cm）叶层	多度	生活力	物候相	群聚度	生活型	备注
黄芪（Astragulus membranaceus）	I		60	±	正常	叶	散生	H	
硬质早熟木（Poa sphondylodes）	I	65	45	+	正常	花	散生	H	
东北牧蒿（Artemisia japonica var. manshurica）	I		56	+	正常	叶	散生	H	
展穗芨芨草（Achnatherum effusum）	I		52	++	正常	叶	散生	H	
缴花山柳菊（Hieracium umbellatum）	I		46	±	稍弱	叶	散生	H	
东风菜（Aster scaber）	I		40	+	稍弱	叶	散生	H	
柴胡（Bupleurum chinense）	II		30	±	稍弱	果	散生	H	
兴安白头翁（Pulsatilla dahurica）	II	40	10	+	正常	叶	散生	H	
宽叶山蒿（Artemisia stolonifera）	II		30	+	正常	叶	散生	H	
峨参（Anthriscus aemula）	II		20	+	稍弱	叶	散	H	
蓬子菜（Galium verum）	II		20	+	稍弱	叶	散	G	
等高苔（Carex leucochlora）	II		35	+++	正常	叶	群	CH	
尖嘴苔（Carex leiorhyncha）	II		30	+	正常	叶	散	CH	
车轴草（Trifolium lupinaster）	II		28	+	稍弱	花	散	H	
假泥胡菜（Serratula cronata）	II		25	±	正常	叶	散	H	
山鸡儿肠（Aster lautereanus）	III		20	+	稍弱	叶	散	H	
龙牙草（Agrimonia pilosa）	III		16	±	稍弱	叶	散	H	
渥丹（Lilium concolor var. buschianum）	III		16	+	稍弱	叶	散	G	
关苍术（Atractylis japonica）	III		15	+	正常	叶	散	H	
小玉竹（Polygonatum humile）	III		15	+	稍弱	叶	散	G	
莓叶委陵菜（Potentilla fragarioides）	III		12	+	稍弱	叶	散生	H	
和尚菜（Adenocolon adhaerescens）	III		10	+	稍弱	叶	散生	H	
瓜子金（Polygala japonica）	III		12	+	弱	叶	散生	G	
宽叶石防风（Peucedanum terebinthaceum）	III		18	+	弱	叶	散生	G	
东方草莓（Fragaria orientalis）	III		15	++	正常	叶	散生	H	
委陵菜（Potentilla chinensis）	III		13	+	稍弱	叶	散生	H	
大丁草（Leibnitzia anandria）	IV		8	++	正常	叶	散生	G	
铃兰（Convallaria keiskei）	IV		7	+	弱	叶	散生	G	
圆叶鹿蹄草（Pyrola rotundifolia）	IV		5	+	正常	叶	小片	GH	

藤本植物，表 2-4 北五味子可以说达到上限，在此先锋林中尚能生长，未见果实。

为了进一步搞清长白松林的演替规律，特在二道白河镇附近选一片长白松幼林，样方面积为 $10 \times 10 \, m^2$。1980 年 6 月 25 日调查结果见表 3。

从表 3-1 中可以看到这一片幼林总郁闭度为 0.7，高 14～13 m，比较整齐，但胸径相差较大，有少数株的树冠很小树干细高，个别树株已近枯死，这是自然稀疏的必然规律。在样方东侧 12.6 m 处有一株母树，高 25 m，年龄约为 150 年，与二道白河火车站附近的长白松同龄，立木更新（表 3-2）也是蒙古栎、黑桦为主，也都是萌条只是林下长白松幼苗特多，生育又弱，是个特点，连草本层（表 3-7）的种类中也有 59% 生育稍弱者。林下所有种类生育稍弱的主要原因是光照不足。特别是瓜子金及宽叶石防风等都是阳地干山坡上的种类成分，在未成林前侵来该地，成林以后必然被淘汰。

为了验证，在样方 1-3 之间选一个样带，重复一次。样带面积 $20 \times 2 \, m^2$，生长基质是火山砂砾，林内也有人行小道。因总郁闭度仅 0.5，林下投光量大，在草本层（表 4-5）中的种类中，生育不良者仅占 39%。1980 年 6 月 24 日调查结果见表 4。

表 4　　　　　　　　长 白 松 幼 林

4-1　立 木 记 载

总郁闭度 0.5

植物名称	林层	胸径（cm）		树高（m）		净干高	优势木年龄	标准地上的株数	林况	备注
		最大径	优势径	最大树高	优势树高					
长白松	I	23	16	13	12	3	35	7	单	

4-2　立 木 更 新

树 种	多度	树高 m	年龄	分布特性	起源	生长情况	备 注
蒙古栎	++	3.5	30	散生	萌条	正常	
黑桦	+	3.5	30	散生	萌条	正常	
山杨	++	1.4	20	散生	实生	弱	

4-3　下 木 记 载

树 种	林层	多度	生活强度	树高（m）		物候期	备 注
				最大	优势		
山定子	I	+	正常	1	0.8	叶	幼苗

4-4　灌 木 层 记 载

总盖度 90%

植物名称	亚层	多度	盖度%	高度 m	生长特性	生活强度	物候状况	备 注
胡枝子	I	+++	40	1.8	散生	正常	蕾	
暖木条子	I	+		1.9	散生	正常	果	
山玫瑰	II	+++	40	1	散生	正常	花	
榛	II	±		0.4	散生	弱	叶	将被淘汰
胡枝子	III	+		0.4	散生	弱	叶	幼苗
蓝靛果	III	+		0.3		弱	叶	幼苗

4－5　灌木层记载

总盖度 50%　亚层 I₉₀　II₅₀　III₃₀　IV₁₅

编号	植物名称	亚层	高度（cm）		多度	生活力	物候相	群聚度	生活型	备注
			生殖枝	叶层						
1	展穗芨芨草	I	100	80	＋	正常	花	散生	H	
2	展枝唐松草	I	90	80	＋	正常	花	散生	G	
3	蕨	II		60	＋	正常	／	散生	／	
4	柴胡	II		50	±	稍弱	叶	散	H	
5	山牛蒡	II		40	＋	弱	叶	散	G	
6	歪头菜	II		40	＋	正常	花	散	H	
7	假泥胡菜	II		40	＋	弱	叶	散	H	
8	三脉马兰（Aster ageratoides）	II		44	＋	弱	叶	散	H	
9	狗娃花（Aster hispidus）	III		30	＋	弱	叶	散	H	
10	等高苔草	III		30	＋＋＋	正常	叶	群生	CH	
11	土三七（Sedum aizoon）	III		30	＋	正常	叶	散生	H	
12	峨参	III		20	＋	弱	叶	散生	H	
13	铃兰	IV		16	＋	正常	叶	散生	G	
14	小玉竹	IV		15	＋	正常	果	散生	G	
15	宽叶山蒿	IV		15	＋	正常	叶	散生	H	
16	一枝黄花	IV		15	＋	弱	叶	散生	H	
17	东方草莓	IV		13	＋＋	正常	花果	散生	H	
18	球果堇菜（Viola collina）	IV		6	＋	正常	果	散生	H	

据访问，原来这里（表 3、表 4）的长白松林和二道白河火车站的林子一样。1945 年光复后遭到严重的滥砍滥伐。1948 年还是一片草甸，1958 年长白松的幼苗才 1m 左右高。现在已蔚然成林。林中尚有零星的单株母树。今年（1981 年）的新资料，另文发表。

如何划分长白山的垂直植被带

钱家驹①

【前言】长白山中国侧垂直植被带的划分从 20 世纪 40 年代开始，至今已 40 余年，已知方案近 20 个，各抒己见互有出入；同一著者的先后作品也有变动。这是正常现象，标志着人们的认识逐渐提高，在逐步接近客观实际。

笔者于 1955 年去西坡调查后形成了一套区划方案。1957 年再去采集调查时，就感到有些不符合实际的地方。1959 年到北坡上高山带下天池两次，又转到和龙县调查后也形成一个区划草稿，此后每次再上北坡，都不断修改、验证前人的区划方案。1975 年到南坡采集调查同样也作了核对工作。1979 年参加长白山森林生态系统定位研究工作、条件方便，中外专家也多，又形成一套区划方案。写成文字材料（见本刊全文）。此后又数次到南北两坡调查。又不断修正自己的看法。总的感觉是森林界较易区划，越往下越难划线，再有是开始见啥写啥比较好办。去的次数越多，跑的面越广，越不敢下笔。这就是难得的"胡涂"。

下面把中外学者们有代表性的区划方案作一简要介绍。

一、前人的工作

仅把代表性工作写在下面供大家考查、分析：

1. 北川政夫：1941，对西坡的区划

下部针叶林带	600～1 000 m
中部针叶林带	1 000～1 500 m
上部针叶林带	1 500～2 000 m
高山植被带	2 000～2 500 m

2. 竹内亮：1943，对北坡的区划

高山带	矮小灌木群落	1 800～2 100 m 以上
森林带	上部阔叶林带	1 800～2 100 m
	上部针叶林带	1 600～1 800 m
	下部针叶林带	1 300～1 600 m
	混交林带	1 300 m 以下

① 【作者单位】东北师范大学地理系。

3. 竹内亮等：1943，对南坡的区划

　一、森林带

　　（一）下部针阔混交林带　　　　　　　　1 200 m 以下

　　（二）a，中部针叶林及 b，针阔混交林带　1 200～1 800 m

　　（三）a，上部阔叶林及 b，针阔混交林带　1 800～2 100 m

　二、高山带　　　　　　　　　　　　　　　2 100 m 以上

4. 竹内亮：1951

　A. 高山带　1 800～2 100 m 以上

　B. 森林带　1 800～2 100 m 以下

　　a，亚高山带　1 800～2 100 m 以下

　　b，低山带　1 000 m 以下

5. 竹内亮：1957（手稿）对全山

　A. 高山带

　1 800～2 100 m　森林限界以上的山地，以矮小灌木群落为主，混有高山草原及高山荒原

　B. 亚高山带　1 000～2 100 的森林带

　　a，上部　1 800～2 100 m　岳桦，长白落叶松

　　b，中部　1 200～1 800 m　以针叶树种为主，混有针阔混交林

　　c，下部　1 000～1 200 m　阔叶树种增多，混有针阔混交林

　C. 低山带　800～1 000 m　阔叶树种更多，有针阔混交林及阔叶林，二次荒原及耕地等。

6. 刘慎谔：1955，南坡区划方案

　高山草原带　　2 000～2 700 m

　上部阔叶林层　1 800～2 100 m

　针叶树纯林层　1 600～1 800 m

　针阔混交林层　500～1 600 m

　下部阔叶林层　500～600 m 以下

7. 周以良：1957，对西坡

　2 100 m 以上　高山无林植物带

　1 800～2 100 m　亚高山稀树湿草原带

　1 800 m 以下　森林植物带

8. 周以良：1961，对西侧区划方案

垂直分布带			海拔高度	主要森林植被类型	
				原　生	次　生
高山无林植物带			2 100 m 以上	（一）高山草状灌丛	
亚高山稀林湿草甸带			2 100～1 800 m	（二）岳桦稀林	
森林植物带	亚高山针叶混交林亚带	云冷杉林次亚带	1 800～1 200 m	（三）云冷杉林	（五）落叶松（白桦林）
		红松针叶林次亚带	1 200～1 000 m	（四）红松针叶混交林	
	低山针阔混交林亚带	红松阔叶混交林次亚带	1 000～700 m	（六）红松阔叶混交林	（八）松林和柳林 ｜ 阔叶混交林山杨林、柞树林（六、七内）
		红、白松阔叶混交林次亚带	700 m 以下	（七）红、白松阔叶混交林	

此文中概述了土壤垂直分布带：

1 200 m 以下　　　山地灰棕壤带

1 200～1 800 m　　山地棕色泰加林带

1 800～2 100 m　　亚高山粗骨生草森林土及亚高山草甸土带

2 100 m 以上　　　山地冰沼土带

9. 周以良等：1964，对西南坡及北坡的区划

（一）山地苔原　2 100 m 以上

（二）岳桦稀娇林　1 800～2 100 m（西南侧）

　　　　　　　　　1 700～1 900 m（北侧）

（三）云杉冷杉林　1 300～1 800 m（西南侧）

　　　（阴暗针叶林）1 100～1 700 m（北侧）

（四）红松云杉冷杉林　1 100～1 300 m（西南侧）

（五）落叶松林和白桦（从略）（明亮针叶林）

（六）红松夏绿混　1 100～700 m 以下（西侧）交林、夏绿阔叶林、柞树林、山杨林。

（七）红松白松夏绿阔叶混交林　700 m 以下

（八）樟子松林　（从略）

10. 陈灵芝等：1964，对北坡的区划

（一）含有针叶树的落叶阔叶混交林带　500～800 m

（二）针叶—落叶阔叶混交林带　800～1 100 m

（三）寒温带针叶林带　1 100～1 800 m

（四）岳桦矮曲林带　1 800～2 000 m

（五）山地苔原带　2 000 m 以上

11. 钱家驹：1956，对西坡见本刊全文

12. 钱家驹：1979，对北坡（见本刊全文）

（一）高山冻原带　2 000～2 691 m

高山半荒漠亚带　2 300～m 以上

高山矮常绿灌丛亚带　2 000～2 300 m

（二）针叶林带　1 100～2 000 m

岳桦林　1 800～2 000 m

云冷杉针叶林亚带　　1 400～1 800 m

红松云冷杉林亚带　　1 100～1 400 m

（三）针阔混交林带　1 100～1 200 m 以下

上部针阔混交林亚带　600～1 100 m

次生落叶阔叶林亚带

（原生针阔混交林带）　600～700 m 以下

二、再补充修改的区划方案

1975 年到南坡采集调查时，顺便核对一下竹内老师的区划方案，基本上满意。因为这个方案基本符合当地实际。1980～1981 年又在南北两坡采集调查 5 次。成果另文发表，这里仅把补充修改后的模式图及几点说明印出来，供大家参考。

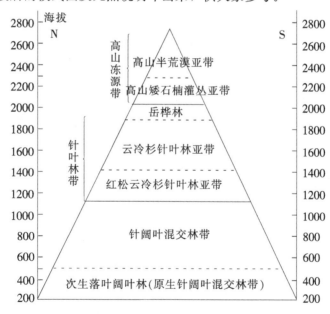

图 1　长白山植物带垂直分布模式图

【编后】几点说明：

一、西坡地面稳定的年代最久，地带性的植被群多已达到顶级，区划时应作为主要依据。

二、必须尊重前人的正确意见和国内外学者们的习惯。那都是有道理的，对自己也是

有益的。

三、区划时必须从典型植被群落的大体上缘划线，不能按个别主要树种的分布上限来划，如对红松，沙松（白松）等。

四、先锋树种形成的先锋林及非地带性植被群落都不能作为依据，如岳桦林、落叶松林、蒙古栎林、山杨林、白桦、河岸林及沼泽等。

五、笔者曾把人类活动的影响作依据，划出海拔 250～500 m 的夏绿林带是错误的。必须改正加以说明。因为人类生活、生产活动的上限是不断向上推移的。现在主要在海拔 600～700 m 以下，很快就向上推移至 800～900 m 或更高，因为下部针阔混交林带及其接近部分是水热条件最好、生物生产量最高的地带。人们便最感兴趣，尽先开发定居。

六、对残遗的小片自然纪念物必须加强保护，如长白松林、红白松林、偃松林、及紫杉、刺楸、人参、刺参等。

七、这次区划在海拔 1 800～1 900 m 处用断虚线隔开，又因岳桦林不是地带性植被类型，也不是顶极群落故不叫"岳桦林带"。

参 考 文 献

1. 北川政夫. 长白山植物调查报告，1941.

2. 竹内亮. 长白山の植物，旅行杂志，特辑Ⅰ，长白山の相貌。

3. 竹内亮. 满洲植物杂记（6）. 动物及植物，1942（10）.

4. 竹内亮. 长白山の森林の植物生态学的观察记. 林野试验时报，1943（5）.

5. 竹内亮等. 长白山の植物. 长白山预备调查报告书，1943.

6. 竹内亮. 中国东北植物相概观. 东北师范大学学报，1951（1）.

7. 刘慎谔. 东北木本植物图志.

8. 周以良. 长白山植物的垂直分布（油印稿），1957.

9. 周以良. 中国东北部山地的森林植被（初稿，油印本），1957.

10. 周以良等. 中国东北东部山地主要植被类型的特征及其分布规律. 植物生态学与地植物学丛刊，1964（2）：2.

11. 陈灵芝等，吉林省长白山北坡各垂直带内主要植物群落的某些结构特征，植物生态学与地植物学丛刊，1964（2）：2.

12. 钱家驹. 长白山西侧中部森林植物调查报告，1956.

13. 钱家驹等. 长白山高山冻原植物的调查研究简报（Ⅰ）. 吉林师大学报：自然科学版，1980（1）.

14. 钱家驹. 长白山北坡各垂直带的典型植被群落调查报告（油印稿），1979.

15. 钱家驹. 长白山南坡各垂直带的典型植被群落调查报告（手稿初稿），1981.

16. 赵大昌. 长白山的植被垂直分布带. 森林生态系统研究（Ⅰ），1980.

17. 杨美华. 长白山的气候特点及北坡垂直气候带. 气象学报，1981（39）：3.

对开蕨属首次在我国发现[①]

钱家驹[②]

　　铁角蕨科的对开蕨属（*Phyllitis Hill*）是个经典的蕨属，约有 5～6 种广布于欧洲、大西洋岛屿、中亚西亚、日本、北美和墨西哥等地，其中欧洲对开蕨［*Phyllitis scolopendrium*（*L.*）*Newman*］是尤为有名的栽培观赏植物。根据本属的地理分布规律，我国植物学工作者长期以来试图在我国东北发现本属的代表种类，但一直未获成功，觉得不可理解。直到不久前，吉林省的学者们先后在长白山南部的长白县和集安县发现本属的植物成片地生长在落叶混交林下的腐殖质层中，并采集了完整标本。这样，不但实现了我国植物学工作者多年来的理想，而且填补了本属在地理分布上一个长期存在的空白，特别是丰富了我国东北的植物区系。

　　我们核对了日本北海道的标本，发现东北的植物与日本的完全相同。这是合乎规律的，因为两地处于同一地理分布区内，日本的植物曾被苏联植物学家科马洛夫于 1932 年定名为东北对开蕨（*P. Japonica Komarov*）。这个种名一直未被日本植物学家们接受。他们仍然认为日本植物是与欧洲对开蕨同一的。我们也核对了欧洲对开蕨，发现亚洲东北部的植物在形态上与欧洲的有些异常，如叶片较长（达 45 cm）、较狭，基部膨大，也为深心脏形，但垂耳较宽而且彼此分开，叶质略薄。在细胞学方面日本对开蕨的染色体数目 $2n=144$，而欧洲对开蕨的染色体数目 $2n=72$。

　　所以我们同意科马洛夫的意见，把亚洲东北部的植物作为一个独立种看待，以区别于欧洲的种，也区别于北美的变种。

东北对开蕨（图 1 略）

Phyllitis japonica Komarov in Bull. Jard. Bot. Acad. Sci. URSS. 30：191，192. 1932—*Phyllitis scolopendrium* Ogata，lc. Fil. Jap. 1：Pl. 37. 1928；Ohwi，Fl. Jap. Pterid. 141. 1957；Tagawa，Col. Ill. Jap. Pterid. 163. Pl. 65、f. 345. 1959，non Newmen.

　　林下常绿植物。根状茎短而直立或斜升。叶（3）5～8 枚簇生；叶柄长 10～20 cm，粗 2.5～3 mm，棕色至棕褐色，疏被鳞皮；鳞片淡棕色，线状披针形，长 8～11 mm，宽约 1 mm，质薄而软，扭曲，网孔透明，全缘，但略有分隔的刺状突起；叶片长舌形，长 15～45 cm，中部宽 3.5～4.5 cm，短渐尖头，向下不变狭，基部深心形，两侧明显膨大成圆垂耳，彼此以阔缺口分开，叶边全缘，略呈波状，中脉粗壮，下面略隆起，与叶柄同

---

①　本文刊于 1980 年第 1 期《森林生态系统研究》。
②　【作者单位】东北师范大学地理系。

色，下部疏被与叶柄上同样而较小的鳞片，向上近光滑；侧脉不明显，纤细，分离，从中脉向两侧广开展，基部以上 2～3 分叉，通直，彼此并行，顶端略变粗，不达叶边。活叶稍肉质，叶干后薄纸质，上面绿色，光滑，下面淡黄绿色，疏生伏帖的黄棕色鳞毛；孢子囊群线形，并行排列于中脉与叶边中间，成对着生于相邻的两小脉之间；囊群盖线形，膜质，淡棕色，全缘，成对地相向对开裂，并被发育着的孢子囊群推向两侧；孢子两面型，单槽，表面有尖的突起。

产地：吉林省长白县，时述武（无号），1975 年 9 月；集安县，阳岔公社南沟，邓明鲁 113 号，1976 年 9 月 8 日，生于山地落叶混交林下腐殖质层中，海拔 700～750 m，稀见。标本分别保存在中国科学院植物研究所标本室及吉林省中医学院标本室内。

分布：苏联乌苏里地区、南千岛群岛及库页岛；日本北海道、九州北部山地；中国东北东部山地。

长白山高山冻原植物的调查研究简报 (1)

钱家驹　　张文仲[①]

一、前　言

绚丽的长白山，为中朝两国共有。位于中国吉林省的东南部山区，北纬 41°23′～42°36′，东经 126°55′～129°，属于温带地区。中国侧的白云峰海拔 2 691 m，朝鲜侧白头峰海拔 2 751 m，它以山势雄伟，资源丰富，早已闻名于全世界，历来为中外植物学家和有关科学工作者所向往，积累了不少科学资料，都认为它是东北亚大陆上唯一研究原始高山植被的宝库。

已知的有关资料和工作主要有：

James H. E. M (1888)；M. Kitagawa（北川政夫）(1941)；M. Takenouchi（竹内亮）(1942)；竹内亮、成泽多美也 (1943)；刘慎谔等 (1950)；钱家驹等 (1957，1959，1960，1961，1975，1979)；周以良等 (1957，1964)；付沛云等 (1959)；张文仲等 (1960，1976，1978)；张豁中等 (1961)；陈灵芝等 (1964)。

对本文作整理工作的有：竹内亮 (1957)，钱家驹 (1979)，张文仲 (1979) 均未正式发表。

关于地衣、苔藓的工作有李茹光、郎奎昌、高谦等，特别是高谦的工作比较深入。

笔者对地衣、苔藓只采过一点，认识的不多，鉴定不了，文中有关学名全是引用别人的。

我们 1979 年在长白山工作时间最长，又三次登上高山冻原带工作，但未添上一种，反而取销了过去有名无实的几个种名。

随着海拔高度的增高而导致气候要素的显著差异，植被有着明显的垂直分布现象，从下而上可分为针阔叶混交林带、针叶林带、岳桦林（断断续续分布着，未成一带）、高山冻原带。经过多次的观测和调查，现在大家多认为下列划法比较令人满意，用模式图表示如图 1。

---

① 【作者单位】钱家驹：东北师范大学地理系；张文仲：东北师范大学生物系。

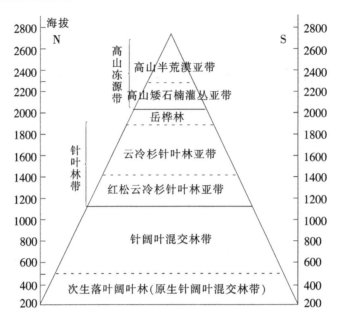

图1　长白山植被带垂直分布模式图

一、环境特点

长白山顶部无林地带主要环境特点是严寒持久，无霜期短；湿度较大，降水量甚多；风云无常，一日数变；冬季漫长，积雪深厚，盛夏之日尚有雪斑。山顶部年平均气温为－7.3℃，无霜期仅有53天。7～8月份最热，平均仅8.5℃；一月份最冷，平均气温为－24℃。绝对低温出现过－44℃（1965年12月15日），是吉林省的低温中心。这里无四季之分。年降水量在1 400 mm以上，为全东北地区之冠。积雪最深，常达1 m左右。大风多在8级以上。详见长白山天池附近气温、降水量年变化如图2所示：

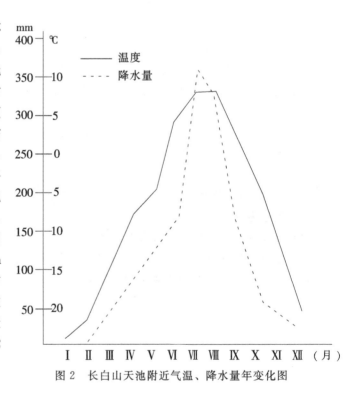

图2　长白山天池附近气温、降水量年变化图

二、种类组成

任何一个地区的植物都是由当地所有植物种类有规律的自然搭配而成的。因此探讨长白山高山冻原植物时，首先必须弄清其种类组成的特点，然后才能进行分析对比。

根据我们采到和收藏的标本加上少数资料所载的，组成长白山冻原植物共有维管束植物 167 种（亚种、变种、变型），隶属 102 属，35 科，详见表 1。

表 1　　　　　　　　　　长白山高山冻原带植物种属一览表

	科　数	属　数	种　数
蕨类植物	3	8	8
裸子植物	2	4	4
被子植物	30	95	155
合　计	35	102	167

按每科的种数多少可排列成表 2：

表 2　　　　　　　　　按种数多少排列的科谱表

号	科　名	种　数
1	Compositae	20
2	Cyperaceae	16
3	Poaceae	15
4	Ericaceae	9
5	Caryophyllaceae	9

其中菊科 20 种占首位，其次为莎草科、禾本科，再次为杜鹃花科和石竹科等。其余在 7 种以下的 30 个科。其中一科一属一种的有 9 个科，它们是：瓶尔小草科（Ophiglossaceae）、岩蕨科（Woodsiaceae）、柏科（Cupressaceae）、桦木科（Betulaceae）、罂粟科（Papaveraceae）、岩高兰科（Empetraceae）、忍冬科（Caprifoliaceae）、桔梗科（Campanulacae）、鸢尾科（Iridaceae）。

按属内种数的多少来排列属的顺序，如表 3 所示：

表 3　　　　　　　　　按种数多少排列的属谱表

号	属　名	种　数
1	Carex	13
2	Lycopodium	6
3	Salix	5
4	Rhododendron	4
5	Saxifraga	4
6	Saussurea	4
7	Luzula	4

如果按植物在群落中所起的作用来看，长白山高山冻原植被中主要是杜鹃花科的常绿

植物起着支配作用，蔷薇科和豆科植物在其次。但在草本层中禾本科及莎草科植物很突出，豆科植物也常形成团块或小片纯群落。杜鹃花科的有牛皮茶（*Rhododendron aureum*）、苞叶杜鹃（*Rh. redowskianum*）、松毛翠（*Phyllodoce caerulea*）、笃斯（*Vaccinium uliginosum*）、越桔（*V. vitis－idaea*）。蔷薇科的如宽叶仙女木（*Dryas octopetala L. var. asiatica Naki*）、大白花地榆（*Sanguisorba sitchensis*）等。

三、地理要素

主要的有：

1. 周极植物区系成分：比较典型的如扇叶阴地蕨（*Botrychium lunaria*）、高山石松（*Lycopodium alpinum*）等六种石松、岩蕨（*Woodsia ilvensis*）；裸子植物有高山桧（*Juniperus sibirica*），但以被子植物种类最多，如圆叶柳（*Salix rotundifolia*）、珠芽蓼（*Bistorta vivipara*）、肾叶高山蓼（*Oxyris digyna*）、石米努草（*Minuartia laricina*）、长白米努草（*M. macrocarpa*）、高山罂粟（*Papaver pseudo－radicatum*）、宽叶仙女木（*Dryas octopetala var. asiatica*）、木茎山金梅（*Sibbaldia procumbens*）、双花堇菜（*Viola biflora*）、松毛翠（*Phyllodoce caerulea*）、毛毯杜鹃（*Rhododendron confertissimum*）、苞叶杜鹃（*Rh. redowskianum*）、笃斯（*Vaccinium uliginosum*）、越桔（*V. vitis－idaea*）、轮叶马先蒿（*Pedicularis vercicillata*）、北极林奈草（*Linnaea borealis f. arctica*）、黄菀（*Senecio nemorensis*）、高山羊茅（*Festuca subalpina*）、嵩草（*Kobresia bellardii*）、蟋蟀苔（*Carex eleusinoides*）、鳞苞藨草（*Scirpus hudsonianus*）、单花萝蒂（*Lloydia serotina*）、长白地杨梅（*Luzula sudetica var. manshurica*）、云间地杨梅（*L. wahlenbergii*）、长白岩菖蒲（*Pofieldia mutans*）等，约40多种。长白山苔类植物中与极地相同的种类有：卷叶钱袋苔（*Marsupella revoluta*）与石地钱（*Rebouliahemis phaerica*）等；藓类植物有砂藓（*Rhacomitrium canescens*）、长白砂藓（*Rh. lanuginosum*）、垂枝藓科的垂枝藓（*Rhytidium rugosum*）和似垂枝藓（*Rh. triguotrum*）、大皱蒴藓（*Aulacomium turgidum*）和毛尖金发藓（*Polytrichum pilifurum*）。还有多种地衣如石蕊（*Cladonia alpestris*）、冰岛衣（*Cetaria islandica*）和珊瑚地衣（*Stercocaulon sp.*）等。

2. 东部西伯利亚区系成分：长白山高山冻原带植物中与这个区系成分相似者也比较丰富，有如下各种：中华石松（*Lycopodium chinense*）、岳桦（*Betula ermanii*）、倒根蓼（*Bistorta ochotensis*）、高山蓼（*Pleuropteopyrum ajanense*）、头石竹（*Dtanthus barbatus*）、长白耧斗菜（*Aquilegia japonica*）、山地金莲花（*Trollius japonicus*）、钝叶瓦松（*Orostachys malacophyllus*）、高山景天（*Sednm elongatum*）、长白虎耳草（*Saxifraga laciniata*）、高山野豌豆（*Vicia venosa var. alpina*）、小叶芹（*Aegepodium alpestre*）、牛皮茶（*Rhododendron aureum*）、黄报春（*Primula farinosa*）、高山龙胆（*Gentiana algida*）、长白婆婆纳（*Veronica stelleri*）、高山飞蓬（*Erigeron komarovii*）、高山剪股颖（*Agrostis trinii*）、稗苔草（*Casrex xiphium*）、高山黑藨草（*Scirepus maximowiczii*）等，大约30多种。

3. 中朝共有的种类：也比较多，常见的有长白落叶松（*Larix olgensis*）、东北赤杨（*Alnus mandshurica*）、白山卷耳（*Cerastium baishanense*）、高山石竹（*Dianthus chinensis var. morii*）、长白旱麦瓶草（*Silene jenissiensis*）、高山乌头（*Aconitum monanthum*）、白山毛茛（*Ranunculus japonicus var. monticola*）、高山南芥（*Arabis coronata*）、天池碎米荠（*Cordamine resedifolia*）、长白棘豆（*Oxytropis anertii*）、大苞柴胡（*Bupleurum euphorbioides*）、长白高山芹（*Coelopleurum nakaianum*）、高山芹（*C. saxatile*）、岩茴香（*Tilingia tachiroei*）、白山龙胆（*Gentiana jamesii*）、东北马先蒿（*Pedicularis mandshurica*）、毛山菊（*Chrysanthemum zawadkii var. alpinum*）、宽叶山柳菊（*Hieracium corenum*）、单花橐吾（*Ligularia jamesii*）、高山风毛菊（*Saussurea alpina*）、高山一枝黄花（*Solidago virga－aurea*）、冻原苔草（*Carex siroumensis*）等等。此外尚有亚美、中亚、东亚和欧亚地区一些种类成分混生在这里。

4. 特有种：由于长白山高山冻原被下边一片一望无际的林海所隔绝，这和孤岛一样，长期隔绝是形成新种的必要条件。这里也不例外，已知有下例一些特有种，如：多腺柳（*Salix polyadenia*）、高山罂粟（*Papaver pseudo－radicatum*）、毛山菊（*Chrysanthemum zawadzkii var. alpinum*）、高岭风毛菊（*Saussurea alpicola*）、长白地杨梅（*Luzula sudetica var. manshurica*）等。

5. 广布成分：有些种类适应性很强，从上到下都能遇到它，主要生长在森林界限上缘，但没有一种是高山冻原的固有成分，又着实存在，我们必须指出，如：翅果唐松草（*Thalictrum aquilegifolium var. sibiricum*）、毛蕊犹牛苗（*Geranium eriostemon*）、柳兰（*Chamaenerion angustifolium*）、马先蒿（*Pedicularis resupinata*）、聚花风铃草（*Campanula glomerata*）、蓍草（*Achillea sibirica*）、手掌参（*Gymnadenia conopsea*）。应该指出这些广幅适应性的种类不应算作高山植物固有成分。它们只能生长在岳桦林上缘，不超过 2 100 m。

四、生活型谱

这里的植物以多年生植物占绝对优势。在高寒冷湿的气候条件下，长期适应低温和生理性干旱，从植物形态学方面来看，它们根系发达，一般根部比地上部长 8～10 倍，例如最常见的牛皮茶高 20～25 cm，地下部分和伏地部分总长 160～250 cm；茎部短缩，枝条粗糙，节间极短，年轮狭窄；叶片具有多种多样的适应方式，既有针状叶也有鳞片状，但最基本的是表皮呈革质，常绿的。还有些肉质化的等等。从植物的外形来看，高山冻原植物也很奇特，乔木树种也呈灌木状（外形异常），生长甚慢，伏地而生，几乎均为匍匐生长，如圆叶柳（*Salix rotundifolia*）；草本植物多呈莲座丛。从繁殖方法也是多种多样的，灌木主要是营养繁殖，草本植物还有在果序上形成珠芽的胎生植物，如芽蓼（*Bistorta vivipara*）和珠芽紫羊茅（*Festuca rubra var. vivipara*）等，五花八门。看来还是采用 C. Raunkiaer 的生活型系统分类来标明较好，特制成图 3。

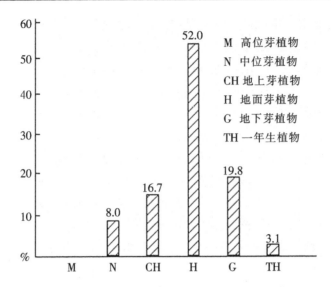

图3　长白山高山冻原带植物群落的生活型谱

从图3可以看出长白山高山冻原植物中没有高芽位植物，虽然可以看到单株的黄花松、鱼鳞松和东北赤杨等乔木树种，但它们均不能正常生长，都呈灌木状。高山冻原植被中主要以地面芽植物为主（52.0%），在当地植被构成中起决定性作用；其次是地下芽植物（19.8%）和地上芽植物（16.7%）。别看中位芽植物（灌木）（8.0%）占倒数第二位，实际上这些矮小石楠灌丛支配着整个高山冻原的植被景观。特别是在海拔2 000～2 300（2 400）m的地段上，绝大部分被它们覆盖着。所以多数人同意用"常绿矮石楠灌丛"，因为这个名称比"苔原"更符合当地实际。

五、群落配置

别看高山冻原植物的生活型多种多样，但其植被群落中的成层现象十分单调，因为它们的高度差别很小，一般只有两层。

灌木层比较明显。一般高约7～22 cm，从森林界限到山顶灌木层随海拔升高，它却越来越低，总盖度也越来越小。成层现象的特点是，地上层主要可见灌木层和下面的苔藓层，而地下的成层现象很不明显。这是由于土层薄，温度低的特点造成的，所以无论是木本或草本植物的根系，常常盘根错节，形成单层根系，根据观察所见多10～20 cm深度范围内，这也是高山冻原植被类型的特殊现象之一（见剖面图4），高山冻原植被群落中每一层片的种类很少，多则有2～3种，一般为1～2种，不少只有一种的小群丛。小地形的变化，使小气候及水分条件也随之变化。加上种间斗争与互助，常使高山冻原植被中表现出明显的小群丛复合体，如图5、图6所示。

因此，在高山冻原每年7～8月份百花盛开，绚丽多彩，早有"空中花园"之称。

高山冻原植被另一个特点是地衣苔藓层较发达。在海拔2 300 m以下，常绿石楠灌丛占优势地段上，它一般在灌木层下边，只有个别小地块上能占据地面空间，在海拔2 300 m以上，植被总盖度逐渐减少，苔藓地衣在植被总盖度中的比例也逐渐增加，局部地块几乎形成了纯群落，即样地的总盖度基本达100%。

灌木层和苔藓层两者相互依存，一般来说灌木层发达的地方也是苔藓发育较好的地方，这是在火山灰锥体上原生演替的基本规律。

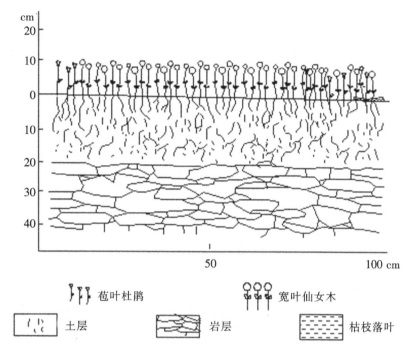

图4　宽叶仙女木——苞叶杜鹃小群丛之剖面图，
北坡瀑布附近，坡向东北。1978.8.7 于振洲绘

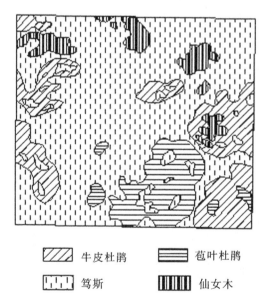

图5　笃斯—牛皮杜鹃小群丛的镶嵌现象之一，
长白山北坡温泉附近东山坡。1978.8.7 于振洲绘

▨ 牛皮杜鹃　　　▤ 苞叶杜鹃

▦ 笃斯　　　▥ 仙女木

图 6　牛皮杜鹃—笃斯小群丛的镶嵌现象之一，

长白山北坡温泉附近东山坡。1978.8.7 于振洲绘

六、亚带的划分及名称

根据长白山高山冻原的植被特点可由海拔 2 300（2 400）m 为界，分为两个亚带。

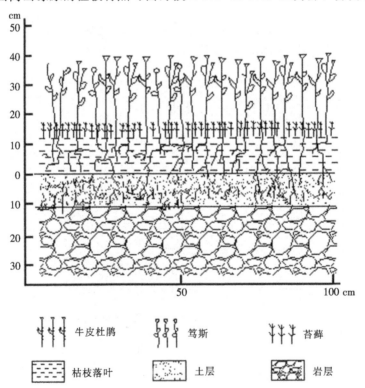

牛皮杜鹃　　　笃斯　　　苔藓

枯枝落叶　　　土层　　　岩层

图 7　牛皮杜鹃—笃斯小群丛之剖面图，

长白山北坡温泉附近，坡向东。1978.8.7 于振洲绘

　　在北坡从无林带开始 2 000～2 100 m 以上，植被群落以常绿矮小灌丛为主，还有些小片的地衣。群落的建群种主要是杜鹃花科植物。在比较低湿的小环境里，牛皮茶常形成纯群落（图 7）；有些地形微洼、土壤湿度条件比较良好的局部有牛皮茶和松毛翠组成的群落；在小地形相对稍高的地方常常有苞叶杜鹃群落（见图 8）；特别是多石砾的山坡上还有宽叶仙女木混生在一起的群落，总是些杜鹃花科的种类，因此目前多数学者称为高山"常绿矮石楠灌丛"亚带比较适合。

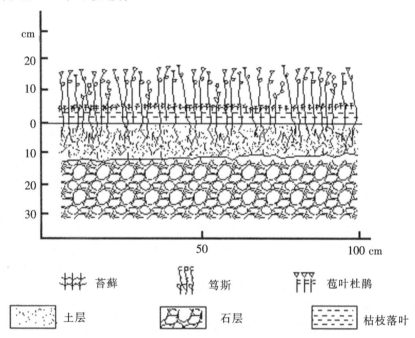

图 8　苞叶杜鹃——笃斯小群丛剖面图，
长白山北坡瀑布附近，坡向东。1978.8.7 于振洲绘

　　由 2 300（2 400）m 往上，常常出现植被不能全部覆盖地面，海拔越高裸地越多，呈现出半荒漠的特征。所以我们将 2 300（2 400）m 以上的植被叫做"高山半荒漠"亚带，在此火山灰锥体上伴随着植被群落的原生演替，土壤的形成和发育也相应地发生了。

（本文转载 1980 年 1 期《森林生态系统研究》）

长白山西侧中部森林植物调查报告

钱家驹[①]

一、序　言

长白山是我国的名山之一。据说遥望山头常年总是白色而得名。

笔者于 1955 年因预查野外实习地和业务学习，到漫江镇及伐木三场附近作了两次调查采集。在野外协同工作的：第一次有李树英、赵秀芬；第二次有郎奎昌。回校整理过程中蒙竹内亮教授指导并改正原稿，今把我们调查采集的结果，整理出来供大家参考。讹误之处，希望多加指正。

两次野外工作，多蒙吉林省森林经营局及森林工业管理局的关怀，特别是当地林业及政府机关同志们的大力协助，使我们能够按计划完成野外工作任务。今一并表示衷心的感谢。

这座中朝两国国境线上的名山，久为中外学术界所重视。尤其是植物学及林学工作者们，都认为它是研究原始高山植被的宝库。所以有关该山的调查文献是比较丰富的。从搜集的资料来看，参加该山调查工作的中国人没有外国人多，东侧的调查次数比西侧多。对长白山西侧的调查，第一次是英人 H. F. M. James 等，他们于 1886 年由沈阳出发，经通化、临江、汤河口，由漫江、桦皮河方面上山。7 月 13 日到山顶。8 月间沿松花江、吉林方面出山。所获植物标本，由英国邱园植物园 Hemsley 鉴定，新种中有：*Gentiana Jamesii Hemsley*，*Senecio Jamesii Hemsley* 等，还有山荷花（*Astilboides tabularis Engler＝Saxifraga tabularis Hemsley*），为虎耳草科中一属一种的北朝鲜及长白山的特有种。其调查报告 "*The Long White Mountain*" 于 1888 年发表。

第二次是日本人北川政夫（M. Kitagawa）等，于 1940 年 7 月 24 日由抚松县出发，经东岗、漫江、桦皮河、四平街（温泉）上山，于 1941 年发表"长白山植物调查报告"，记载维管束植物 79 科、525 种。

新中国成立后为了掌握长白山的森林资源，政府派出调查队，进行了大规模的森林调查工作。划出林班线，制成林相分布图。1950 年东北植物研究所在刘慎谔教授的领导下进行了中国人第一次的植物学采集调查。我校生物学系李茹光、苗以农参加了这次采集。他们于 7 月 5 日出发，8 月 15 日返校，共采得维管束植物 63 科、336 种，苔藓植物 15 种、地衣 16 种，合计 367 种。植物目录尚未发表。

以上三次采集调查（除去森调队的调查）的基本形式，都是行军式一条线的方法进行的。因为以前长白山林区中未建立经营管理机构，交通、食、宿不便，工作极其艰苦，故不可能用线、面结合的工作方法进行。

我们 1955 年的两次野外工作和以前的调查不同，因到处都有伐木场、抚育场，森林火车至少可直达漫江，初步试用了线、面结合的工作方法，调查范围仅在中部森林地带，未作深入

---

① 【作者单位】东北师范大学地理系。

全面的采集，已采得维管束植物81科、240属、384种。内有107种是北川政夫的植物目录中未载的，其中有三种是东北的新记载。苔藓植物约60种，大部分是东北的新记载。

调查路线：第一次是6月19日由长春出发，经四平、通化、临江，转森铁火车，于6月22日到漫江。以漫江为中心，结合采集作四周群落学的调查。为了选择典型林相，曾到漫江后山、秃尾巴河、黑河口等地，最后到蚂蚁河一带观察火山灰及炭化木。30日由原道返长春。第二次于8月10日由长春出发，行程如前，以漫江及伐木三场为中心四出采集，结合植生调查，18日笔者一人到岳桦林层下缘（海拔1 460 m）。21日去头道岭遥望长白山及林带的分布概况，往返途中是一条线行军式的采集观察。

二、自然环境

（一）位置及地形

长白山是吉林省东部山地的总汇，纵贯于吉林省安图县、抚松县及长白县境内。它有广大而缓斜的山裙带。山峰主体位于北纬41°58′～42°6′，东经127°54′～128°8′，屹立于中朝两国的国境线上，是松花江、鸭绿江及图们江三大河流的发源地，乃东北最高的一座名山，海拔2 743.5 m（大正峰）。以此为中心，北有安图，南有长白，西有抚松、临江，东对朝鲜的茂山、富宁。山顶有陷没湖，叫做"天池"。水面海拔2 194 m（1943年测）；水深312.7 m（1930年测），湖周围长达14 km。

（二）地史及地质

长白山的形成历史，首先是中生代以及更早期隆起的盖马台地，再有第三纪鲜新世喷出的玄武岩浆，覆盖了这个台地，形成了玄武岩台地。此后直到现世，经过多次喷火，形成了长白山的山体。据笔者观察（沙金至漫江间是旅途中粗略的观察，漫江至三场间观察得稍详细些），制成一幅半模式图（图1）。在沙金、天桥车站附近是基盘岩类，岩石内嵌有卵石。漫江附近是玄武岩类及粗面岩类，向上到锦江桥附近（距漫江约3 km）的地面上有浮石。土壤中混有火山灰。越向上火山灰夹杂浮石的覆盖层越厚，蚂蚁河一带有厚达3 m左右者（图版ⅩⅥ，图31—32）。从人工剖面及火山灰土墩上可以看出后期喷火情况。从颜色和结构上可以分出很多层次。中间还夹有炭化木、未曾炭化的树干遗骸及冲积层，这些现象说明那时地质变动和植物群落的关系。

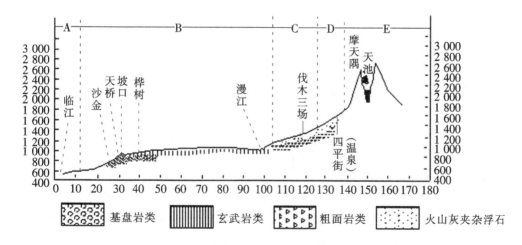

图1 长白山西侧纵断面半模式图

A：夏绿林带；B：针阔混交林带；C：下部针叶林带；D：上部针叶林带及上部阔叶林带；E：高山带（矮小灌木、草原及苔藓地衣带）。

三、植物群落的概述和讨论

（一）植物带的讨论

长白山上植物带的垂直分布，曾有不少学者提出划分的意见，总起来说都把它分成高山带和森林带两大类别。朝鲜侧和中国侧的情况不同，后者的变化比较丰富。关于中国侧植物带的划分法有以下几种：

1. 北川政夫氏对西侧植物带的划分：

下部针叶林带　600～1 000 m

中部针叶林带　1 000～1 500 m

上部针叶林带　1 500～2 000 m

高山植物林带　2 000～2 500 m

但和北川政夫同行的远藤滋氏认为森林带应分成上部阔叶树林、上部针叶树林、下部针叶树林、下部针阔混交林及下部阔叶树林。

2. 竹内亮氏对北侧植物带的划分：

高山带　矮小灌木群落　1 800～2 100 m 以上

森林带　上部阔叶树林带　1 800～2 100 m

　　　　上部针叶树林带　1 600～1 800 m

　　　　下部针叶树林带　1 300～1 600 m

　　　　针阔混交林带　1 300 m 以下

以后竹内亮氏又改为：

A. 高山带　1 800～2 100 m 以上

B. 森林带　1 800～2 100 m 以下

　　a. 亚高山带　1 800～2 100 m 以下

　　b. 低山带　1 000 m 以下

3. 刘慎谔氏分长白山西坡植被为五层：

高山草原带　2 000～2 700 m

上部阔叶林层　1 800～2 000 m

针叶树纯林层　1 600～1 800 m

针阔混交林层　500～1 600 m

下部阔叶林层　500～600 m 以下

根据笔者的观察记录，又参考以上各位学者的意见，划分为五带，如图 1 所示。因本人调查范围很小，大部分是在火车上的观察记录和参考文献的记载，很片面，仅供参考。

A. 夏绿林带。约占海拔 250～500 m 的丘陵地带（自哈福车站算起），受人类经济活动的影响很大，次生自然林中的主要树种有：蒙古栎（*Quercus mongolica*）、山杨（*Populus davidiana*）等。其次是糠椴（*Tilia mandshurica*）、怀槐（*Maackia amurensis*）、黄蘗罗（*Phellodendron amurense*）、茶条槭（*Acer Ginnala*）和狭裂叶山楂（*Crataegus pinnatifida var. pilosa*）等。在土壤较湿润肥沃处生有胡桃楸（*Juglans mandshurica*），沟谷内以柳树（*Salix spp.*）为主。灌木有榛（*Corylus heterophylla*）、

胡枝子（*Lespedeza bicolor*）。藤本植物以山葡萄（*Vitis amurensis*）为主。林下草有铃兰（*Convallaria keiskei*）、玉竹（*Polygonatum officinale*）等。此带中有人造的针叶树林。

B. 针叶阔叶混交林带。约占海拔 500～1 000 m，是长白山的山裙带。主要是原始林，占面积很大。由于敌伪时期掠夺式的采伐，林相大遭破坏，尤其是针叶树株伐去的最多。目前看来针叶树的混交比重是自下而上的逐渐增加。

针叶树中以红松（*Pinus koraiensis*）为主，沙松（*Abies holophylla*）较少。过桦树站以后，逐渐看到红皮臭（*Picea koraiensis*）、臭松（*Abies nephrolepis*）及部分的落叶松（*Larix olgensis*）纯林。漫江一带以上针叶树的比重有显著的增加，但种类成分变化不大。

阔叶树种很多，有春榆（*Ulmus propinqua*）、裂叶榆（*Ulmus laciniata*）、蒙古栎（*Quercus mongolica*）、水曲柳（*Fraxinus mandshurica*）、懐槐（*Maackia amurensis*）、紫椴（*Tilia amurensis*）、白桦（*Betula platyphylla*）、胡桃楸（*Juglans mandshurica*）、黄檗罗（*Phellodendron amurense*）、千金榆（*Carpinus cordata*）、色木槭（*Acer mono*）、白牛槭（*Acer mandshuricum*）、拧筋槭（*Acer triflorum*）、假色槭（*Acer pseudo－Sieboldianum*）等。藤本植物除了山葡萄外、丸枣子（*Actinidia kolomikta*）及五味子（*Schizandra chinensis*）等也较多。

灌木类以珍珠梅、马尿蒿（*Spiraea salicifolia*）、胡榛（*Corylus mandshurica*）、忍冬属（*Lonicera*）、茶藨属（*Ribes*）及夹蒾属（*Viburnum*）等的种类为主。荫林下有：假王孙（*Brachyobotrys paridiformis*）及银线草（*Tricercandra japonica*）的纯群而以绵马（*Dryopteris crassirhizoma*）及绵马型羊齿类为主，还有很多木贼（*Equisetum hyrmale*）。苔藓层发育不良，多与枯枝落叶混在一起，悬垂藓类及松萝（*Usnea longissima*）等，越往下越少，乃至消失。

林中倒木绝大多数是白桦。

C. 下针叶林带。约在 1 000～1 400 m 左右，此带可以认为是由针叶阔叶混交林逐渐到针叶树纯林的过渡地带。漫江一带以上，基本上是针叶过半林。针叶树种，仍以红松（*Pinus koraiensis*）为主。红皮臭（*Picea koraiensis*）、臭松（*Abies nephrolepis*）的比重相对增加。落叶松（*Larix olgensis*）在湿原上有成片的纯林，它和以上所述的针叶树的混生林已经相当普遍。另外还见到少量的鱼鳞松（*Picea jezoensis*）。值得注意的是这个林带中蒙古栎（*Quercus mongolica*）、胡桃楸（*Juglans mandshurica*）、黄檗罗（*Phellodendron amurense*）及春榆（*Ulmus propinqua*）等在此带的下部还可见到，稍往上则基本上绝迹。同时出现了另外一些阔叶树，如风桦（*Betula costata*）等。林内比较阴湿，悬垂藓类及松萝等比较多。灌木层没有针阔混交林下繁茂，但苔藓层发育的较好，林下草本层中假王孙、银线草、绵马及绵马型羊齿等逐渐减少，七筋姑（*Clintonia udensis*）逐渐加多，到海拔 1 200 m 以上的林下已发现朝鲜瑞香（*Daphne koreana*）和林奈草（*Linnaea borealis*）以及石松类，其中的万年松（*Lycopodium obscurum*）及石松（*Lycopodium clavatum*）始见于海拔 900 m 处（秃尾巴河附近），藤本植物中仅看到五味子（*Schizandra chinensis*），但未见其开花结实。其他种类罕见。约在 1 300 m 以上，基本上没有塔头甸子。

林下倒木不很多，从树皮及分枝状态上可以看出它们是白桦、香杨（*Populus*

koreana）及落叶松（*Larix olgensis*）等。林下幼树苗以臭松（*Abies nephrolepis*）为主。

野生的人参（*Panax schinseng*），主要分布在针阔混交林带及下部针叶林带中。

D. 上针叶林带及岳桦林带。上部针叶林带也称针叶树纯林层，约占海拔 1 400～1 800 m，红松在此带中逐渐减少乃至绝迹。鱼鳞松（*Picea jezoensis*）、臭松及落叶松的比重迅速增加，此带中阔叶树有岳桦（*Betula costata*）、花楸（*Sorbus pohuashanensis*）等。林下真藓层非常发达，厚达 10 cm 左右。树干基部也包围有相当厚的藓类。林下灌木层及草本层不发达，石松类常在藓褥上形成繁茂的群落。

林内风倒木主要是落叶松（*Larix olgensis*）、香杨（*Populus koreana*）及鱼鳞松（*Picea jezoensis*）等。

林冠的中下层树枝上披挂着繁茂的悬垂藓类和松罗（*Usnea longissima*）等。林内相当阴湿，8 月间经常下雨。

在第二次调查时顺长白山老道向右前方穿出，在海拔 1 460 m 处（距伐木三场约 8 km）发现岳桦林（上部阔叶林带）的下缘，与上部针叶林带犬牙交错地衔接着。这里形成两个截然不同的林带的主要原因是土壤基质。很明显，在落叶松、鱼鳞松、臭松林下是火山灰和冲积土，而岳桦林生长在石塘上，土层极薄，基岩（粗面岩类）到处外露，两者仅隔一条约 35 m 宽的浅沟，其他环境因子没有显著的差别，岳桦林带的上缘可达2 100 m。

（二）植物群落的概述

1. 针叶林

（1）红松林。这类林子主要的特征是在上层林冠中红松约占 50% 以上，另有一些其他种类的针叶树，但阔叶树的比重在 40% 以下，有时 10% 或更少，其生存环境的主要特点是排水良好，土质为比较肥厚的冲积土或火山灰。这类林子在长白山的针阔混交林带上部开始出现，在下部针叶林带中分布很广。我们选了两个样地，分别描述如下：

地点：漫江镇黑河口附近；土壤：冲积土，肥厚，排水良好。

样地Ⅰ（图2），在黑河口附近紧接河岸的缓斜坡上是一个将要成熟的 4～5 龄级①的林子，上层林冠中几乎全是红松，离样线稍远的地方有少数衰老的白桦。林下有白桦的倒木。冲积土层相当肥厚，很少地方露出基岩（粗面岩）。这足以证明这个群落是经过白桦林阶段，更替了白桦林而发展起来的。近河身处以红皮臭为主，说明这两种针叶树对土壤水分的要求，是一幅显明的生态演替系列。

林冠郁闭度约 0.7。灌木层中以暴马子（*Syringa amurensis*）、胡榛（*Corylus mandshurica*）及簇毛槭（*Acer berbinerve*）为主。它们多半是单生的。草本层中以绵马（*Dryopteris crassirhizoma*）及绵马型羊齿为主。苔草（*Carex spp.*）也很繁茂。真藓类未成层，和枯枝落叶混在一起。

---

① 每 20 年为一个龄级。

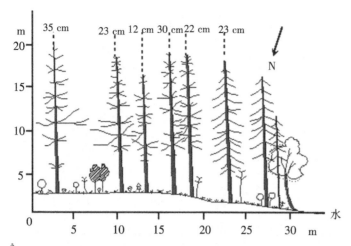

图 2　红松、红皮臭分布与地形的关系

1. 红松（*Pinus koraiensis*）;
2. 红皮臭（*Picea koraiensis*）;
3. 簇毛槭（*Acer berbinerve*）;
4. 暴马子（*Syringa amurensis*）;
5. 胡榛子（*Corylus mandshurica*）;
6. 春榆（*Ulmus propinqua*）;
7. 白桦（*Betula platyphylla*）之倒木；
8. 锦马（*Dryopteris crassirhizoma*）及锦马型蕨类；
9. 三尖菜（*Cacalia hastata*）;
10. 大柴胡（*Bupleurum longeradiatum*）;
11. 苔草（*Carex sp.*）.

　　样地Ⅱ（图3），在下部针叶林带内。上层林冠中针叶树约占90％，其中红松约达80％。阔叶树中有香杨，林下倒木中有白桦。土壤基质是火山灰。粗腐殖质厚达10 cm。很明显，这个成熟的红松林也是更替了阔叶树（杨桦林）而发展起来的。从目前情况来看。它将被鱼鳞松、臭松林所更替，因为林冠下孕育着极其繁茂的鱼鳞松和臭松的树苗，红松的幼苗，不但数量极少，而且发育不良。

　　总郁闭度约为 0.8～0.9。第二层中有簇毛槭（*Acer berbinerve*）、色木槭（*Acer mono*）及臭松等。灌木层中臭松和鱼鳞松的幼苗占优势。忍冬属（*Lonicera*）灌丛很少。藤本植物只有五味子，但不像开过花。草本层不太繁茂，有绵马、万年松（*Lycopodium obscurum*）、毛舞鹤草（*Maianthemum bifolium*）、山酢浆草（*Oxalis acetosella*）、七筋姑（*Clintonia udensis*）、一枝黄花（*Solidago virgaaurea*）、森林堇菜（*Viola silvestriformis*）、毛露珠草（*Circaea caulesensvar. pilosula*）、苔草（*Carex spp.*）及少数七瓣莲（*Trientalis europaea*）等。真藓层发育良好，厚达 8 cm 左右。以里藓〔*Rhytiadelphus triquetrus*（Hedw.）Warst.〕为主。树干上有羽叶平藓〔*Neckera pennata*（L.）Hedw.〕及光拟平藓〔*Neckeropsis nitidula*（Mitt.）Fl.〕。树枝上悬挂着悬垂藓（*Leucodon pendula* Lindb.）。

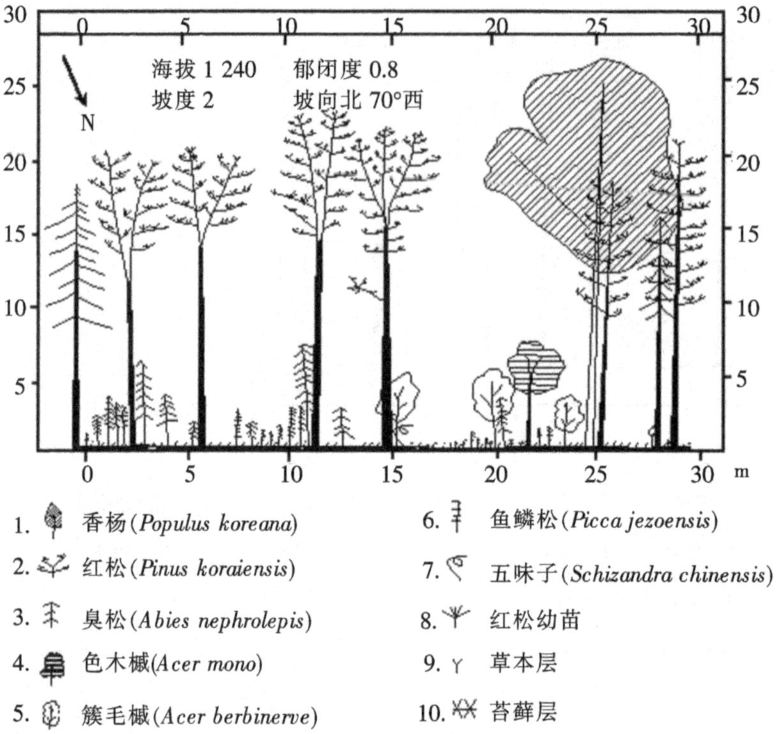
海拔 1 240
郁闭度 0.8
坡度 2
坡向北 70°西
N
0
5
10
15
20
25
30
m
1. 香杨(*Populus koreana*)
2. 红松(*Pinus koraiensis*)
3. 臭松(*Abies nephrolepis*)
4. 色木槭(*Acer mono*)
5. 簇毛槭(*Acer berbinerve*)
6. 鱼鳞松(*Picca jezoensis*)
7. 五味子(*Schizandra chinensis*)
8. 红松幼苗
9. 草本层
10. 苔藓层

图 3 红松林（桦皮河附近）

红松林在长白山腰的大树海中分布很广，是一个重要的组成部分。同时在小兴安岭分布的也很广。红松为我国东北产的优良材用树木，经济价值最大，目前采伐的也较多，自然更新很困难而且需时较久。故对红松林的采伐作业及抚育更新问题需要大力研究及早解决。

（2）落叶松林。这类林子在长白山占有广大的面积［朝鲜侧较多[6,9]］。大体可分为两类，第一类是落叶松纯林。它分布在针阔混交林带的中上部及下部针叶林带内，其生存环境的特点基本上是泥炭藓（*Sphagnum*）沼泽，至少说过去可能是泥炭藓沼泽，现在上层有不少塔藓［*Hylocomium proliferum*（L.）*Lindb. l*］，地势低凹，排水不良，在沼泽边缘，泥炭层渐薄乃至没有。塔头墩子或发育不完全的塔头墩子是林下草本层中典型特征之一。发育较好的塔头墩子高达 50 cm 左右。

落叶松林的季相演替和夏绿林相同，是针叶林中的特殊群落。林下倒木中有白桦及落叶松。从落叶松的风倒木上可以看出其根系的分布情况。即主根早期死亡，侧根水平伸张，形成所谓的浅根系。故易被风吹倒，孤立树状长成旗形树冠（图 4），向风的树干上常有冻裂，这都说明了“风”以及由风引起的低温因子对落叶松林的损害。更严重的是山火及松毛虫灾，在秃尾巴河一带，已经毁灭了约 2 000 公顷健美的落叶松林（5～7 龄级）。因为当地山火主要是林床火，目前基本上是一片站杆。落叶松是比较容易自然更新的先锋树种，生长迅速，木材亦佳。但在完全沼泽化的采伐及火烧迹地上自然更新相当困难，在不完全沼泽化的地段上又常被白桦所演替。这些问题都需要进一步综合研究，加以解决。

在秃尾巴河一带，就 1955 年 6 月间主伐试点清理林场的第一标准地为基础，作成该地生态演替系列的半模式图（图4）。很明显，由于小地形的逐渐升高，排水情况逐渐良好，落叶松林经过一系列的过渡林型，就让位于针阔混交林乃至小片的阔叶林了。

落叶松林的郁闭度较小，为0.6左右，有时还不到0.4。灌木层不繁茂，种类较少，而且较特殊，如：白山茶（*Ledum palustre var. dilatatum*）、狭叶白山茶（*Ledum palustre var. angustrum*）、黑豆木（*Vaccinium uliginosnm*）、越橘（*Vaccinium vitis—idaea*）、越橘柳（*Salix myrtiliodes*）、酸果蔓（*Oxycoccus palustris*）及小果酸果蔓（*Oxycoccus microcarpus*）等，都生在疏林或树冠疏开处。后三种都混在草本层中。泥炭藓属（*Sphagnum*）植物在局部低湿处，大金发藓（*Polytrichum commue L.*），生在树根旁或朽木上，无积水处。

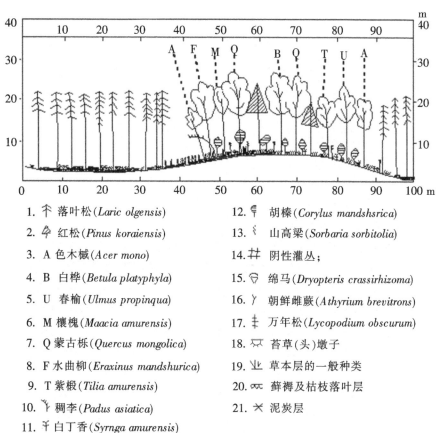

1. 落叶松（*Laric olgensis*）	12. 胡榛（*Corylus mandshsrica*）
2. 红松（*Pinus koraiensis*）	13. 山高梁（*Sorbaria sorbitolia*）
3. A 色木槭（*Acer mono*）	14. 阴性灌丛；
4. B 白桦（*Betula platyphyla*）	15. 绵马（*Dryopteris crassirhizoma*）
5. U 春榆（*Ulmus propinqua*）	16. 朝鲜雌蕨（*Athyrium brevitrons*）
6. M 樓槐（*Maacia amurensis*）	17. 万年松（*Lycopodium obscurum*）
7. Q 蒙古栎（*Quercus mongolica*）	18. 苔草（头）墩子
8. F 水曲柳（*Eraxinus mandshurica*）	19. 草本层的一般种类
9. T 紫椴（*Tilia amurensis*）	20. 藓褥及枯枝落叶层
10. 稠李（*Padus asiatica*）	21. 泥炭层
11. 白丁香（*Syrnga amurensis*）	

图4 秃尾巴河（七场）一带林相与小地形关系的半模式图

第二类落叶松林分布在沟谷及其两翼的缓斜坡上，以及河岸附近的低平地上，结构比较复杂。从针阔混交林带上部一直到上部针叶林带都有，而且某些针叶林很难和这一类落叶松林截然分开。为了明确这类林子的结构，在伐木三场附近选了一个比较典型的样地为例。如表1：

表 1 落叶松林木本层的描述

（树冠的郁闭 0.8；样地面积为 100 m²）

植物种名		亚层	成分		高度 (m)		树冠直径(m)		树干直径(cm)		优势年龄	物候相	生活力
中文名	学 名		树冠盖度	树干多度	平均	最高	平均	最高	平均	最高			
落叶松	*Larix olgensis*	I	0.7	8	27	30	10	12	15	43	140	п₁	III
臭松	*Abies nephrolepis*	II，III	0.4	12,4	15	20	8	12	17	40	60～120	п₁	III
鱼鳞松	*Picea jezoensis*	II	0.4	1	12	12	7	7	22	22	70	п₁～₂	III
色木槭	*Acer mono*	III	0.4	1	9	9	5(?)	5(?)	13	13	40	вег	II
鼠李	*Rhamnus davurica*	III	0.4	1								вег	III
簇毛槭	*Acer berbinerve*	IV	0.2	1								пр	III
红皮臭	*Picea koraiensis*	IV	0.2	1								пр	III
长白蔷薇	*Rosa koreana*	IV	0.2	6								п₂	II
珍珠梅	*Sorbaria sorbifolia*	IV	0.2	10								п₂	II
长白忍冬	*Lonicera Ruprechtiana*	IV	0.2	5								п₂	III
五味子	*Schizandra chinensis*	层外		2								п₂	III

1955 年 8 月 17 日，伐木三场附近。

这片落叶松林将步入衰老期。第一层林冠中全是落叶松，第二层中只有鱼鳞松和臭松，第三层中除掉 4 株臭松外还有色木槭、鼠李等阔叶树，第四层是灌木层，此层中还有红皮臭。藤本植物只有五味子，林下有白桦的倒木。落叶松一般是 7 龄级的大树，生长基质是火山灰夹杂些冲积土，这片林子可能是在自然演替过程中和白桦同时发展起来的第一阶段的森林，它又将被鱼鳞松、臭松林所更替。

林冠总郁闭度为 0.8，灌木层不太繁茂。草本层中以木贼（*Equisetum hyemale*）为主，朝鲜雌蕨（*Athyrium brevifrons*）及绵马（*Dryopteris crassirhizoma*）盖度约占 10％。其他还有：一枝黄花（*Solidago virga－aurea*）、轮叶百合（*Lilium distichum*）、野芝麻（*Lamium album*）及苔草（*Carex sp.*）。下层小草，以毛舞鹤草（*Maianthemum bifolium*）为主，真藓层厚达 10 cm，以里藓〔*Rhytiadelphus triquetrus*（*Hedw*）. *Warst.*〕、塔藓〔*Hylocomium proliferum*（*L.*）*Lindb.*〕为主。

（3）红松、鱼鳞松、臭松林。位于下针叶林带中的河岸缓低平地上。这类林子的上层林冠中有红松、落叶松、鱼鳞松及臭松，还有少量的紫椴（*Tilia amurensis*）。这几种树木的年龄、胸径和树高都很相近。林冠郁闭度很大，林内相当阴湿，披挂很多悬垂藓（*Leucodon pendula Lindb.*）及松萝（*Usnea longissima Ach.*）。第二层的臭松，因为披挂物太多，大部分死亡。可见松罗和悬垂藓对林木的自然整枝和自然稀疏起着很大的作用，目前这里施行透光疏伐是很有必要的。

在伐木三场附近苇沙河沿岸的林子，因落叶松比重较大，基本上属于落叶松林，但在某些地段（局部凸起）上的林子的上层林冠中，红松和落叶松的成分几乎相等，甚至以红松为主。林下落叶松的幼苗比红松的幼苗多些。但发育的都不太好，这个群落的结构和演替规律与以前所述的几种林子都不相同，因此有必要把它分出。

草本层中有木贼、苔草（*Carex sp.*）、舞鹤草、兔羊齿（*Gymnocarpium dryopteris var. disjunctum*）、大叶唐松草（*Thalictrum tuberiferum*）、圆叶唢呐（*Mitella nuda*）、山酢浆草（*Oxalis acetosella*）及七瓣莲（*Trientalis europaea*）等。真藓层厚达 8 cm，以里藓〔Rhytiadelphus triquetrus（Hedw.）Warst.〕为主。

（4）红皮臭、臭松林在黑河口附近可见，多分布于沟谷及其两翼的斜坡上，从伐根及现存少量的落叶松树株上可以认为是继落叶松林而起的针叶林。某些地段上臭松的比重很大，当地俗称为"臭松排子"。

此外，在上部针叶林带中，还有鱼鳞松、臭松林和落叶松、鱼鳞松、臭松林等。林下一般特点是林内相当阴湿，林下灌木层和草本层均不发达。真藓层却形成致密的活地被，上面有石松（*Lycopodium clavatum*）、杉叶石松（*Lycopodium annotinum*）、地刷子（*Lycopodium auceps*）、千层塔（*Lycopodium serratum*）和鹤舞草（*Maianthemum dilatatum*）、七筋姑（*Clintonia udensis*）及矮蝠叶菜（*Cacalia kamtschatica*）等。树干基部也包围着相当厚的真藓层。

林下倒木以落叶松、香杨为主（图 15，16）。在针叶林带中常有风倒（多为针叶树）和风折（多阔叶树）树株，是林业上必须研究的重要问题之一。

2. 针叶阔叶混交林

这类林子比针叶林结构复杂得多。占据的面积也最大，仅选三种类型作一扼要的概述。

（5）针叶阔叶混交林分布在落叶松林外缘或其他排水良好的丘陵台地上。在秃尾巴河一带混交林中的针叶树种主要是落叶松，还有少量的红松等。阔叶树种有蒙古栎（*Quercus mongolica*）、水曲柳（*Fraxinus mandshurica*）、色木槭（*Acer mono*）、紫椴（*Tilia amurensis*）、春榆（*Ulmns propinqua*）及怀槐（*Maackica amurensis*）等。第二层中有暴马丁香（*Syringa amurensis*）、稠李（*Padus asiatica*）及胡榛（*Corylus mandshurica*）等。

灌木层中有长白忍冬（*Lonicera ruprechtiana*）、马氏忍冬（*Lonicera maximowiczii*）、蓝靛果（*Lonicera caerulea var. edulis*）、狗葡萄（*Ribes mandshuricum*）、刺李（*Ribes burejense*）、尖叶茶藨（*Ribes maximowiczianum*）、伏生茶藨（*Ribes repens*）、卫矛（*Evonymus sacrosancta*）、大叶小檗（*Berberis amurensis*）及刺五加（*Eleutherococcus senticosus*）等。疏开的林间空地上常形成珍珠梅（*Sorbaria sorbifolia*）群落。藤本（层外）植物有五味子（*Schizandra chinensis*）、丸枣子（*Actinidia kolomikta*）等。

草本层也很繁茂，有三尖叶（*Cacalia hastata subsp. orientalis f. glabrescens*）、续断（*Lamium album*）、山牛蒡（*Synurus deltoides*）、朝鲜马蹄草（*Glechoma hederacea var.*）、龟叶草（*Amethestanthus exisus*）、假细辛（*Jeffersonia dubia*）、轮叶王孙（*Paris verticillata*）、轮叶百合（*Lilium distichum*）、铃兰（*Convallaris keiskei*）、假芹菜（*Dentaria leucantha*）、细辛（*Asarum heteropoides var. manshuricum*）、草芍药（*Paeonia obovata*）、里白合叶子（*Eilipendula palmata*）、紫萁（*Osmunda cinnamomea*）、朝鲜雌蕨（*Athyrium brevifrons*）、宽叶苔草（*Carex siderostica*）、大花延龄草（*Trillium kamtschaticum*）及万年松（*Lycopodium obscurum*）等。真藓层发育得不甚好，以万年藓（*Climacium japonicum Lindb.*）为主，它与山酢浆草（*Oxalis acetosella*）等混生，还夹杂些枯枝落叶。林下活地被的变化很复杂，有紫萁（*Osmunda cinnamomea*）群落，绵马（*Dryopteris crassirhizama*）群落，银线草（*Tricercandra japonica*）群落，假王孙（*Brachyobotrys paridiformis*）群落及以木贼（*Equisetum hyemale*）为主的群落等。这些典型的活地被，标志着不同的立地环境条件、林下结构及林冠郁闭度等特点。所以对森林更新、森林发育及树种更替都有很大的意义，同时也是划分林型的根据之一。这些问题留在以后研究。

（6）杂木林。样地的头道岭一带，是针阔混交林受人类破坏的结果。由于林内的针叶树被伐去，阔叶树种及林下灌木和草本植物骤然获得发展的空间后所形成的。这类林子的主要特点是种类很多，层次不明，阔叶树在上层林冠中占90％以上，苔藓层极不发达。

主要林木有蒙古栎、色木槭、春榆、紫椴、水曲柳及香杨等。

次要的有糠槐、胡桃楸、风桦（*Betula costata*）、东北白桦（*Betula mandshurica*）、黑桦（*Betula davurica*）、白牛槭（*Acer mandshuricum*）、拧筋槭（*Acer triflorum*）等。青楷槭（*Acer tegmentosum*）能长入上层林冠，结实很多。针叶树有红皮臭和臭松。

灌木层与第二层分化不明显。以胡榛、暴马丁香为主。其次是东北山梅花、小花溲疏、五加、刺五加、长白忍冬（*Lonicera ruprechtiana*）、狗葡萄、刺李、瘤枝卫矛、珍珠梅及托盘（*Rubus crataegifolius*）等。

藤本植物有山葡萄（*Vitis amurensis*）、五味子（*Schizandra chinensis*）及丸枣子（*Actinidia kolomikta*）。

草本层中有紫萁、绵马、朝鲜雌蕨、落新妇、三尖菜、和尚菜、苔草及禾草类。另外还有铁线蕨（*Adiantum pedatum*）、银线草（*Tricercandra japonica*）、假王孙（*Brachyobotrys paridiformis*）、假芹菜（*Dentaria leucantha*）、铃兰（*Convallaria keiskei*）、三花玉竹（*Polygonatum inflatum*）。在林冠疏开处及林内道旁常见和尚菜、水金凤（*Impatiens noli－tangere*）、野凤仙花（*Impatiens textori*）、狭叶荨麻（*Urtica angustifolia*）及三出叶黄堇（*Corydalis ochotensis*）等。

（7）杨桦林。这类林子在阔针混交林带分布很广，它是在原始林被彻底破坏（山火、采伐及耕地荒废）后的次生裸地上发展起来。第一阶段的群落多半是一齐林。杨桦林是个过渡林型。白桦比山杨林更能耐湿，故分布较广，可以更替落叶松林，这类林子20年左右即成熟，50年左右即渐衰老。

起初和山杨、白桦同时侵入的有很多阳性草本植物。由于山杨、白桦的树苗迅速形成了蔽阴的环境而逐渐死去。相反的，另外一些阴性植物却得到了良好的生活环境，逐渐繁茂起来。这里必须指出的是多数针叶树种，如红松、红皮臭等，在幼苗阶段很需要这样的蔽阴条件。于是就很自然的在杨桦林下发芽生长起来，无怪乎有人称"杨桦林为某些针叶树的保姆"了。至于杨桦林的发展趋向，是和该地的环境因子的特点有密切关系，即稍低湿处的杨桦林常被红皮臭、臭松林或其混交林所替。排水良好处常被红松或以红松为主的混交林所更替。为了说明这个群落演替规律，选出一个将衰老的白桦林作样地，描述如表2。

表 2 白桦林木本层的描述

（林冠的郁闭度 0.8；地面积为 100 m²）

植物种名		亚层	成分		高度 (m)		树冠直径(m)		树干直径(cm)		优势年龄	物候相	生活力
中文名	学 名		树冠盖度	树干多度	平均	最高	平均	最高	平均	最高			
白桦	*Betula platyphylla*	I	0.7	20	17	18	7	8	15	24	50	п₁	III
樏槐	*Maackia amurensis*	II	0.4	6	8	9	4	5	9	10	50	p	II
春榆	*Ulmus propinqua*	II	0.4	1	5	5	2	2	5	5	50	Ber	II
红皮臭	*Picea koraiensis*	II，III	0.4	5	3	4	1.5	2	5	6	40	пр	III
水曲柳	*Fraxinus mandshurica*	III	0.1	3	2.5	3	1.5	2	2.5	7	50	Ber	I
红松	*Pinus koraiensis*	IV	0.1	2	0.7	0.8					15	пр	III
长白忍冬	*Lonicera ruprechtiana*	IV	0.1	7	1							п₁	III
色木槭	*Acer mono*	IV	0.1	4	0.5							пр	II
珍珠梅	*Sorbaria sorbifolia*	IV	0.1	5	1							пп	III
刺李	*Ribes burejense*	IV	0.1	2	0.6							пр	III
蒙古栎	*Quercus mongolica*	IV	0.1	1	0.2							пр	I
五味子	*Schizandra chinensis*	层外		2								пр	III

1955 年 6 月 28 日黑河口附近。

目前上层林冠中的成分全是白桦。但在第 2—3 层中的种类成分，却是一个针阔混交林。样地中的红松幼苗发育的不很好，另外在样地附近的林内都有发育良好的红松幼树。从记名样方（表 3）中也可看出其演替的趋向，因为林中的主要乔木树种中，阔叶树有杯槐、春榆、水曲柳、色木槭，针叶树有红松及红皮臭等的频度均在 80% 以上。

表 3 白桦林记名样方的描写

植物种名		样方番号					频度%	附 录
中文名	学 名	1	2	3	4	5		
白桦	*Betula platyphylla*	+	+	+	+	+	100	
樏槐	*Maackia amurensis*	+	+	+	+	+	100	
春榆	*Ulmus proprinqua*	+	+	−	+	+	80	
水曲柳	*Fraxinus mandshurica*	+	+	+	−	+	80	
红松	*Pinus koraiensis*	+	+	+	+	−	80	
红皮臭	*Picea koraiensis*	+	+	+	+	+	100	
臭松	*Abies nephrolepis*	+	−	−	+	+	60	
胡榛	*Corylus mandshurica*	+	+	−	+	−	60	
东北山梅花	*Philadelphus schrenkii*	+	−	+	+	−	60	
色木槭	*Acer mono*	+	+	+	−	+	80	
紫椴	*Tilia amurensis*	+	−	−	+	+	60	

植物种名		样方番号					频度%	附　录
中文名	学　名	1	2	3	4	5		
狗葡萄	*Ribes manshuricum*	+	−	−	−	−	20	
簇毛槭	*Acer berbinerve*	+	−	−	−	−	20	
长白忍冬	*Lonicera ruprechtiana*	−	−	+	+	+	60	
丸枣子	*Actinidia kolomikta*	−	−	+	+	−	40	
青楷槭	*Acer tegmentosum*	−	−	−	+	+	40	
稠李	*Padus asiatica*	−	−	−	+	−	20	
山杨	*Populus davidiana*	−	−	−	+	−	20	
珍珠梅	*Sorbaria sorbifolia*	+	+	+	+	−	80	
刺李	*Ribes burejense*	−	+	−	+	−	40	
伏生茶藨	*Ribes repens*	−	−	−	+	−	20	
刺五加	*Eleutherococcus senticosus*	−	−	−	+	+	40	

1955 年 6 月 28 日，黑河口附近。

　　草本层（表 4）中也是以针阔混交林下草为主。无疑，这片白桦林将被其林下所孕育着的针阔混交林所更替。

表 4　　　　　　　　白桦林下草本层的描述

一般盖度 0.9；亚层高度：Ⅰ 60—75（cm）；Ⅱ 40—50（cm）；Ⅲ 8—15（cm）

植物种名		亚层	亚层盖度	德氏多度	平均高（cm）		物候相	生活力	生活型
中文名	学　名				生殖苗	叶层顶			
紫萁	*Osmunda cinnamomea*	Ⅰ	0.4	sp.	无	70	孢子已熟	Ⅲ	
朝鲜雌蕨	*Athyrium brevifrons*	Ⅰ	0.4	sp.	无	60	孢子未熟	Ⅲ	
落新妇	*Astilbe chinensis*	Ⅰ	0.4	sp.	无	70	ц₂	Ⅲ	H
龟叶草	*Amethystanthus excisus*	Ⅰ	0.4	sp.	无	70	вer	Ⅱ	K
朝鲜合叶子	*Filipendula koreana*	Ⅰ	0.4	sp.	无	75	₁ц₁	Ⅱ，Ⅲ	H
大穗苔	*Carex rhynchophysa*	Ⅱ	0.7	cop².	无	50	Ber	Ⅱ	CK
大繁缕	*Stellaria bungeana*	Ⅱ	0.7	sp.	无	40	ц₂	Ⅲ	H
毛舞鹤草	*Maianthemum bifolim*	Ⅲ	0.2	sp.	无	10	Ber	Ⅱ，Ⅲ	K
野芝麻	*Lamium album*	Ⅲ	0.2	sol.	无	15	ц₂	Ⅱ，Ⅲ	H
假芹菜	*Dentaria leucantha*	Ⅲ	0.2	sol.	无	15	Ber	Ⅱ	H
山酢浆草	*Oxalis acetosella*	Ⅲ	0.2	sp.	无	8	Ber *	Ⅲ	H
大山酢浆草	*Oxalis obtriangulata*	Ⅲ	0.2	sol.	无	8	Ber *	Ⅲ	H

　　* 应该是 ц—п₁，但未见其开花。

1955 年 6 月 28 日，黑河口附近。

这个群落演替的自然规律非常普遍。林学家们应当利用这个自然规律促进某些树种的天然更新。

3. 上部阔叶林

因为岳桦（*Betula ermannii*）是这类林子的主要树种，又称岳桦林。另外，只有少量的花楸（*Sorbus pohuashanensis*）等，林下还有些鱼鳞松的幼苗。此林带的下缘与下部针叶林带的上缘，是犬牙交错的嵌镶着。形成这样嵌镶的原因是生长基质，地形以及由地形引起来的一系列气候土壤因素的综合影响。

4. 河岸林

生于河流两岸，顺着河流，呈蜿蜒的带状分布。下游河岸有淤沙的地方，以柳属灌丛为主。如蒿柳（*Salix viminalis*）、卷边柳（*Salix siuzevii*）、红毛柳（*Salix gracilistyla*）等。上游或直流泥岸的地段上，主要是毛赤杨（*Alnus hirsuta*）等。

河岸林的材用价值不大，但对水土保持起着极重要的作用。故应妥为保护，适当抚育或营造。

5. 高草地

是个次生植物群落。由于过度采伐，火烧及割草放牧等原因，使局部的森林消灭，在此地段上常发育成高草地，种类繁多，其中大叶章（*Calamagrostis longsdorffii*）常能形成大片的植被，柳兰（*Chamaenerion angustifolium*）也常形成小片的纯群。其他杂生在一起的有：大藜芦（*Veratrum dolichopetalum*）、里白合叶子（*Filipendua palmata*）、朝鲜合叶子（*Filipendula korcana*）、九轮草（*Veronica sibirica*）、野宫花（*Sanguisorba tenuifolia*）、花葱（*Polemonium caeruleum*）、地笋（*Lycopus lucidus*）、库页薄荷（*Mentha sachalinensis*）、马先蒿（*Pedicularia resupinata*）、草乌头（*Aconitum kusnezoffii*）、唐松草（*Thalictrum aquilegifolium*）、一茎升麻（*Cimicifuga simplex*）、毛蕊牻牛苗（*Geranium eriostemn*）、水金凤（*Impatiens noli－tangere*）。菊科植物种类很多，多半高达 1～2 *m* 以上，如凤毛菊（*Saussure japonica*）、熊疏（*Ligularia sibirica*）、三叶泽兰（*Eupatorium Lindleyanum var. trifoliatum*）、麻叶千里光（*Senecio cannabifolius*）、烟管蓟（*Cirsum pendula*）及山紫菀（*Aster lautureanus*）等。繖形科的大形植物也很多，如走马芹（*Angelica anomala*）、大当归（*Angelica gigas*）、朝鲜当归（*Angelica koreana*）、白芷（*Heracleum moelendorffii*）及棱子芹（*Pleurospermum uralense*）等。它们在夏季常突出的挺出其大形复繖形花序。

灌木有珍珠梅（*Sorbaria sorbifolia*）及马尿蒿（*Spiraea salicifolia*）等。稍湿处有卷边柳（*Salix siuzevii*）、粉枝柳（*Salix rorida*）及伪粉枝柳（*Salix roridaeformis*），稍干处生有小片的山杨或蒙古栎。高草地的用途主要是放牧、割草。停止放牧和割草后稍加抚育就可以发展成森林。

6. 沼泽

包括很多类型，这里分布最广、占面积最大的是苔草、泥炭藓沼泽，俗称塔头甸子。这类沼泽在海拔 700～1 300 *m* 间最多，上部针叶林带内没有，形成塔头的主要是苔属（*Carex*）植物，塔头间低凹处主要是藓类。特别是泥炭藓（*Spha gnum*）数量大而最喜湿。塔头周围有大叶小金发藓 [*Pogonatum grandifolium*（*Lindb.*）*Jaeq.*]、毛瘤灯藓（*Trachycystis flagellaris Lindb.*）等。在塔头上还有日本绵管（*Eriouphorum japoricum*)、里白合叶子（*Filipendula palmata*）、森林问荆（*Equisetum silvaticum*）、溪荪（*Iris nertschinskia*）、野宫花（*Sanguisorba tenuifolia*）、梅花草（*Parnassia palustris*）等。典型的灌木是杜鹃花科植物，如白山茶、狭叶白山茶、黑豆木、越橘、酸果蔓及小果酸果蔓等。另有些马尿蒿、山玫瑰（*Rosa davurica*）。少数塔头墩子上有白桦，山杨的数量很少而且细弱。

另外一些沼泽上没有塔头墩子，生有狭叶毒芹（*Cicuta virosa var. tenuifolia*）、东北龙胆（*Gentiana mandshurica*）、睡菜（*Menyanthes trifoliata*）及大穗苔（*Carex rhynchophysa*）等。其中比较特殊的是水芋（*Calla palustris*）群落。经济价值最大的是芦苇（*Phragmites communis*）群落。

关于沼泽的改良和利用问题，主要是排水，使优良的树种在沼泽上能够生长起来。再有割取芦苇，挖取泥炭作燃料、肥料、厩舍垫底物、或制绝缘板、提取杂酚油、石蜡及甲醇等。

7. 水生植物群落

这里指的是溪流和池沼中的植物。有黑藨草（*Scirpus orientalis*）、沼针兰（*Heleocharis intersita*）、眼子菜（*Potamogeton tepperi*）、水毛茛（*Ranunculus flaccidus*）、水芥菜（*Cardamine prorepens*）、杉叶藻（*Hippurisvulgaris*）、水马齿（*Callitriche elegans*）等。在溪流浅水中石块上有水藓（*Fontinalis antipyreticaL.*）。

8. 岩生植物群落

中部森林带的岩生植物分布在石塘或石砬子上，典型的种类有馍头状地衣〔*Cladonia rangiferina（L.）Web.*〕及岩景天（*Sedum middendorffianum*）等。另外还有费菜（*Sedum Aizoon*）、紫花景天（*Sedum telephinum var. purpureum*）、苔草（*Carex sp.*）、委陵菜（*Potentilla spp.*）、蔷薇（*Rosa spp.*）及野杜鹃花（*Rhododendron dauricum*）等。

（三）群落演替概况

从现地观察中了解长白山火山群爆发的次数很多。西侧的地质年代比东侧要古老得多，这一点在很多文献上均能找到根据，特别是竹内亮氏对长白山东西两侧的比较论述，使我们更能得到明确而肯定的概念。

近来因修筑森林铁路，底层露头处很多。从不少火山灰的人工剖面中可以看到灼焦了的黑色炭化木（当地俗称神炭）和少数茶褐色未炭化的树干。这些未炭化的树干下面紧接着地下水。附近不到 2 m 处就有黑色的炭化木。因此这里的地下水可能是火山爆发前的河流或池沼。树干被火山灰压倒而埋没于水中，才未被灼焦，一直保留到现在。在火山灰的剖面上，根据其颜色、结构及颗粒的大小可分出不同的层次。另有些冲积层夹杂在火山灰层中，有些覆在火山灰层上面。冲积层多者达 20 以上。构成冲积层的，有些是砂砾，有些是细粒的火山灰。这些现象，可使我们了解当时火山爆发的概况，即喷出物是分数批喷出的，由于喷出物（火山灰及浮石）的堆积，使原有河道淤塞，河水汛滥。停止喷火后，雨水、河水的冲刷及风力的吹刮，使地面动荡一个时期以后，伴随着植物的侵入才逐渐稳定下来。在这个时期中，当地是大片的原生裸地。植物群落的原生演替就是在此原生裸地上开始的。

由上可知，当地植被在火山爆发前是森林，现在还是森林，故原生演替是会发展到森林阶段的。此后由于山火、虫灾、风灾及森林的自然变化等原因，经过一个长期的、反复的自然演替过程，才发展成现在的老林。

现阶段老林的年龄，从伐根的年轮上可以看出，一般在 150～200 年左右。只见到一棵蒙古栎的伐根，长径为 95 cm，短径为 80 cm，心材中部腐朽，从能看出的年轮的生长量推断，约有 250 年。目前一般是成熟林或过熟林。

根系在火山灰中的分布情况。从 4 个人工剖面上观察的结果，是在 40～73 cm 深的灰层中为最多。一般树根是沿地平面或稍斜下伸长，最深可达 198 cm。离地面 2 m 以下基本上无任何植物的根系。草本植物的根系主要分布在表层 10 cm 左右。地面上粗腐殖质厚达 10 cm 以上，内有一些针叶树（红松、红皮臭等）幼苗的根系和一些草本植物的走茎。

在没有根系或腐殖质的火山灰上，稍阴湿处有绿藻类及苔藓类植物。向阳稍干处，常生出繁茂的香杨（*Populus koreana*）幼苗，在 1～2 年的香杨幼苗间几乎没有草本植物和灌木。在笔者观察到的范围内，只有：（1）完全沼泽化的塔头甸子上；（2）某些高草地，尤其是大叶章（*Calamagrostis longsdorffii*）群落所占据的地段上，群落的演替比较缓慢。

研究群落演替规律，首先要对当地植物群落和其立地环境进行统一的分析。在笔者的调查范围内，植被类型主要是森林和林间草地。

Ⅰ.老林可归并成三种类型：

1. 落叶松林；

2. 针叶阔叶混交林；

3. 针叶过半林（包括针叶林）。

Ⅱ.草本群落也可分为三类：

1. 高草地；

2. 沼泽草地；

3. 岩生草地。

由于地形及水分因素的综合影响，将水生植物、河岸林接着其他类型的林子，可以连成一幅生态演替系列。扩大范围来说：把落叶松林和针阔混交林以及针叶过半林连起来看，也是一幅生态演替系列。单就几种针叶树对水分的要求来说，也可以发现同样的规律。在由伐木一场到三场的路上曾见到一幅落叶松经红皮臭到红松的生态演替系列。

这些不同的植物群落（或种）和各种不同环境因素的依存关系，可为林业工作者提供选择营造林地时的参考。

从土壤来看，石塘上所生的岩生植物群落是当地群落中最原始的。伴随着这个群落的生活过程，加速岩石的风化，积累土壤和腐殖质，造成了适于另外一些植物生活的新环境，引起植物群落演替。

由于当地气候因素适合于森林植物的生活，伴随着土壤形成过程，自然会发育成森林。森林就是当地的稳定群落。

现代老林的立地环境，基本上可分为湿域和干域两大类别：湿域中沼泽植物和落叶松林是一个系列，干域中针叶林和针阔混交林是一个系列。

沼泽、杨桦林、杂木林和高草地等都是次生演替。它们的形成原因各有不同。除杂木林外都是由于采伐、山火及虫害形成了大片的次生裸地。它们是次生演替中的各个不同阶段。在次生裸地上低凹水湿处（湿域），原来的落叶松林下基本就是沼泽。落叶松林毁灭后，自然剩下沼泽在继续发育。除了少数完全沼泽化的地段上树种侵入比较困难外，一般是白桦和落叶松幼苗在沼泽上正常发育起来的。它们都是生长迅速的先锋树种，都是阳性树。所以初期两者可以混交成林。后来由于白桦的自然寿命比落叶松短，生长的高度一般也赶不上落叶松，结果白桦树株在这个林子中逐渐倒了下来。剩下落叶松继续发育，又形成了落叶松林。目前在秃尾巴河一带5龄级以上的落叶松林下有不少白桦的倒木，可以作为这个系列群落演替规律的有力证明。

在地势稍高，排水良好的环境（干域）中，群落演替可分为两组来谈：（1）在针阔混交林带及其邻近的下部针叶林带中，次生裸地上常形成山杨、白桦—齐林（杨桦林）或成片的高草地。部分高草地中还有山杨、白桦和蒙古栎的树苗，可以继续发育成杨桦林。大部分高草地由于经常放牧和割草，相当稳定。所以把它们看成同一演替系列中的两个不同的分枝是比较合适的。杨桦林下孕育着针阔混交林或针叶过半林。将来自然会发展成这两类林子，而恢复了老林的状态。杂木林不是在次生裸地上发展起来的，是从针阔混交林中择伐去针叶树株后而形成的。林中常残存有针叶母树，林下有发育良好的针叶树幼苗，它会比较快地恢复成针阔混交林。（2）在上部针叶林带及其上下缘附近的林带中群落演替的规律基本上和针阔混交林带相似，但树种上有些区别，构成杨桦林的树种主要是香杨（*Populus koreana*）、枫桦（*Betula costata*）和岳桦（*Betula ermanii*），另有一些鱼鳞松、臭松林是更替了落叶松林而发展起来的。在岳桦林下有不少鱼鳞松及臭松的幼苗，故刘慎谔氏认为"岳桦林有为针叶林的过渡性质"的说法，笔者完全同意。同时也是划分成一个混合植物带的理由之一。但其演替的速度比起针阔混交林带要缓慢得多，而且困难得多。

以上植物群落演替的基本规律，可归纳成表5。

表5　　　　　　　　　　　　　　　群落演替的基本规律

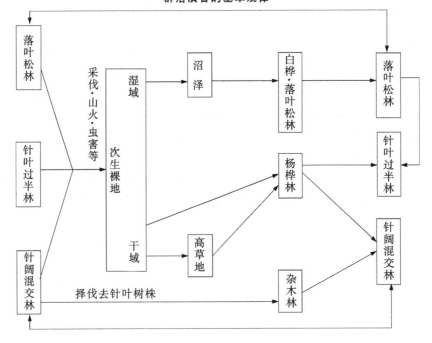

这些基本规律可以提供给林业工作者作为抚育更新以及其他经营管理等实践工作中的参考。

　　总之上面说的只是现阶段的演替概况，至于整个自然演替情况，有待今后地质学的深入调查及对泥炭沉积层中的花粉分析研究后或许能够了解。

　　最后必须说明一点：上述基本规律在一个地段上不是"永恒"的，它只是在环境条件未根本改变时起支配作用。一旦环境条件发生了变化，这些规律就不起支配作用了。

参 考 文 献

[1] 村山酿造等. 长白山综合调查报告书. 吉林铁道局出版，1961.

[2] 村山酿造. 满洲の森林と其自然的构成. 奉天大阪屋号书店发行，1942.

[3] 北川政夫. 满洲国植物考，1939.

[4] 北川政夫. 长白山植物调查报告. 大陆科学院研究报告，1941（5）：5.

[5] 竹内亮等. 长白山预备调查报告书科学技术联合部会，1943.

[6] 竹内亮. 长白山の森林の植物生态学的观察记. 林野试验时报，1943（5）：1.

[7] 竹内亮. 中国东北植物相概观. 东北师范大学学报，1951（1）.

[8] 竹内亮. 中国东北植物目录（未刊稿）。

[9] 竹内亮. 满洲植物杂记［6］植物及动物，1942（10），9：851～854.

[10] 中井猛之进. 朝鲜植物：上卷，1914.

[11] 牧野富太郎等. 日本植物总览，1925.

[12] 根本莞尔. 日本植物总览补遗，1936.

[13] 牧野富太郎. 日本植物图鉴，1942.

[14] 朝比奈，泰彦等. 日本隐花植物图鉴，1939.

[15] 河田杰. 森林生态学讲义. 东京养贤堂发行，1933.

[16] 伊藤洋. 日本羊齿植物图鉴，1944.

[17] 神谷辰三郎. 羊齿と检索と鉴定，1934.

[18] 樱井久一. 日本の藓类. 东京，1954.

[19] 冠马洛夫. 满洲植物志（日译本），第1～7卷.

[20] А. С. Лазареико. Опрелелителъ Лиственных Мохв Укараины，Киев，1955.

[21] В. Н. 苏卡乔夫. 论林型及其在林业上的意义. 王献溥译. 科学文摘：植物学，1954（4）：6～10.

[22] А. П. 谢尼阔夫. 植物生态学. 王汶泽，1954.

[23] 阿略兴. 植物地理学（上、下册）. 付子祯等译，1954.

[24] 聂斯切洛夫. 林学概论（1～6分册）. 蔡以纯等译，1953.

[25] 爱金格. 森林学. 郁晓民等译，1954.

[26] 刘慎谔等. 1955. 东北木本植物图志，1955.

[27] 周以良等. 1955. 小兴安岭木本植物，1955.

[28] 中国林业论文辑（1950～1951）. 中国林业编辑委员会出版.

[29] 苏卡乔夫等. 地植物学研究简明指南. 李继侗译，1955.

长白山的植物地理

郎惠卿　李　祯[1]

一、壮丽的自然景观

在东北东部绵延数百千米长白熔岩高原中央，矗立着一座风光美丽的高大山体，这便是闻名全国的长白山。

长白山山体约当北纬 $40°58'\sim42°6'$，东经 $127°54'\sim128°8'$，主峰白头峰高 2 744 m，为东北最高峰。它是松花江、鸭绿江、图们江三大水系的发源地。山峰形状好像几何上的圆锥，山势雄伟，自然景观非常壮丽。

在今日的构造形态上，长白山是一座复合式的盾形火山。大致在中生代前，本地区位于中朝地台北部边缘，地质基础古老，主要是由变质岩系，花岗片麻岩类构成的基岩，亦有少量的中生代地层。到第三纪时，原来的地形经长久的剥蚀作用，已成为准平原状态。至第三纪中期，随本区地势上升与裂隙的生成，有大规模厚度巨大的高原性玄武岩流出，掩盖了原来的古老岩层，形成了长白熔岩高原，就这样奠定了长白山的基础。第三纪末期，本区有各种碱性火山岩喷出，遂建成了今日的长白火山。至第四纪初期又有玄武岩喷出，但并未覆盖长白山峰顶。此后，由于碱性粗面质浮石的喷出，顶峰才被白岩所覆盖。长白火山最近的喷发纪录是在 1597 年和 1702 年，最后一次距今只不过 200 多年的历史，长白山火山岩的活动时期，虽然开始时是在第三纪，但其活动是经过更新世，直到现代仍在继续着。

构成长白火山体的地层较为简单，均为长白山—天池火山岩类，其中最主要的是凝灰岩、集块岩、碱性流纹岩质粗面岩，寄生火山玄武岩及浮石等。

长白山顶上有一喷火口，地势低洼，并积满了水，成为湖泊，这就是著名的天池。天池周围长 13.11 km（东西 2 km，南北 3 km），最大水深可达 373 m，平均水深 204 m，总蓄水量 20.04 亿 m³。湖水碧蓝、澄清，岚影波光，极为绮丽。湖面海拔 2 200 余米。根据观察，湖水位常年无多大变化，没有发现湖滨阶地及湖水上涨痕迹。湖水来源主要靠大气降水（包括融雪水），如年降水量过多，则北部缺口向外流出的亦多；反之则少。就是说，自天池最后形成后，降水量等于蒸发量加上外流量，因而湖水位极少变化，基本呈均衡状态。水温终年较低，如 1959 年 7 月 18 日中午测得表层水温为 7℃（湖岸气温为 8.2℃），如遇上 5 级以上大风，湖面可有 $1\sim2$ m 高的波浪。湖面距四周峭壁顶部高差为 $400\sim500$ m。天池内壁多为近笔直的绝壁，是由各种颜色岩石组成的，可以明显地分出

---

① 【作者单位】东北师范大学地理系。

几个层次，有白色浮石为主的喷出物层（厚 20～30 m），部分地方有发达的玻璃质黑曜石层，以及青灰色乃至灰绿色柱状节理发达的白头岩熔岩流和赤褐色厚层的碱性粗面岩等。组成这些峭壁的杂色岩石，倒影在天池荡漾的湖面上，把湖水映得五光十色，显得格外美丽，真是锦上添花！来过天池边上的人，没有不绝口称赞这天然之美的。

天池周围由 16 个峰头环绕，其主要峰头为白岩、海山、白头峰、蒙岩街、层岩及团日坟，高程均在 2 600 m 以上。东、西、南三面都很完整，巍峨陡峻，唯有北面有一大缺口，名曰闼门，湖水得以外流，形成一个高 68 m 的白色大瀑布，这就是松花江支流——二道白河的源头。在距瀑布不远的地方，二道白河的右岸就是长白山温泉所在地，长白山筑路指挥部所在地就在这附近。他们早已在这里立起道标，上面写着："这所硫磺浴池，可治皮肤病，关节病和一般风湿等症。泉水最高温度达 82℃。旁边（离温泉不到 5 m）的药水，据说可治胃病。由温泉到瀑布只有 800 m。"这处温泉的面积大约有 1 公顷左右，泉口有 10 多个，温泉水就像一条河流哗哗直淌，终年不断。延边朝鲜族自治州人委已在温泉附近动工修建疗养院、高原冰场和滑雪场。不久的将来，人们就可以到这里游览、洗澡、喝药水、滑冰和滑雪了，在国庆节前，通往天池气象站的公路已经通车。这座雄伟美丽的长白山，再也不是什么神秘难以攀登的了。

长白山在地貌上明显地可分为三个环带。下部带，大致位于 1 100 m 以下，主为玄武岩构成之山前熔岩台地，地表呈微波状态。河谷渐宽，水流仍急，两岸有明显的两级阶地。在老冲沟底部，常有塔头或落叶松林丛生。中部带大致位于 1 100～1 700 m 之间，组成地表之岩层多为凝灰岩、集块岩、碱性粗面岩类，亦有玄武岩之分布。河谷多呈"V"形，水流急湍。如北侧之二道白河、三道白河，即因流速大而使水花翻腾成白色得名。此带流水切割较深，凡水流切过玄武岩的地方，常有两壁直立的嶂谷出现。上部带大致在 1 700 m 以上。坡度骤然增大，冲沟系统较为发育，从山顶向四周放射，形如鸡爪。2 000 m 以上已无森林分布，为寒冻风化带及斑状积雪带，零星的万年积雪斑主要分布在背阴的沟谷洼地及天池内壁的背阴侧。其余各处，在夏季融雪之后，岩石直接暴露在瞬息万变的高空大气中，风蚀作用、物理风化、寒冻风化作用都非常强烈。山顶岩石每时都在崩裂破碎。天池内壁这种岩石崩裂常发生雷一般的劈裂声响。这些崩裂后的大小石块沿坡向下移动，堆积在下部较缓的地方，形成厚度很大的岩锥层。岩锥表面的坡度恰与岩块的静止角相当。当人们踏在岩锥层时，就破坏了它的平衡，疏松的岩块、砂砾大量地向下滑动，人也就随着流动的沙砾，岩块顺坡下滑。我们从天池气象站（白岩）去天池，就是沿着岩锥随流动的火山喷出物滑下去的，如由天池上返，那就很费力气了。岩锥坡度甚急（40°以上），脚下的岩砾时时滑动，爬爬退退，需要两个小时才能到达山顶，岩锥多分布在天池内侧峭壁的中下部，在峰顶附近亦有此种现象。

长白山地势高峻，不仅表现在地貌上有上、中、下三带变化，而在其他自然要素上也表现了随海拔高度的变化而形成的垂直地带性。气候、土壤、生物等的分布都具有显明的垂直带。气候和土壤自山顶到山麓可分为三种类型。

(1) 高山苔原气候型：海拔 2 000 m 以上的山顶部分，温度常年很低，年平均温在 -5℃ 以下。湿度很大，降水量远大于蒸发量，一年有半年以上的时间被积雪覆盖（有些地方，有斑状万年积雪），风力特大，常在 12 级以上。生长矮小、稠密的高山植物。土壤为山地草甸土，高山寒漠土（苔原土）。

（2）寒温夏凉湿润针叶林气候型：在海拔 1 200～2 000 m 的上部山地，年平均气温在 2℃以下，生季较短，相对湿度较大，降水量大于蒸发量，经常有云雾弥漫，从山上看山下，则云海一片，把长白山衬托得分外秀丽妩媚。这里生长着针叶林，其枯枝落叶含有单宁物质，在表层引起真菌分解，随之产生了克连酸，同土壤表层的灰分元素形成可溶性的克连酸盐，随着向下的水流移动到下层；土壤进行着灰壤化过程。同时由于林木的自然稀疏及人类活动而引起的火灾迹地，而有草本植物入侵，使土壤同时进行着生草化过程，为山地灰化土带。

（3）长冬短夏湿润混交林气候型：海拔 1 200 m 以下，气候较为温暖而湿润，年均温在 0℃以上。生长着针阔混交林。这里的化学风化较为强烈，铁铝获得解放，生物小循环作用旺盛，引起大量盐基在表土层的积聚，土壤进行棕壤化成土过程，为山地灰化棕色森林土带。

二、长白山的植物地理

长白山的植被随着海拔高度、地形、气候、土壤的变化，有着明显的垂直分布带。大致 1 200 m 以下，气候较温暖湿润，生长着地带性植被——针阔混交林。1 200～2 000 m 之间气候寒冷潮湿，由下而上依次为下部针叶林、上部针叶林、岳桦林。2 050 m 以上无林地带，常年低温、冷湿、尤其风、雪对植被影响特大，代表性植被为山地冻原，其上亦有小面积的冻荒漠。但西侧坡度较缓，气候较暖，在岳桦林上部与山地冻原之间有着范围不大的高山灌丛发育。现将上述具有景观特色的植物群落简介如下：

1. 针阔叶混交林带：本带分布在 1 000 m（西侧）或 1 250 m（北侧）以下的玄武岩台地上。代表性植被为红松阔叶混交林，但在地势低洼地区亦有小面积非地带性的植物群落，如落叶松林、赤松林、山杨白桦林等。

（1）红松阔叶混交林——广泛分布在熔岩台地灰化棕色森林土上，构成了万木参天、不见天日的"大树海"。

本群落主要由常绿针叶树和落叶阔叶树组成，故称针阔混交林。群落外貌雄伟壮丽，结构复杂，层次明显。构成乔木层的针叶树有红松（*Pinus koraiensis*），臭松（*Abies nephrolepis*），沙松（*Abies holphylla*）及少量的鱼鳞松（*Picea jezoensis*）等。北侧有时混杂赤松（*Pinus densiflora var. funebris*）和赤柏松（*Taxus cuspidata*）。其中以红松为代表性植物，树高 30～35 m，构成第一层优势种，材质优良，可谓树木之冠。阔叶林中第一层乔木有枫桦（*Betula Castata*）、紫椴（*Tilia amurensis*）、香杨（*Populus koreana*）等。第二层乔木，种类丰富，为我国混交林特点之一，其中槭属（*Acer*）树木最多（共 7 种），一般常见的有色木槭（*Acer mono*）、青楷槭（*Acer tegomensum*）、花楷槭（*Acer uburunduese*）和小楷槭（*Acer tschokii var. rubripes*）等。此外尚有檀槐（*Macckii amurensis*）、鹅耳枥（*Carpinus tursaninowii*）、暴马子（*Syringa amurensis*）和第三纪残余种——黄檗罗（*Phollodendron amurensis*）、胡桃楸（*Iuglans mandshurica*）。灌木层高 3～5 m，其中胡榛（*Corylus mandshurica*）、刺五加（*Elensherococus conticosio*）较多，其次为茶藨属（*Rebes*）、忍冬属（*Lanisera*）植物。草本植物耐阴，散生在灌丛下，如绵马（*Dryepteris crassiskigoma*）、银线草（*Tricercandra japonica*）和稀少的第三纪残余种人参（*Panax schin－seng*）等。第三纪

残余种在我国混交林中较多，说明我国植被的古老性。在林缘或阳光充足的林冠下，亦有发达的木本藤本植物，如狗枣子（*Aclinides kolomikta*）、北五味子（*Sckizadra chinensis*）、山葡萄（*Vitis amurensis*）和刺南蛇藤（*Celastrus orbiculata*）等，有时长达20 m，紧紧缠绕在乔木与灌木之间，难以通行，宛如亚热带森林景观。

红松阔叶林在不同的自然环境下，其群落外貌及种类成分亦有所不同。地势较高的岗脊部，光照充足，空气较干燥，因而红松个体数目较少，而喜干旱的蒙古栎（*Qurcus mongorica*）比重增大，这是因为红松的生物学特性是喜生于土壤肥沃、排水良好的缓坡或陡坡上。岗顶较干燥，故形成柞树红松阔叶林。林下灌木发达，有胡榛及山梅花（*Philadelohus schrenkii*），有时混有旱生灌木胡枝子（*Lespedeza bicolor*）。河谷和冲沟汇水区的洼地上，地下水位高，土壤和空气的湿度较大，因而喜湿树种——水曲柳（*Fraxnus mandshurica*）构成主要乔木，形成水曲柳、红松阔叶林。林下灌木，除胡榛外，又增加了喜湿植物，如蓝靛忍冬（*Leniecacaeralea var. edalis*）、山高粱（*Sorboria sorbifolia*）等。草本层中湿生植物木贼（*Equisetum hiemale*）占优势，亦有苔属植物。在湿度更大的山麓地带，有时水曲柳占乔木层树种的70%以上，红松有被水曲柳代替的倾向。在海拔800 m左右坡地上，气候较为温湿，因而喜温湿的针叶树沙松和阔叶树鹅耳枥得以大量生长。红松和沙松构成第一层乔木的优势种，鹅耳枥和色本是第二层乔木的优势种，可称本群落为鹅耳枥—红松阔叶林。林下仍以毛榛、刺五加为主，草本植物有三尖菜（*Cacalia hastata*）、假王孙（*Lilium distichum*）、绵马等。林内藤本植物有北五味子、狗枣子。

（2）山杨白桦林——红松阔叶林在遭受火烧的火灾迹地上，阳光充足，适于阳性树种白桦（*Beluta platyphylla*）、山杨（*Populus davidiana*）的生长，故在红松阔叶混交林内常分布有小面积的林相整齐的山杨、白桦—齐林。林下有阳性灌木和草本植物侵入。灌木层中除卫矛属（*Evonymus*）以外，有喜阳的胡枝子、野玫瑰（*Rosa davurica*）以及榛（*Corylus heterophylla*）等。草本植物以蒿属（*Artimisia*）为主。在郁闭度大的林冠下，出现有蕨类及苔属植物。在成熟的白桦、山杨林下，由于林下蔽阴，耐阴的针叶树、红松幼苗得以发育。当红松长起，其高度高于白桦、山杨时，喜阳的山杨、白桦就逐渐被红松代替，又恢复到红松阔叶林，因而说山杨、白桦是红松的"保姆林"。

（3）落叶松林——落叶松林为隐域性的松林，主要分布在玄武岩台地的老冲沟底部或排水不良的阶地上。适应能力较强，在各种土壤上均可见其生长。在本带内多分布在沼泽或沼泽化草甸土上，一般称为"黄花松甸子"。

落叶松林是由长白落叶松（*Larix olgensis*）组成的纯林。树高30～35 m，树干挺直、秀丽，林相清楚、单纯。林下灌木和草本植物随生长环境的不同而有变化。在积水较多的沼泽化草甸土上，小乔木毛赤杨（*Alnus hirsata*）生长茂密，形成丛状。灌木与草本植物均为喜湿植物，灌木有蓝靛果忍冬和山高粱。草本层中有苔草形成的踏头墩子。踏头墩子之间有分布稀疏的里白合叶子（*Filependula palmata*）和紫萁（*Osmumda cimamonue*）。

在泥炭化弱生草薄层强灰化土上，生有矮小灌木，越桔（*Vaccinnium vilissidaca*）、狭叶白山茶（*Ledum palustrs var. angustrum*）。苔藓植物也比较发达，有泥炭藓（*Sphagnune*）、大金发藓（*Polyerickum commune*）等。

生长在阶地薄层棕色森林土上的落叶松林，具有针阔叶混交林的特点，有被混交林代替的趋势。乔木层中常混有红松、蒙古栎、榆（*Ulmus*）、椴（*Tilia*）。灌木层有胡榛和耳茅属植物。草本中有苔属植物。

落叶松木材坚硬、致密、耐朽力强，可供建筑、造船、电杆、枕木、器具等用材；林冠秀丽幽美，可供观赏。但易遭松毛虫害。在漫江与东岗间，受害面积很大，给林业带来巨大损失，今后必须加强防治。

（4）赤松林——赤松林仅见于长白山北侧，二道白河二级阶地上，有小面积的天然分布，但向上可伸到 1 600 m 的高度。

赤松为强阳性树种，林冠短而开阔，树干挺直，林姿雄美，在茫茫树海中，具有独特风格。赤松在乔木层中占绝对优势，乔木亚层混有少数蒙古栎和黑桦（*Betula dauidica*），树木株距稀疏，互不遮阴，故阳性灌木发达，以胡枝子为最多，其次为野玫瑰属。草本植物高 30 cm，有翻白草（*Potontilla bicolor*）、巢菜（*Vicia sp.*）等。赤松具有强大根系，吸水力较强，在一般树种难以生长的干旱瘠薄土上，亦能生长良好，为造林的先锋树种。

2. 针叶林带：针叶林带，西侧约在海拔 1 000～1 800 m 之间，北侧在 1 200～1 800 m 左右。北侧分布较高，可能与气候较西侧冷湿有关。在垂直分布上，本带位于针阔叶混交林与岳桦林之间。气候特点是：冬季严寒，夏季凉爽，相对湿度甚大，为针叶林的良好生长环境，构成了针叶林带。

本带由于海拔高度的变化，影响植物种属成分的变化，可划分为下部针叶林带与上部针叶林带。

（1）下部针叶林带——北侧在 1 200～1 600 m 之间，西侧在 1 000～1 400 m 之间，为针阔叶混交林到针叶纯林的过渡地带。群落的特点是针叶过半林。针叶树种复杂，林冠参差不齐，有耐阴的鱼鳞松、臭松（*Abies nephrolepis*）、红皮臭（*Picea koriensis*）和沙松，也有喜阳的赤松和落叶松。红松在本带的下部比重较大，构成红松、鱼鳞松林。红松随海拔高度而减少，至上部针叶林带则消失不见。阔叶树种比针阔叶混交林带贫乏，但比上部针叶林丰富。第一层乔木只有枫桦，第二层乔木除花揪（*Senbus pobuasheuensis*）外，尚有槭属植物，如花楷槭、簇毛槭（*Acer berbinerue*）和假色槭（*Acer pseudo－siboldiarum*）等。林内阴湿，灌木层不及针阔叶混交林带发达，多为矮小灌木，有越桔（*Viccanium rieis－idace var. milnus codiges*），矮小匍地的高山桧（*Iuniperus sibirica*）。草本植物不够发达，棉马和银线草都有减少，针叶林下的草本植物如林奈草（*Linua borculis*）、舞鹤草（*Marianthenum detulataum*）、鹿蹄草（*Pyrola renifelia*）等均有增加。在土层较厚、湿度适中的坡地上，林下植物则以蕨类为主，如薇蕨（*Osmanda cinamonea*）、绵马蕨等。地被苔藓层较为发达，厚达 6 cm 以上。

（2）上部针叶林带——北侧大致从 1 600～1 800 m，西侧从 1 400～1 800 m，为上部针叶林带。本带气候更加冷湿，常被云雾笼罩，植物群落是由云杉属的鱼鳞松、红皮臭，冷杉属的臭松构成的暗针叶林。也有少数阔叶树岳桦混生其中。此带树木分枝稠密，林冠郁闭度很大，林内阴暗，故有暗针叶林之称。由于林木郁闭，故灌木发育很弱，只有零散分布的黑果刺薁（*Ribes horridum*）。草本植物亦不发达，只有开白色花的林奈草，七瓣莲（*Trintalis eurapaca*）稀疏地分布在特别发达的苔藓层上。苔藓植物形成厚达 10 cm 以上的藓褥，其上有时出现石松（*Lyzopodium clavatum var. nipponicom*）小群聚。没有发现藤本植物。松萝（*Vsrea eaogrssima*）和悬垂藓（*Lencodon pendula*）披满树枝。

在湿度大的森林中，松萝抑制树木生长，以致枯死。在坦缓的坡地上，林下草本层以蕨类为主，但苔藓仍被覆地表。

3. 岳桦林带：针叶林带之上，海拔 1 800～2 050 m 之间的地带为岳桦林带，其上线为森林界限（即树木线）。岳桦林呈舌状沿沟谷向山地冻原伸展，与山地冻原犬齿交错地镶嵌着。在向风坡和山脊处常有大片纯林，时宽时窄，与上部针叶林交错分布。岳桦为阔叶林，所以能分布在针叶林上部，与季风气候有关。

岳桦林是由岳桦组成的纯林，时有落叶松混生其中，岳桦一般高 8～12 m，为半丛生性的乔木，从近地表处分出数条粗细近等的树干，故有人称此为矮曲林。这种生态特点是在高山强风侵袭下面形成的适应性。林下灌木发达，但矮小匍生。牛皮杜鹃（Rhodendron aureu）覆盖地表是北侧岳桦林的特点，其间也点缀有红色花朵的瑞多杜鹃（Rh. redonskianum）、白色花的越桔及少数高山桧。草本植物有较高的拂子茅（Calamagrostis sp.）和圆叶地榆（Sanguisorba obtusa），亦有矮小的七瓣莲、双叶舞鹤草（Marianthemum bifolium）等。在缓坡而湿度大的林下，草本植物特别发达，多为高草，如蕨类植物、驴蹄草属（Caltha sp.）、牻牛儿苗属（Geranium sp.）等。

4. 山地苔原带：山地苔原带分布在海拔 1 800～2 000 m 以上的山顶部，即岳桦林的上部。本带气候常年低温、寒湿、风力特大，阻碍了森林植物的生长。植物群落非常矮小，密集于地面成为垫状。在短促的夏季里，百花盛开，万紫千红，有黄色的高山罂粟（Papauea uedeatum）和牛皮杜鹃、紫色的长白棘豆（Oxytynopis anstii）、粉红色的瑞多杜鹃、白色的仙女木（Dryas octopetela）等，它们具有高山植物独特幽美的草态花容，衬托着万年雪斑，使高山带构成绝妙美景。

这里生长着典型的苔原植物，如瑞多杜鹃、高山罂粟、仙女木、圆叶柳（Salix kutindfola）、矮柳（Salix ofiomgifalis）、高山石蕊（Ceadenia alpestris）、石蕊（C. rangibesina）等。

长白山的苔原可分为两个典型。一是草本植物为主的草木苔原，所占面积不大；另一个是由矮小灌木组成的灌木苔原，它是长白山苔原的主要类型。植被特点是：植株矮小，匍匐贴地的小灌木，植株强烈分枝，交织成网状，枝上密生常绿革质，或具有白绒毛的叶片，形成密集而松软的垫状植物。这种形态的构造是在气候影响下而形成具有防寒保温、防风的特征。

北侧苔原 2 600 m 以下的坡地上，随微地貌的变化，出现了各种植物群落。平缓的坡地有栂樱、苔藓、地衣群落；坡脊部有八瓣莲、苔藓部落；谷坡向阳地上有小叶杜鹃、苔藓、地衣群落；谷坡下部中等温度的地上亦有小面积牛皮杜鹃群落和矮柳群落。沟谷底部土壤湿度很大，发育草本苔原，以莎草科及长景天（Sedum elaugalum）、圆叶地榆（Sanguisorlea ebtusa）为主。

在 2 200 m 以下的坡地上，有地衣、苔藓群落；在缓坡地方则有笃斯越桔（Vaccinium uliginosum var. alpinum）地衣，苔藓群落，而地衣常呈斑点状分布，这是本群落的主要特点。

在长白山西侧，由于坡度较缓，气候较北侧略暖，故在山地苔原与岳桦林之间有由牛皮杜鹃组成的高山灌丛，高度在 50 cm 左右。而北侧仅在沟谷的背风处，有小面积的牛皮杜鹃分布，且植株较矮，为 10～20 cm 的匍地小灌木。长白山西侧，在牛皮杜鹃灌丛的上部，发育山地苔原，有栂樱群落、小叶杜鹃群落、笃斯越桔群落、圆叶柳群落等。

在天池内壁亦有苔原发育。天池岸边有北极柳、矮柳和地主呈块状交错分布。在冲沟谷坡上有以栂樱、牛皮杜鹃、地衣苔藓组成的群落。在坡度 40°左右的岩锥上，稀疏分布有矮小的草本植物，如高山罂粟、高山碎米荠（Caroamine resedifolia）、其中旱生植物较多，如西伯利亚虎耳草（Saxipraga laciniata）等。至于 45°以上的陡壁上，常有岩石滑动，寸草不生。

海拔 2 600 m 以上的地段，地表岩石裸露，气候更为高寒，风力极强，经常在 12 级以上。植被非常稀疏，零散地分布在砂砾之间，呈荒漠景观。地上部分既矮又小，紧贴于地表，其中以多年生草本植物为主，有根系发达的高山罂粟、长白棘豆，肉质旱生植物米景天、西伯利亚虎耳草；具有地下茎的萝蒂草（Lloydea serotina）；以及叶有绒毛的白山拳蓼（Bietorta ochotensis）、岩狗舌草（Senecio phoeanthus）、岩菊（Chrysanthemum zawclzkii var. alpinum）等。此外亦有少数苔属（Carix）、紫堇属（Viola sp.）及苔藓植物等。

长白山植被类型的多样及植物种类成分的繁多，反映在本区植物资源十分丰富。因而对本区的利用改造需要考虑：（1）发展林业。红松、鱼鳞松、臭松、赤松等针叶树都是材质优良的树种，且分布面积很广，如能合理利用，可谓取之不尽、用之不竭的林业基地。（2）长白山生长许多珍贵的野生药用植物、纤维植物、油料植物、染料植物。特别是闻名世界的"人参"，更是本区特产，是东北重要野生植物资源的宝库。除合理采集外，还可有计划大面积地引种或栽培各种有用植物。（3）山地苔原处风化作用特别强烈，应加强保护，防止水土流失，因此涵养水源具有特殊意义。（4）划定适当范围作为自然保护区，不仅是游览胜地，也是科学研究的难得场所，可建立一些定位观测站，进行调查研究，借此可帮助我们了解东北山区自然综合体的形成与发展。特别是对高山各自然要素的研究，不仅具有实践意义，在科学上的意义也很重大。

长白山鸟类及其垂直分布①

陈　鹏②

一、前　言

　　长白山鸟类前人考察甚少。解放前几乎无人探讨。新中国成立后，特别是 1958 年以来，许多单位赴长白山考察，其中东北师范大学生物系与地理系、吉林省博物馆、长白山自然保护区管理局等单位对长白山脊椎动物进行了考察。

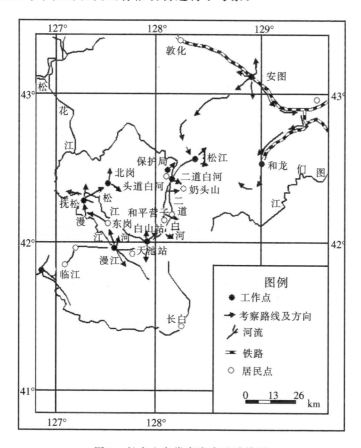

图 1　长白山鸟类考察点及路线图

　　① 东北师范大学生物系傅桐生教授、高岫先生，地理系黄锡畴、景贵和等先生，中国科学院动物研究所郑作新教授等对本文提出许多宝贵意见，文中插图由林绍宗和王桂芝清绘，谨此一并致谢。
　　② 【作者单位】东北师范大学地理系。

1959 年 5～6 月，7～8 月和 1962 年 6～7 月初，7 月中旬～8 月末，笔者分别参加了东北师范大学生物系与地理系和吉林省博物馆等单位组织的综合考察，并在漫江、抚松、二道白河、和平营子、白山冰场和天池等地，通过大小 12 个点对长白山鸟类进行了初步考察（图 1）。

1959 年 5～6 月的鸟类考察工作，是在东北师范大学生物系傅桐生教授直接指导下进行的，当时同时工作的尚有东北师范大学生物系邓明鲁等 18 名同学。1962 年 6～7 月同时参加鸟类考察的有吉林省博物馆杨学明先生。头道白河地区部分资料为长白山动物调查队高岫、何敬杰等先生根据 1962～1963 年的考察所提供，在总表中皆以〇标出。

二、自然概况

长白山是吉林省，也是东北区有名的高山。它位于吉林省安图、抚松、长白三县交界处，东南与朝鲜民主主义人民共和国相邻。主峰位于北纬 41 度 55 分 23 秒，东经 128 度 11 分。海拔 2 743.5 m。松花江、鸭绿江和图们江三大水系发源在此。

长白山是一座复合式火山体。构成它的主要岩类为凝灰岩、集块岩、碱性粗面岩、黑曜岩和玄武岩等。山顶有 16 个高峰围着一个巨大的火口湖——天池。天池水面海拔 2 194 m，周长 13.11 km，湖水平均深 204 m，最深达 373 m。

长白山地势巍峨高峻，自然景观具有明显的垂直地带性。从下向上分为 5 个垂直带：山地阔叶林、山地针阔混交林、山地针叶林、岳桦林、山地苔原带（图 2）。

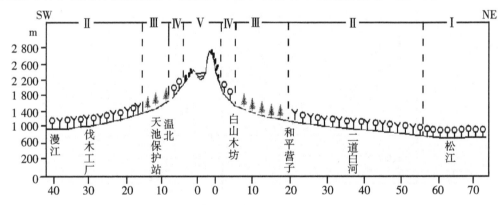

Ⅰ. 山地阔叶林   Ⅱ. 山地针阔混交林   Ⅲ. 山地针叶林带   Ⅳ. 岳桦林   Ⅴ. 山地苔原带

图 2 长白山垂直景观示意图

三、长白山鸟类区系组成及数量

1. 区系组成：长白山鸟类区系属古北界东北区长白山地亚区（郑作新、张荣祖，1959）。笔者共见 142 种，分隶于 15 目 41 科 89 属（表 1）。其中繁殖鸟（包括夏候鸟和留鸟）127 种，非繁殖鸟（包括旅鸟和冬候鸟）15 种。长白山鸟类的新记录中最主要的种类有白腰雨燕、三趾啄木鸟、朱雀、黄腰柳莺、斑胸短翅莺和鸲鹟等[①]。

表 1　长白山鸟类调查总表

（根据 1959 年 5 月 12 日～7 月 25 日和 1962 年 6 月 5 日～7 月 2 日的调查）

种类名称 目、科、种	遇见时间 3 4 5 6 7 月月月月月	安图 340	松江 590	抚松 590	二道白河 760	头道白河 780	漫江 900	北岗 910	和平营子 1210	白山冰场 1700	白头山(天池) 2200	山地阔叶林带 400~600	山地针阔混交林带 600~1200	山地针叶林带 1200~1800	岳桦林带 1800~2000	山地苔原带 2000~2740
I. 鹳形目(Ciconiiformes)																
1) 鹭科(Ardeidae)																
*1. 苍鹭 *Ardea cinerea* Linné	—	—	—									—				
2. 草鹭(*A. purpurea manilensis* Meyen)	——	—		—								—				
2) 鹳科(Ciconiidae)																
3. 黑鹳(*Ciconia—nigra*)(Linné)	—				—	—							—			
II. 雁形目(Anseriformes)																
3) 鸭科(Anatidae)																
4. 花脸鸭(*Anas formosa* Georgi)	— — —											—				
5. 罗纹鸭(*A. falcata* Georgi)	— — —		—									—				
6. 绿头鸭(*A. platyrhynchos platyrhynchos* Linn)	— — —		—		=		+					—		—		
7. 斑嘴鸭(*A. poecilorhyncha zonorhyncha swinboe*)	— — —			+			—					—				
8. 鸳鸯(*Aix galericulata*)(Linné)	— — —			+			+					—				
*9. 斑头秋沙鸭(*Mepgus albellus*)(Linné)	—				⊕											
III. 隼形目(Falconiformes)																
4) 鹰科(Accipitridae)																
10. 鸢(*Milvus Korsshun lineatus*)(Gray)	— — —	—	—		+	—	+								—	
11. 松雀鹰(*Accipiter virgatus virgatus*)(T. & S.)						⊕								—		
12. 鵟(*Buteo buteo burmanicus* Hume)						⊕								—		
13. 白尾鹞(*Circus cyaneus cyaneus*)(Linné)						+								—		
14. 鹊鹞(*C. melanoleucos*)(Pennant)	— —			+	—	⊕	+							—		
15. 鹗(*Pandion haliaetus friedmanni* Wolfe)				—			+							—		
5) 隼科(Falconidae)																
16. 红脚隼(*Falco vespertinus amurensis* Rande)	— — —		+	—			+							—		
17. 红隼(*F. tinnunculus interstinctus* McCleland)	— — —	+	+	—	—									—		
IV. 鸡形目(Galliformes)																

续　表

6)松鸡科(Tetraonidae)															
18. 榛鸡(*Tetrastes bonasia amurensis Ripley*)	—	—	—	—		+	—	⊕	+	—	+			—	
7)雉科(Phsianidao)															
19. 环颈雉(*Phasianus colchicus karpowi* Buturlin)	—	—	—	—	+	+	+	+	—	+				—	
20. 鹌鹑(*Coturnix coturnix japonicus*)(T. & S.)	—	—	—	—	+	—								—	
Ⅴ．秧鸡目(Ralliformes)															
8)秧鸡科(Rallidae)															
21. 贾胸田鸡(*Porzana Paykullii*)(Li ungh)	—	—	—		—	+		+	—						
Ⅵ．鸻形目(Charadriiformes)															
9)鸻科(Charadriidae)															
*22. 凤头麦鸡(*Vanellus vanellus*)(Linne)	—						⊕								
23. 金眶鸻(*Charadrius dubius curonicus* Gmelin)	—	—	—	—	+	+	+		+					—	
10)鹬科(Soolopacidae)															
24. 矶鹬(*Tringa hypoleucos* Linné)	—	—	—	—	+	+	+	—	+					—	
25. 白腰草鹬(*T. ochropus* Linné)	—	—	—			+	⊕							—	
26. 孤沙锥(*Capella solitaria japonica*)(Bonaparte)	—	—					+							—	
27. 丘鹬(*Scolopax rusicola rusticola*)Linné	—	—	—											—	
Ⅶ．欧行目(Lariformes)															
11)欧科(Laridae)															
*29. 红嘴鸥(*Larus ridibundus* Linné)	—						⊕								
Ⅷ．鸽行目(Columbiformes)															
12)鸠鸽科(Columbidae)															
29. 岩鸽(*Columba rupestris rupestris*)Pallas	—	—	—	—	+	+	—	⊖	—					—	
30. 山斑鸠(*Streptopelia orientalis orientalis*)(Latnam)	—	—	—	—	+	+	+	+	+	+	—			—	
Ⅸ．鹃形目(Cuculiformes)															
13)杜鹃科(Cuculidae)															
31. 四声杜鹃(*Cuculus micropterus Ognevi*)Vorobiev	—	—	—	—		—	—	—	+					—	

续　表

种类															
32. 杜鹃(*C. canorus canorus* Linné)	−	−	−	−		−	+	−	−	+	+	−			
33. 中杜鹃(*C. saturatus horsfieldi* Moore)	−	−	−			−	−	−	−	−	+				
34. 小杜鹃(*C. poliocephalus poliocephalus* Latham)	−	−	−	−	−		+	+	−	+	−				
35. 棕腹杜鹃(*Cuculus fugax hyperythrus* Gould)	−	−													
X. 鸮形目(Strigiformes)															
14. 鸱鸮科(Strigidae)															
36. 红角鸮(*Otus sunia stictonotus*)(Sharpe)	−					⊕									
37. 鹏鸮(*Bubo bubo inexpectatus* Bangs)	−	−	−	−	+	−		⊕							
38. 领角鸮(*O. bakkamoena ussuriensis*)(Buturlin)	−	−	−			⊕									
39. 北林鸮(*Strix uralensis coreensis* Momiyama)	−	−	−		+	−	⊕	+	+	−	−				
XI. 夜鹰目(Caprimulgiformes)															
15) 夜鹰科(Caprimulgidae)															
40. 夜鹰(*Caprimulgus indicus jotaka* T. & S.)	−	−	−												
XII. 雨燕目(Apodiformes)															
16) 雨燕科(Apodidae)															
41. 针尾雨燕(*Hirundapus caudacutus caudacutus*)(Latham)	−	−	−		+	−	+	−							
42. 白腰雨燕(*Apus pacificus pacificus*)(Lahtam)	−	−	−			⊕		−	−						
XIII. 佛法僧目(Coraciiformes)															
17) 翠鸟科(Alcedinipae)															
43. 翠鸟(*Allcedo atthis bengalensis* Gamelin)	−	−	−	−	+	−	+	−	−	+	−				
44. 赤翡翠(*Halcyon coromandamvjor* T. & S.)	−			−		+	−	+	−						
18) 佛法僧科(Coraciidae)															
45. 三宝鸟(*Eurystomus orientalis abundus* Ripley)	−	−	−	−		+	−								
19) 戴胜科(Upupidae)															
46. 戴胜(*Upupa epops epops* Linné)	−	−	−	−	+	+	−	−	−						
XIV. 䴕形目(piciformes)															
20) 啄木鸟科(picidae)															

种类											
47. 蚁䴕(*Jynx torquilla chinensis* Hesse)	－	－	－	－	－	－	＋	－	＋		
48. 绿啄木(*Picus canus jesso ensis* Stejner)	－	－	－	－	－	－	＋	＋	＋	－	
49. 黑啄木(*Dryocopus martius martius*)(Linné)											
50. 斑啄木(*Dendvocopos major japonicus*)(Seebohm)	－	－	－	－	－	－	＋	＋	＋	－	
51. 白背啄木(*D. leucotos leucotos*)(Bechstein)	－	－	－	－	－	－	＋	＋	＋	－	
52. 小斑啄木(*D. minor amurensis*)(Butnrlin)	－	－	－	－	－	－	＋	＋	＋	－	＋
53. 星头啄木(*D. canicapillus doerriese*)(Hargitt)	－	－	－	－	－	－	＋	＋	－	＋	
54. 三趾啄木(*Picoides tridactylus tridactylus*)(Linné)	－	－	－	－					－	＋	
XV. 雀形目(Passeriiformes)											
21)百灵科 Alaudidae											
55. 沙百灵(*Calandrella rufescens*)(Vieillot)		－	－	－	＋						
56. 云雀(*Alauda arvensis* Linné)		－	－	－	＋						
22)燕科(Hirundinidae)											
57. 灰沙燕(*Riparia ripariaijimae*)(Lonnberg)	－	－	－	－		＋			－		
58. 家燕(*Hirundo rustica gutturalis* Scopoli)	－	－	－	－	＋		＋	＋	＋		
59. 金腰燕(*H. daurica japonica* T. & S.)	－	－	－	－	＋	－	＋	＋	＋		
23)鹡鸰科(Motacillidae)											
60. 树鹨(*Anthus hodgsoni yunnanensis* Uchida et Kuroda)	－	－	－	－			－	－	－	＋	＋	＋
*61. 水鹨(*A. spinoletta japonicus* T. & S.)	－					⊕			－		
62. 林鹨(*Dendronanthus indicus*)(Gmelin)	－	－	－	－	＋	＋	＋				
63. 灰鹡鸰(*Motacilla cinerea melanope*) Pallas	－	－	－	－	＋	＋	＋	＋	－	＋	－	＋	＋	＋
64. 白鹡鸰(*M. alba leucopsis* Gould)	－	－	－	－	＋	＋	＋	＋	－	＋	

种名														
* 65. 黄鹡鸰（*M. flava simillima* Hartert)	−		−		−			−						
24）山椒鸟科（Campephagidae)														
66. 灰山椒鸟（*Pericrocotus roseus divaricatus*）(Raffles)	− − − −					−		−	+	+				
25）太平鸟科（Bombycillidae)														
* 67. 太平鸟（*Bombycilla garrulu garrulous*）(Linné)	−				⊕						−			
26）伯劳科（Laniidae)														
68. 红尾伯劳（*Lanius cristatus lucio Nensis* Linné)	− − − −	−		−	+	+	−	−	−				
69. 虎纹伯劳（*L. tigrinus* Drapiez)	− − − −		−		+								
70. 牛头伯劳（*L. bucephalus bucephalus* T. & S.)	− − − −		−	+		−	+	−					
71. 楔尾伯劳（*Lanius sphenocercus sphenocercus* Cabani s)	−		−		+	⊖								
27）黄鹂科（Oriolidae)														
72. 黑枕黄鹂（*Oriolus chinensis diffuses* Sharpe)	− − − −	−	+		−	−	−						
28）椋鸟科（Sturnidae)														
73. 北椋鸟（*Sturnia Sturnia*）(Pallas)	− − − −			−	+								
74. 灰椋鸟（*Sturnus cineraceus* Temminck)	− − − −	+	−	+	+	−	−						
29）鸦科（Coryvidae)														
75. 松鸦（*Garrulus glandarius brandii* Eversmann)	− − − −	+			−		+						
76. 灰喜鹊（*Cyanopica cyana stegmanni* Meise)	− − − −		+	+									
77. 喜鹊（*Pica pica sericea* Gould)	− − − − −		−	+	+	−	+						
78. 星鸦（*Nucifraga caryocatactes macrorhynchus* Brehm)	− − − −			−	−	+	−	+	+				
79. 寒鸦（*Corvus monedula davuricus* Pallas)	− − − − −	+											
80. 大嘴乌鸦（*C. macrorhynchus mandschuricus* Buturlir)	− − − −		+	−	−	−	−	−					

种类													
81. 小嘴乌鸦(*C. corone orientalis* Eversmann)	— — —			+	—	—	—	—					
30)河乌科(Cinclidae)													
82. 褐河鸟(*Cinclus pallasii pallasii* Temminck)	— — — —				—	—	+		—	+			
31)鹪鹩科(Troglodytidae)													
83. 鹪鹩(*Troglodytes troglodyte dauricus* D. & T.)	— — —					+		+	+	—			
32)岩鹨科(Prunellidae)													
84. 领岩鹨(*Prunella collaris erythropygia*)(Swinhoe)	— — —								+			— —	
85. 白眉鹟(*Muscicapa zanthopygia*)(Hay)	— — — —	+	+	—	—	+	—						
86. 鸲鹟(*M. mugimaki*)(Temminck)	— — — —						+						
87. 白腹蓝鹟(*M. cyanomelana cumatilis*)(Th. & B.)	— — — —		+			+		+					
88. 北灰鹟(*M. daurica daurica* Pallas)	— — — —		+	—	⊕	—		+					
89. 乌鹟(*M. sibirica sibirica* Gmelin)	— — —				⊕								
90. 斑胸鹟(*M. griseicticta*)(Swinhoe)	— —				⊖		+						
91. 寿带(*Terpsiphone paradiseincei*)(Gould)	— —	—		—									
34)鸫科(Turdidae)													
92. 红点颏(*Luscinia calliope calliope*)(Pallas)	— —				—				—				
93. 红肋蓝尾鸲(*Tarsigercyanurus cyanurus*)(Pallas)	— —				+		+	+					
94. 北红尾鸲(*Phoenicurus auroreus*)(Pallas)	— — — —	+	—	+	+	—	+		+	—			
95. 黑喉石即鸟(*Saxicola torquata stejnegeri*)(Parrot)	— — — —	+	—	+	+	—	+		+				
96. 白喉矶鹟(*Monticola gularis*)(Swinhoe)	— — —	—		⊖	+		+		—				
97. 白眉地鸫(*Geokichla sibirica sibirica*)(Pallas)	— —			⊕	+		+		—				
98. 灰背鸫(*Turdus hortulorum* sclater)	— — — —		+	—	⊕	+	—		—				

续　表

种类	1	2	3	4	5	6	7	8	9	10	11	12	13
99. 白腹鸫（*T. pallidus pallidus* Gmelin）	—	—	—			⊕		+					
*100. 斑鸫（*T. naumanni naumanni* Temminck）	—	—				⊕							
101. 虎斑山鸫（*Zoothera dauma varius*）（Pallas）	—	—	—			⊕					—		
35）莺科（Sylviidae）													
102. 鳞头树莺（*Cettia squameiceps*）（Swinhoe）	—	—	—	—		⊕	—	—	—				
103. 短翅树莺（*C. diphone borealis* Campbell）	—	—	—	—	—	+	+	+	—	+			
104. 斑胸短翅莺（*Bradypterus thoracicus davidi*）（La Toucle）	—	—							+			—	
105. 大苇莺（*Acrocephalus arundinaceus orientalis*）（T. & S.）	—	—	—	—	—	+	+						
106. 黑眉苇莺（*A. bistrigiceps* Swinhoe）	—	—	—	—		+	—	—		+			
107. 芦莺（*Phragamaticola aedon rufescens* Stegmann）	—						—			+	—		
108. 巨嘴柳莺（*Phylloscopus schwarzi*）（Radde）	—	—	—	—		+	+	+	+	+			
109. 黄眉柳莺（*Ph. inornatus inornatus*）（Blyth）	—	—	—	—		+	+	—	+	+			
110. 黄腰柳莺（*Ph. proregulus Proregulus*）（Pallas）	—	—	—	—		—	—	+	—	+	+		
*111. 极北柳莺（*Ph. borealis*）（Blasius）	—	—				⊖	—			—			
112. 冕柳莺（*Ph. coronatus Coronatus*）（T. & S.）	—	—	—	—		+	—	⊖					
113. 暗绿柳莺（*Ph. trochiloides Plumbeitarsus* Swinhoe）	—	—	—	—		—			+	+			
114. 灰脚柳莺（*Ph. tenellepes* Swinhoe）	—	—	—	—		—	+	+	—	—			
*115. 戴菊（*Regulus regulus japonensis* Slakiston）	—					⊖			+		—		
36）山雀科（Paridae）													
116. 白脸山雀（*Parus major artatus* Thayer et Bangs）	—	—	—	—		—	+	+	+	—	+		

种类											
117. 煤山雀(*Parus ater ater* Linné)	————				+		+			——	
118. 沼泽山雀(*P. palustris brevirostris* Taczanovski)	———		+	—	—	+	—	+		——	—
119. 银喉长尾山雀(*Aegithalos caudatus caudatus*)(Linné)	————			—	—		+			——	—
37)鸭科 Rallidae											
120. 普通䴓(*Sitta europaea amurensis* Swinhoe)	———		—	+	—	+	—			——	
121. 黑头䴓(*S. canadensis* Grant)	———				+		+			——	—
38)旋木雀科(Certhiidae)											
122. 旋木雀(*Certhia familiaris orientalis* Domanievski)	————			—		+		+		——	
39)绣眼鸟科(Zosteropidae)											
123. 红肋绣眼(*Zosterops erythropleura* Swinhoe)	———		—	—	+	+		+		——	
40)文鸟科(Ploceidae)											
124. 麻雀(*Passer montanus montanus*)(Linné)	———	+	+	+	+	—	+	—		——	
41)雀科(Fringillidae)											
*125. 燕雀(*Fringilla montifringilla* Linné)	—				⊕					——	
126. 金翅(*Chloris sinica ussuriensis*)(Hartert)	————	+	—	—	—					——	
127. 朱雀(*Carpodacus erythrinus grebnitskii* Stejneger)	————						—	+		——	—
*128. 北朱雀(*C. roseus*)(Pallas)	——				⊕					——	
129. 长尾雀(*Uragus sibiricus ussuriensis* Buturlin)	————		+	—	+	—	+	—	+	——	
130. 灰腹灰雀(*Pyrrhula griseiventris* Lafresnaye)	———			—			—	+		——	
131. 黑头蜡嘴(*Eophona personata magratoria* Hartert)	————			—	⊕					——	
132. 黑尾蜡嘴(*E. migratoria migratoria* Hartet)	———			—	⊕		+	+		——	

133. 锡嘴(*Coccothraustes coccothraustes coccothraustes*)(Linné)	− − −	−	⊕	+	+					
*134. 栗鹀(*Emberiza rutila* Pallas)	−	−	⊕							
135. 黄胸鹀(*E. aureola* Pallas)	− − −	−	⊕							
136. 黄喉鹀(*E. elegans ticehuristi* Sushkin)	− − − −		−	−	+	−	+			
137. 灰头鹀(*E. spodocephala* Pallas)	− − −	+		−	+	−			
138. 三道眉草鹀(*E. cioides weigoldi* Jacobi)	− − −	+							
139. 赤胸鹀(*E. fucata fucata* Pallas)	− − −	+	−	+	−	+			
*140. 田鹀(*E. rustica* Pallas)	− −		⊕						
*141. 黄眉鹀(*E. chrysophrys* Pallas)	−		+	⊖	−				
142. 白眉鹀(*E. tristrami* Swinhoe)	− − −		−	+					

注：—表示遇见；＋表示采到标本；在符号外围划有○者为长白山动物调查队高岫、何敬杰等先生提供材料；号头划有＊者为非繁殖鸟，其余为繁殖鸟；

表中各点之海拔高度为高度表所实测。

（1）长白山鸟类过去未曾专门报导，本文所列种类就长白山地区而言绝大多数皆属新记录。

长白山鸟类种类组成，随山地的垂直变化表现出很大的差异。从表2中看出，各垂直带中种类最丰富的为山地针阔混交林（129种），占全山种数的90.8%，其中繁殖鸟115种，占本带种数的89.1%；其次为山地阔叶林（89种），占全山种数的62.7%，其中繁殖鸟85种占本带种数的95.5%，最贫乏的的为山地苔原（7种），占全山种数的4.9%。

繁殖鸟的分布占有全山各带，但以山地针阔混交林带为最多（115种）；非繁殖鸟主要限于山下的两个垂直带内（表2）。这说明过路鸟大都是沿山脚迁徙的。

表2　长白山各垂直带鸟类种类组成统计表

种数与百分比直　＼　垂直带		山地阔叶林带	山地针阔混交林带	山地针叶林带	岳桦林带	山地苔原带	全山
繁殖鸟	种数	85	115	48	18	7	127
	与本带种数之%	95.5	89.1	100.0	100.0	100.0	89.4
非繁殖鸟	种数	4	14	—	—	—	15
	与本带种数之%	4.5	10.9	—	—	—	10.6
合　计	种数	89	129	48	18	7	142
	与全山种数之%	62.7	90.8	33.8	12.7	4.9	100.0

2. 数量状况：1959～1962 年间，在长白山 5 种不同垂直带内，利用 54 小时共统计到鸟类 110 种 3 050 只（表 3）。其中常见种（每小时遇到个体数 1～10）15 种 1，738 只，稀有种（每小时遇到个体数＜1）56 种 1 210 只，极稀有种（每小时遇到个体数＜0.1）39 种 111 只。就常见种，其数量占统计总数的一半以上（57％），因而它们构成了长白山鸟类的基本群。

从表 3 中看出，长白山鸟类数量最多的为山地阔叶林带（1 203），占全山总数量的 39.4％，其中常见种 15 种，占本带数量的 22.4％；其次为山地针阔混交林带（796），占全山总数量的 26.1％，其中常见种 17 种，占本带种数的 22.7％；数量最少的为岳桦林带（228）和山地苔原带（232），分别占总数量的 7.5％和 7.6％，常见种各为 11 种和 4 种，分别占本带种数的 64.7％和 44.4％。

表 3   长白山各垂直带鸟类数量统计表

（根据抚松、漫江、安图、二道白河、天池等地 1959.13/Ⅴ—21/Ⅷ 1962.5/Ⅵ—2/Ⅷ的调查）

统计结果＼垂直带＼统计时间	山地阔叶林带	山地针阔混交林带	山地针叶林带	岳桦林带	山地苔原带	全山
	20.5	14.25	14.00	3.30	5.00	54.00
种数	67	75	53	17	9	110
与全山种数之％	61.0	68.2	48.2	15.5	8.2	100.0
个体数	1，203	796	591	228	232	3 050
与总数量之％	39.4	26.1	19.4	7.5	7.6	100.0
常见种数	15	17	12	11	4	51（1 738）
与本带种数之％	22.4	22.7	22.6	64.7	44.4	13.6（57.0）
稀有种数	41	43	33	6	5	56（1 201）
与本带种数之％	61.2	57.3	62.3	35.3	55.6	50.9（39.4）
极稀有种数	11	15	8	—	—	39（111）
与本带种数之％	16.4	20.0	15.1	—	—	35.5（3.4）

综合上述，长白山鸟类无论就种类上或数量上，皆以山地针阔混交林和山地阔叶林为最多。这说明长白山鸟类主要是集中在山的下部两个垂直带内。其原因主要在于下部两个垂直带，气候温和并且具有广大的空间和复杂多样的景观类型，为多种鸟类提供了繁殖和生存的条件。这一事实充分反映了鸟类与其生存环境的密切联系。

四、长白山鸟类的分布特点

表 4　　　　　　　　　长白山各垂直带鸟类数量统计表

（根据抚松、漫江、安图、二道白河、天池等地 1959.13/Ⅴ—21/Ⅷ 1962.5/Ⅵ—2/Ⅷ的调查）

垂直带 统计结果　统计时间	山地阔叶林带	山地针阔混交林带	山地针叶林带	岳桦林带	山地苔原带	合计	平均每小时遇到
	20.05	14.25	14.00	3.30	5.00	54.00	
1. 白腰雨燕（Apus pacificus）	—	11	17	87	141	256	4.7
2. 麻雀（Passer montanus）	172	53	—	—	—	225	4.2
3. 金腰燕（Hirundo aaurica）	150	36	—	—	—	186	3.4
4. 黄腰柳莺（phylloscopus proregulus）	—	47	88	24	—	159	2.9
5. 短翅树莺（Cettia diphone）	77	43	—	—	—	120	2.2
6. 家燕（Hirundo rustica）	88	31	—	—	—	119	2.2
7. 灰头鹀（Emberiza spodocephala）	19	78	12	2	—	111	2.1
8. 沼泽山雀（Parus Palustris）	6	32	54	1	—	93	1.7
9. 树鹨（Anthus hodgsoni）	—	26	8	13	36	83	1.5
10. 灰鹡鸰（Motacilla cinerea）	30	16	14	12	2	74	1.4
11. 大嘴乌鸦（Corvus macrorhynchus）	9	46	2	8	2	67	1.2
12. 巨嘴柳莺（Phylloscopus schwarzi）	12	12	39	—	—	63	1.2
13. 红胁蓝尾鸲（Tarsiger cyanurus）	—	12	21	30	—	63	1.2
14. 鹪鹩（Troglodytes troglodytes）	—	6	32	22	2	62	1.1
15. 三道眉草鹀（Emberizac ioides）	57	—	—	—	—	57	1.1
合计	620	449	287	199	183	1 738	32.2

1. 分布上的垂直地带性。长白山鸟类分布具有明显的垂直地带性。全山 15 种常见种（表 4），由于它们生存和繁殖所处环境不同，因而在各垂直带的分布也各不相同，如白腰雨燕见于上部 4 个带的上空，但主要营巢于最上部的山地苔原带内海拔 2 500 m 以上的山峰峭壁中；三道眉草鹀主要分布在最下部海拔 500 m 左右的山地阔叶林带；麻雀、金腰燕、家燕和短翅树莺等主要占有下部 2 个带，其上限约在海拔 1 000 m 左右；黄腰柳莺和蓝尾鸲占有中间 3 个带；下部一个带没有见到的有树鹨和鹪鹩，而上部一个带没有见到的有灰头鹀和沼泽山雀；广布 5 个带的有灰鹡鸰和大嘴乌鸦（图 3）。

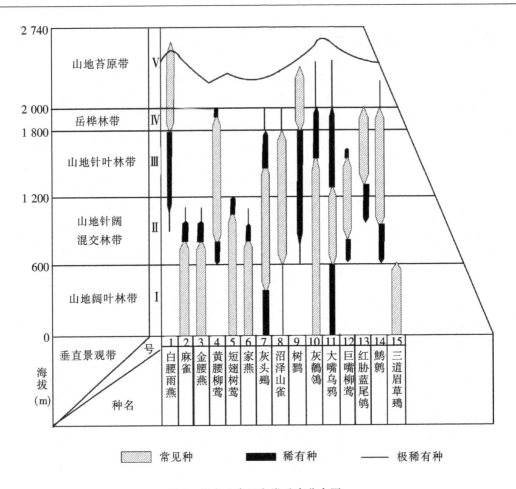

图 3　长白山常见鸟类垂直分布图

　　长白山鸟类，无论常见种或一般种，其分布都表现了明显的垂直地带性，因而可将它
们区分为垂直地带性种和泛垂直地带性种两类。垂直地带性种分布的垂直地带性表现极为
明显，仅在 1～2 个垂直带内出现，如三道眉草鹀、三宝鸟、棕腹杜鹃、鸲鹟、斑胸短翅
莺、领岩鹨、短翅树莺、灰喜鹊、黑枕黄鹂、巨嘴柳莺、黑头鹀和星鸦等；泛垂直地带性
种，从山底至山顶分布很广，出现于全部或 4 个垂直带内，如麻雀、家燕、金腰燕、大嘴
乌鸦、灰鹡鸰、北红尾鸲和灰头鸦等。这种现象是由于不同种鸟类要求不同的，而且是特
定的环境条件进行繁殖、取食与活动等所致。因而不同的景观类型，不同的垂直带必然要
栖居着不同的鸟类。

　　2. 垂直带的划分。究竟如何以动物学指标划分垂直带，是个很复杂的也是值得争议
的问题。最近郑作新等提出以每百米高度的繁殖鸟种数及其两者间的相似百分率来划分垂
直带（郑作新，1963）。笔者基于景观学，并建立在数量统计的基础上，参考海拔和植被
的划带，对长白山鸟类的垂直分带标准提出以下粗浅看法。

　　首先，任何一个垂直带内都栖居着很多种鸟类，显然在划带时不能把所有的种类都视
为划带的依据。势必要以该垂直带的优势种、常见种和在分布上具有特殊意义的种类作为
划带的主要根据。

其次，任何一个垂直带，其环境条件都不完全一致，而是由许多不同的景观类型所组成。然而，在同一垂直带内，不同的景观类型中栖居着不同的鸟类。究竟以栖居在哪种景观类型中的鸟类作为划带的主要根据是值得研究的。例如，山地阔叶林带中包括落叶阔叶林、次生林缘灌丛、河谷柳丛湿生草甸、丘坡耕地旱生草甸和居民点等景观类型。显然不能把所有这些景观类型中的代表鸟类（优势种或常见种鸟类）都视为划带的依据，而要找其最典型、最有代表性的景观类型中的优势种或常见种鸟类。因而在划分山地阔叶林带时，应该把栖居在落叶阔叶林及与其有联系的林缘灌丛景观类型中的优势种或常见种鸟类作为划带的主要根据。

最后，由于两个（或两个以上）垂直带内的不同景观类型彼此间的相似及其鸟类具有很大的生态可塑性，在许多情况下，鸟类的分布并不是只局限于一个垂直带内，而是占有两个以上的垂直带。于是就有"垂直地带性种"和"泛垂直地带性种"之分。前者仅出现于1～2个垂直带内，因而在划分垂直带时，主要应以垂直地带性种为根据。它们通常都是与该垂直带的典型景观类型相互联系的优势种或常见种。

这样一来，鸟类与其他景观要素一样，只要在该垂直带内选择具有代表性的栖居在典型部位的不多的一些种类，就足以反映该垂直带的基本属性。

3. 各垂直带的基本特点及其代表鸟类。我们把长白山5个垂直带内的最典型景观类型种的鸟类数量统计加以整理，共列25种作一比较分析（表5）。从表5中明显地看出各垂直带的典型景观类型鸟类的种类组成和数量各不相同，并且都各有不同的优势种或常见种。正是这些种类才确切地反映了该垂直带的基本特征，因而它们才能作为该垂直带的代表鸟类。

（1）山地阔叶林带：为海拔400～600 m的具有棕色森林土、落叶阔叶林的丘陵和低山。在典型的小丘部位覆盖着蒙古栎林和杂木林，在山间沟谷处有胡桃楸、水曲柳等。这片繁茂的夏绿林成为森林鸟类良好的生存环境。生活在这里的鸟类主要有冕柳莺、白眉鹟、灰喜鹊、三道眉草鹀、长尾雀、林鹡鸰和黑枕黄鹂等。这些鸟类代表了山地阔叶林带的基本特征。

（2）山地针阔混交林带：为海拔600～1 200 m的具有灰化棕色森林土，针阔叶混交林的低山和中山。这里树种繁多，生长茂密，林下灌木草本植物极为发达，因而为森林鸟类提供了各式各样的生活条件。该垂直带鸟类极为丰富，其中最主要的有普通鵟、沼泽山雀、白脸山雀、黄喉鹀、杜鹃和三宝鸟等。这些鸟类都是山地针阔混交林带的代表鸟类。

（3）山地针叶林带：为海拔1 200～1 800 m具有山地棕色泰加林土，生长着各种针叶树的火山凝灰岩台地。针叶林多在平坦的台地上分布，主要由鱼鳞松、臭松和落叶松组成。这里树木丛生茂密，林下甚为阴暗，一些典型针叶林鸟类多营巢与栖止在树上。最主要的代表鸟类有黄腰柳莺、沼泽山雀、榛鸡、鸲鹟、煤山雀、星鸦和黑头鹀等。

（4）岳桦林带：为海拔1 800～2 000 m以岳桦为主的白头山火山体的基部。这里栖居着一些高山森林鸟类，其中最主要的有红胁蓝尾鸲、朱雀和斑胸短翅莺等。这些鸟类代表了岳桦林带的基本特征。

（5）山地苔原带：为海拔2 000 m以上的山地无林带。这里温度低，风力强，年中大部分时间被冰雪覆盖，只在短短的夏季，一些矮小的灌木和草本植物才开花结实。山地苔原占有广大的地面，整个原野异常开阔，仅在沟谷岸边有矮小的岳桦侵入。这里生活着高山的典型鸟类，其中最主要的有白腰雨燕、领岩鹨和树鹨。它们可作为山地苔原带的代表鸟类（表5）。

表5　　　　　　　　　长白山各垂直带典型景观类型的鸟类数量统计表

（根据抚松、漫江、安图、二道白河、天池等地区 1959.13/Ⅴ—21/Ⅷ 1962.5/Ⅵ—2/Ⅷ 的调查）

不同垂直带中的典型景观类型 统计时间 种名	山地阔叶林带的落叶阔叶林类型	山地针阔混交林带的针阔混交林类型	山地针叶林带的暗针叶林类型	岳桦林带的岳桦林类型	山地苔原带的山地苔原类型	合计	平均每小时遇到	数量等级①
	4.00	4.00	5.00	2.00	3.00	18.00		
1. 黄腰柳莺（Phylloscopus proregulus）	—	9	41	24	—	74	4.1	++
2. 树鹨（Anthus hodgsoni）	—	1	1	8	36	46	2.5	++
3. 沼泽山雀（Parus palustris）	6	15	24	1	—	46	2.5	++
4. 红肋蓝尾鸲（Tarsiger cyanurus）	—	2	10	30	—	42	2.3	++
5. 鹪鹩（Troglodytes troglodytes）	—	—	9	22	2	33	1.8	++
6. 短翅树莺（Cettia diphone）	27	5	—	—	—	32	1.8	++
7. 白脸山雀（Parus major）	14	17	—	—	—	31	1.7	++
8. 白眉鹟（Muscicapa zanthopygia）	18	8	—	—	—	26	1.4	++
9. 普通䴓（Sitta europaea）	—	19	5	—	—	24	1.3	++
10. 灰头鹀（Emberiza spodocephala）	8	15	—	—	—	23	1.3	++
11. 三道眉草鹀（Emberiza cioides）	22	—	—	—	—	22	1.2	++
12. 长尾雀（Uragus sibiricus）	15	5	—	—	—	20	1.1	++
13. 领岩鹨（Prunella corallis）	—	—	—	—	18	18	1.0	++
14. 榛鸡（Tetrastes bonasia）	—	6	8	—	—	14	0.8	+
15. 鸲鹟（Muscicapa mugimaki）	—	—	10	—	—	10	0.6	+
16. 灰喜鹊（Cyanopica cyana）	10	—	—	—	—	10	0.6	+
17. 林鹡鸰（Dendronanthus indicus）	8	1	—	—	—	9	0.5	+
18. 杜鹃（Cuculus canorus）	—	9	—	—	—	9	0.5	+
19. 煤山雀（Parus ater）	—	2	6	—	—	8	0.4	+
20. 星鸦（Nucifraga caryocatactes）	—	—	8	—	—	8	0.4	+
21. 黑头䴓（Sitta canadensis）	—	—	7	—	—	7	0.4	+
22. 朱雀（Carpodacus erythrinus）	—	—	1	6	—	7	0.4	+
23. 黑枕黄鹂（Oriolus chinensis）	6	—	—	—	—	6	0.3	+
24. 三宝鸟（Eurystomus orientalis）	—	6	—	—	—	6	0.3	+
25. 斑胸短翅莺（Bradypterus thoracicus）	—	—	—	5	—	5	0.3	++
合计	134	120	130	96	56	136	30	

五、结　论

1. 长白山鸟类属古北界东北区长白山地亚区。调查期间共见142种，分隶于15目41科89属，其中繁殖鸟127种。各垂直带的种类组成，以山地针阔混交林最为丰富（129种），次为山地阔叶林（89种）和山地针叶林（48种），最为贫乏的为山地苔原（7种）

———————

① ++常见种，+稀有种。

和岳桦林（18种）带。

2. 长白山鸟类数量状况，一般来说，不甚集中，仅在针阔混交林带比较集中。全山数量中统计遇到110种，其中常见种15种。就各垂直带看，山地阔叶林带常见种15，山地针阔混交林带17，山地针叶林带12，岳桦林带11，山地苔原带4。

3. 长白山鸟类分布具有明显的垂直地带性，不同的垂直带具有不同的代表鸟类。由于鸟类对景观的依存，不同的景观分布着不同的鸟类，因而在划分垂直带时，应该以景观的垂直带，特别是植被的垂直带为基础，找出相应的代表鸟类。作为不同垂直带的代表鸟类，应该是栖居在该垂直带内最典型景观类型中的数量上占优势或常见的垂直地带性种。

4. 长白山5个垂直带的最主要代表鸟类，山地阔叶林带：冕柳莺、灰喜鹊、黑枕黄鹂、白眉鹟、三道眉草鹀和林鹨鸰；山地针阔混交林带：普通䴓、白脸山雀、黄喉鹀、杜鹃和三宝鸟；山地针叶林带：黄腰柳莺、沼泽山雀、榛鸡、鸲鹟、煤山雀、星鸦和黑头䴓等；岳桦林带：红胁蓝尾鸲、斑胸短翅莺和朱雀；山地苔原带：白腰雨燕、领岩鹨和树鹨。

参 考 文 献

[1] 郑作新. 中国鸟类分布目录. Ⅰ非雀形目. 北京：科学出版社，1955：1～329.

[2] 郑作新. 中国鸟类分布目录. Ⅱ雀形目. 北京：科学出版社，1958：1～591.

[3] 郑作新、张荣祖. 中国动物地理区划. 北京：科学出版社，1958：1～591.

[4] 郑作新等. 四川峨眉山鸟类及其垂直分布的研究. 动物学报，1963，15（2）：317～335.

[5] 黄锡畴等. 长白山北侧自然景观带. 地理学报，1959，25（6）：435～446.

[6] Воробьев, К. А. Птицы уссурийского края. 253 ～ 351. Москва，1954：253～351.

[7] Дементьев, Г. П. иН. А. Гладкоэ. ПтибысоветскоСоюэа. Том Ⅴ—Ⅵ. Москва.

（本文刊于1963年第15卷第4期《动物学报》）

人类开发活动对鸟类的影响
——长白山二道白河附近鸟类组成和数量的变化

陈　鹏[①]

【提要】 1962～1980 年，相距 18 年，在大约相同的时间，同样的路线，对长白山二道白河附近鸟类的种类和数量进行了对比调查。

结果，人口的增长以及人类的开发活动，使鸟类种类、数量均变少；鸟类常见种的种数减少，优势种的种数增加；与森林有联系的鸟类（*Phylloscopus tenellipes*，*Ph. proregulus*，*Muscicapa cyanomelana*，*Cuculus micropterus* 等）逐渐减少，与居民点有联系的鸟类（*Passer montanus*，*Hirundo daurica*，*H. rustica* 等）逐渐增加。

18 年前（1962 年），曾对长白山鸟类进行过调查，二道白河屯为调查点之一。当时该屯仅有一条小街，100 多户人家，500 多口人。向北约 9 km 的水田屯附近是长白山自然保护局所在地，此外，再无其他机关单位。屯周围是原始的针阔混交林、采伐迹地和小片的次生杨桦林。当年的 6 月 25 日～29 日，5 天内利用 7 小时，在 21 km 的统计线上，对附近四种不同生境的鸟类进行了数量统计。

时隔 18 年，二道白河屯环境大改变，北侧建立了白河火车站、白河林业局，南侧有林业建筑公司第二工程处、自然保护区管理局、森林警察队和中国科学院森林生态系统定位站。二道白河屯为公社所在地，设有商店、饭馆、旅店、医院、邮局、银行、粮库和中小学校等企事业单位，成了一个拥有 3 万多人口的城镇。人类这种大规模的开发活动，对自然界的鸟类到底有多大影响？今年（1980 年）结合学生野外实习，选取了与 1962 年相近的日期（6 月 22～26 日），5 天内利用 6 小时，在 18 km 的统计线上，对附近四种不同生境的鸟类进行了对比调查，所得结果整理如下：

一、总的种类组成和数量变化

从鸟类总的种类组成和数量上看，1980 年比 1962 年均变少，组成成分上少 13 种，平均每小时遇到的个体数少 2.1 对。1980 年 40 种，平均每小时遇到个体数 62 对；1962 年 53 种，平均每小时遇到个体数 64.1 对（表1）。

---

① **【作者单位】** 东北师范大学地理系。

表1　　　　　　　　**长白山二道白河附近鸟类组成和数量变化统计表**

（根据 1962 年 6 月 25~29 日和 1980 年 6 月 22~26 日的调查）

顺序号		生境 统计时间(时间)(年) 种　名	居民点		溪谷柳丛		次生林缘		针阔混交林		计		平均每小时		数量等级*	
			2.0	1.5	1.0	1.0	1.0	1.5	3.0	2.0	7.0	6.0				
1962	1980		1962	1980	1962	1980	1962	1980	1962	1980	1962	1980	1962	1980	1962	1980
1	⑦	灰头鹀 (Emberiza spodocephala)	—	—	15	1	35	13	5	1	55	15	7.9	2.5	++	++
2	①	麻雀 (Passer montanus)	53	62	—	—	—	—	—	—	53	62	7.6	10.3	++	+++
3	⑨	短翅树莺 (Cettia diphone)	—	—	4	—	24	13	—	—	33	13	4.7	2.2	++	++
4	⑤	普通䴓 (Sitta europaea)	—	—	—	—	—	—	29	19	29	19	4.1	3.2	++	++
5	⑮	大山雀 (Parus major)	—	—	—	—	4	—	21	7	25	7	3.6	1.2	++	++
6	③	家燕 (Hirundo rustica)	17	31	3	4	—	—	—	—	20	35	2.9	5.8	++	++
7	17	大嘴乌鸦 (Corvus macrorhynchus)	5	—	4	—	—	—	10	4	19	5	2.7	0.8	++	+
8	⑩	沼泽山雀 (Parus palustris)	—	—	—	2	—	—	15	12	17	12	2.4	2.0	++	++
9	④	金腰燕 (Hirundo daurica)	16	32	—	—	—	—	—	—	16	32	2.3	5.3	++	++
10	⑪	长尾雀 (Uragus sibiricus)	—	—	1	1	8	9	5	—	14	10	2.0	1.7	++	++
11		灰脚柳莺 (Phylloscopus tenellipes)	—		2				10		12		1.7		++	
12	⑯	大杜鹃 (Cuculus canorus)	—	—	—	—	1	—	9	7	10	7	1.4	1.2	++	++
13		黄腰柳莺 (Phylloscopus proregulus)	—		—				9		9		1.3		++	
14		白腹蓝鹟 (Muscicapa cyanomelana)	—		4						9		1.3		++	
15		灰鹡鸰 (Motacilla cinerea)	5		3		—		—		8		1.1		++	
16		四声杜鹃 (Cuculus micropterus)	—		—		2		5		7		1.0		++	
17	19	红尾伯劳 (Lanius cristatus)	—	—	—	—	4	5	—	—	7	5	1.0	0.8	++	+
18	②	灰椋鸟 (Sturnus cineraceus)	1	31	—	—	2	8	3	10	6	49	0.9	8.2	+	++
19	20	灰喜鹊 (Cyanopica cyana)	—	—	—	—	2	—	4	4	6	4	0.9	0.7	+	+
20	⑬	山斑鸠 (Streptopelia orientalis)	—	—	—	1	1	—	5	7	6	8	0.9	1.3	+	++
21		花尾榛鸡 (Tetrastes bonasia)	—				2				6		0.9		+	

22	27	栗胸田鸡（*Porzana paykullii*）	—	—	—	2	2	1	3	—	5	3	0.7	0.5	+	+
23	31	绿啄木鸟（*Picus canus*）	—	—	—	—	—	—	5	1	5	1	0.7	0.2	+	+
24	⑥	银喉长尾山雀（*Aegithalos caudatus*）	—	—	—	—	—	—	5	18	5	18	0.7	3.0	+	++
25	33	环颈雉（*phasianus colchicus*）	—	—	—	—	2	—	2	1	4	1	0.6	0.2	+	+
26	⑭	北红尾鸲（*Phoenicurus auroreus*）	2	6	—	—	2	1	—	—	4	7	0.6	1.2	+	++
27	⑫	灰山椒鸟（*Pericrocotus roseus*）	—	—	—	—	—	—	4	8	4	8	0.6	1.3	+	++
28		虎纹伯劳（*Lanius tigrinus*）	—		—		3		1		4		0.6		+	
29	18	黑尾蜡嘴（*Eophona migratoria*）	—	—	—	—	1	—	3	5	4	5	0.6	0.8	+	+
30	⑧	巨嘴柳莺（*Phylloscopus schwarzi*）	—	—	—	—	3	14	1	—	4	14	0.6	2.3	+	++
31	37	小斑啄木鸟（*Dendrocopos amurensis*）	—	—	—	—	1	—	2	1	3	1	0.4	0.2	+	+
32	28	黄喉鹀（*Emberiza elegans*）	—	—	—	—	—	—	3	2	3	2	0.4	0.3	+	+
33	32	金翅（*Chloris sinica*）	—	1	—	—	—	—	3	—	3	1	0.4	0.2	+	+
34	36	三宝鸟（*Eurystomus orientalis*）	—	—	—	—	—	—	3	1	3	1	0.4	0.2	+	+
35	29	白鹡鸰（*Motacilla alba*）	—	—	3	2	—	—	—	—	3	2	0.4	0.3	+	+
36		红胁绣眼（*Zosterops erythropteura*）	—						3		3		0.4		+	
37	39	戴胜（*Upupa epops*）	—	—	—	—	2	1	—	—	2	1	0.3	0.2	+	+
38	23	喜鹊（*Pica pica*）	—	—	—	1	2	—	—	2	2	3	0.3	0.5	+	+
39		树鹨（*Anthus hodgsoni*）	—				1		1		2		0.3		+	
40		褐河乌（*Cinclus pallasii*）	—		2		—		—		2		0.3		+	
41	25	灰背鸫（*Turdus hortulorum*）	—	—	—	—	—	—	2	3	2	3	0.3	0.5	+	+
42		松鸦（*Garrulus glandarius*）	—						2		2		0.3		+	
43	26	斑啄木鸟（*Dendrocopos major*）	—	—	—	—	—	—	2	3	2	3	0.3	0.5	+	+
44	35	蓝歌鸲（*Lscinia cyane*）	—	—	—	—	—	—	2	1	2	1	0.3	0.2	+	+
45		鸢（*Milvus korschun*）	—						1		1		0.1		+	
46		白背啄木鸟（*Dendrocopos leucotos*）	—		—				1		1		0.1		+	
47		鸳鸯（*Aix galericulata*）	—		1		—		—		1		0.1		+	

续　表

序号		种名												
48	22	黑眉苇莺 (*Acrocephalus bistrigiceps*)	—	—	1	3	—	—			1	3	0.1	0.5	+	+
49	24	小杜鹃 (*Cuculns poliocephalus*)	—	—	1	—	—	—		3	1	3	0.1	0.5	+	+
50		北林鸮 (*Strix uralensis*)	—	—		—		1		1			0.1		+	
51		星头啄木鸟 (*Dendrocopos canicapillus*)		—	—			1		1			0.1		+	
52		白眉鹀 (*Emberiza tristrami*)		—				1		1			0.1		+	
53	30	蚁䴕 (*Jynx torquilla*)	—	—	—	—	1	1		1	1		0.1	0.2	+	+
	21	黑枕黄鹂 (*Oriolus chinensis*)		—				4		4				0.7		+
	34	大苇莺 (*Acrocephalus arundinaceus*)		—	1			1						0.2		+
	38	黑喉石䳭 (*Saxicola torquata*)		—		1		1						0.2		+
	40	小翠鸟 (*Alcedo atthis*)		—	1			1						0.2		+
		合计	99	163	44	18	106	66	200	125	449	372	64.1	62.0		
		平均每小时遇到个体数（对）	49.5	108.7	44	18	106	44	66.7	62.5	64.1	62.0				
		种数	7	6	13	11	22	10	41	24	53	40				

　　＊＋＋＋优势种（每小时遇到个体数＞10 对）；＋＋常见种（每小时遇到个体数 1—10 对）；＋稀有种（每小时遇到个体数＜1 对）。

　　从优势种和常见种上看，1980 年有 1 个优势种（麻雀），15 个常见种，共 16 种，平均每小时遇到 52.7 对；1962 年无优势种，常见种 17 种，平均每小时遇到 49 对，比 1980 年少 3.7 对。可见 1980 年鸟类的数量集中在一部分种类上。

　　优势种和常见种的组成成分，1980 年仅有 1962 年 17 种之中的 10 种，即灰头鹀、麻雀、短翅树莺、普通鸸、大山雀、家燕、沼泽山雀、金腰燕、长尾雀和大杜鹃（图1）。

　　这 10 种鸟在 18 年当中数量变化不大，而另外的 7 种：大嘴乌鸦、灰脚柳莺、黄腰柳莺、白腹蓝鹟、灰鹡鸰、四声杜鹃、红尾伯劳等数量有所减少并未形成常见种，这些种类大都与森林有联系。相反，即有 6 种：灰椋鸟、山斑鸠、银喉长尾山雀、北红尾鸲、灰山椒鸟、巨嘴柳莺等数量显著增加，上升为常见种，这些种类大都与林缘有联系且多是在森林砍伐后进入的。

　　就个体数量最多的前 4 种，前后大不相同，1962 年按顺序排列是：灰头鹀、麻雀、短翅树莺、普通鸸。这 4 种除麻雀外都与森林有联系，平均每小时共遇到 24.3 对；1980 年按顺序为麻雀、灰椋鸟、家燕、金腰燕。其中灰椋鸟在附近树洞或电线杆上的洞中营巢，常到居民区的粪堆中取食昆虫。这 4 种都与居民点有联系，平均每小时共遇到 29.6 对，比 1962 年多 5.3 对。可见鸟类在人类开发后的地区，虽然种类减少了，个体数量却更加集中。

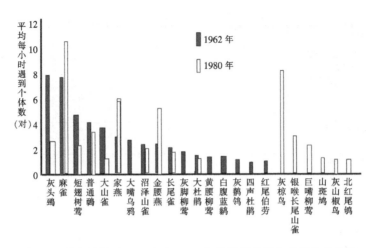

图1 二道白河附近 1962 年与 1980 年鸟类优势种和常见种对比图

二、不同生境中的种类组成和数量变化

从种类组成上,1980 年比 1962 年明显地变少,尤其针阔混交林和次生林缘生境,减少有二分之一左右,针阔混交林生境 1962 年 41 种,1980 年减少为 24 种;次生林缘生境 1962 年 22 种,1980 年减少为 10 种。居民点和溪谷柳丛生境前后相差无几(图2)。

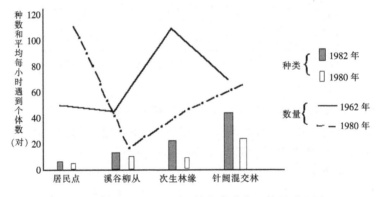

图2 二道白河附近不同生境鸟类种类、数量对比图

从个体数量上,1962 年最多的是次生林缘生境(106 对/小时),其次是针阔混交林生境(66.7 对/小时)。居民点和溪谷柳丛生境中鸟类数量较少(图2)。1980 年发生很大变化,数量最多的是居民点生境(108.7 对/小时),其次是针阔混交林生境(62.5 对/小时),最少的是溪谷柳丛生境(18 对/小时)。这个事实反映了人类开发后居民点附近的鸟类,种类略有减少,个体数却大大增加。从种类成分上,通常为麻雀和两种燕子。针阔混交林生境,远离人烟,鸟类的个体数量减少的不多(减 4.2 对/小时),而次生林缘生境和溪谷柳丛生境,鸟类个体数减少的最多,前者减少 62 对/小时,后者减少 26 对/小时。

三、小 结

1. 人口的增长以及人类在林区的开发活动,总的使林区的鸟类种类、数量变少。
2. 人类开发后的地区,鸟类常见种的种数减少,优势种的种数增加,即鸟类的个体数相对集中到一部分种类上。

3. 人类开发后的地区，与森林有联系的鸟类（灰脚柳莺、黄腰柳莺、白腹蓝鹟、四声杜鹃）逐渐减少，与居民点有联系的鸟类（麻雀、燕子）逐渐增加。

参 考 文 献

［1］陈鹏. 长白山鸟类及其垂直分布. 动物学报，1963，15（4）：648—664.

［2］傅桐生，高岫. 长白山鸟类区系的类型及其分布. 吉林师大学报：自然科学版，1965（2）：52—65.

长白山北坡森林生态系统土壤动物初步调查

张荣祖　杨明宪　陈　鹏　张庭伟①

森林生长的营养来源，主要依赖土壤中有机物质的转换，即依赖于凋落物的分解，释放可利用矿物元素。这是一个复杂的生物、生化和物理过程，其中生物过程取决于微生物和无脊椎动物的联合活动。土壤动物将凋落物粉碎，增大微生物作用面，以体内酶与寄生细菌的作用将凋落物转换成盐类和植物易吸收物质。土壤动物的活动，促进土壤腐殖质和团粒结构的形成，增强透水性和通气性。土壤动物活动的强弱，使土壤分别形成幂，细腐殖质（Mull）和粗腐殖质（Mor），前者是森林沃土的标志，后者是纤维腐败物质，矿化过程缓慢。因而，维持和增强土壤动物活动，在森林发育中有很大的实践意义。

1979 年夏我们在于长白山进行了土壤动物区系及生态地理分布的调查研究，这是基础性工作，除系统累计资料外，目的在于了解长白山土壤动物的全貌。以选择数量最多，分布最普遍，在森林生态系统中可能最突出的类群，作为今后重要研究对象，与各有关方面合作，揭示其在系统网络中的地位与意义。

一、方　法

按长白山北坡（自然保护区内）不同的林带：阔叶林、针阔混交林、针叶林、岳桦林和树线以上的山地苔原分别进行土壤动物采集，采用 Tullgren 法即干漏斗法，Baermann 法即湿漏斗法和手捡三种方法。每个植被带选择代表性样地 50×50 cm，将土壤 Aoo、Ao 层的凋落物任意抽取 1/6 用于干漏斗法，取 1/12 用于手捡（在双筒镜下）。以取土器（直径 $5 \times$ 高 4 cm）在 A1、A2、B 层各取三个土样，分别用于干漏斗和手捡，以小取土器（直径 $4 \times$ 高 4 cm）在 A1、A2、B 层各采两份土样用于湿漏斗。采集日期大体先在海拔低处，后在海拔高处，照顾物候的先后（表 1）。由于土壤条件的高度异质性质，土壤动物生态分布在不大的范围内有可能产生明显的差异。有些类群季节性变化显著。有些种类，特别是不活动的昆虫幼虫，两种采集漏斗方法都无法斥出。我们没有应用浮选法。凡此，均影响动物采集的完整性。但现在采用的三种方法，其中干漏斗对于土壤节肢动物，湿漏斗对于线虫、寡毛纲、姬蚯蚓、涡虫、缓步动物都是有效的，解剖镜下手捡，基本上可不漏掉任何中型土壤动物。三种方法配合所获得的材料，基本上可以反映长白山森林生态系统中大、中型土壤动物的组成和相对数量，蚯蚓采集于 1×1m 的样地中手捡，由于样地过少，不能很好地反映种群的特点，未列入本文统计表中，故本文所有统计表式均属于

---

①【作者单位】张荣祖：中国科学院地理研究所；杨明宪：辽宁大学生物系；陈鹏：东北师范大学地理系；张庭伟：辽宁大学生物系。

中、小型土壤动物，但土壤原生动物的采集，需要另外的方法，限于人力没有开展。

土壤动物门类复杂，目前尚缺乏完整的详细至科的检索表，我们主要应用青木淳一 (1973) 的检索表，用它只能查到纲、目。土壤节肢动物还应用了 C. T. 布鲁斯等 (1954) 的检索表，可检索至总科或科。昆虫幼体，难以鉴定，一般只检索至目或科，本文所述昆虫各目、科均包括幼虫。蚯蚓利用陈义 (1956) 的检索表，鉴定至属。

表 1　土壤动物采集时间、生境和海拔高度

编　号	采集时间	生境类型	海拔高度
001	1979.6.28	针阔混交林	755 m
002	1979.6.29	针阔混交林	760 m
003	1979.7.5	落叶阔叶杂木林	630 m
004	1979.7.8	针阔混交林	750 m
005	1979.7.13	山地针叶林	1 215 m
006	1978.7.15	岳桦林	1 820 m
007	1979.7.18	高山苔原	2 230 m
008	1979.7.24	岳桦林	1 800 m

二、结果与讨论

长白山森林生态系统中，大、中型土壤动物分属 6 门，10 纲，初步确定有 17 个目，列举如下：

Ⅰ. 扁形动物门（Planthelminthes）

1. 涡虫纲（Turbellaria）（全，捕食，腐，菌，细，藻）[①]

Ⅱ. 圆形动物门（Aschelminthes）

2. 线虫纲（Nematoda）（全，捕食，腐，菌，细，藻）

Ⅲ. 软体动物门（Mollusca）

3. 腹足纲（Gastropoda）（全，不定，落，腐，捕）

Ⅳ. 环节动物门（Annelda）

4. 寡毛纲（Olgiochaeta）

姬蚯蚓科（Enchytraoidae）（全，腐，落，菌，细，粪，捕）

链胃科（Moniligastridae）（全，落，腐，粪，）

杜拉属（*Drawida*）

正蚓科（Lumbricidae）（全，落，腐，粪，）

异唇属（*Allolbophora*）

钜蚓科（Meqascolecidae）（全，落，腐，粪，）

环毛属（*Pheretima*）

Ⅴ. 缓步动物门（Tardigrada）

① 真缓步目（Eutardigrada）

苔缓步科（Macrobitidae）（熊虫）（全，腐，菌，捕）

---

① 所附在土壤中生活情况，如全（全部生活周期），幼虫等及食性录自青木淳一，1970 年土壤动物学，仅供参考。

Ⅵ. 节肢动物门 （Arthropoda）

5. 蛛形纲 （Arachnida）（全，不定，捕，杂）

② 拟蝎目 （Pseudoscorpionida）

③ 蜘蛛目 （Araneida）

④ 盲蛛目 （Phalangida）

⑤ 蜱螨目 （Acarina）（全，不定，成，若，捕，菌，腐，落，共，死，寄，藻，粪，材，苔）

中气门亚目 （Mesotigmata）

前气门亚目 （Prostigmata）

隐气门亚目 （Cryptostigmata）

6. 甲壳纲 （Crustace）（全，不定，捕）

7. 倍足纲 （Diplopoda）（全，落，腐）

8. 唇足纲 （Chilopoda）（全捕）

⑥ 石蜈蚣目 （Lithobiomorpha）

⑦ 地蜈蚣目 （Geophilomorpha）

⑧ 大蜈蚣目 （Scolopendromorpha）

9. 结合纲 （Symphyla）（全，腐，菌，细，苔，死）

10. 昆虫纲 （Insect）

无翅亚纲 （Apterygota）

⑨ 弹尾目 （Collembola）（全，落，腐，菌，粪，死，捕）

⑩ 双尾目 （Diplura）（全，捕，死）

有翅亚纲 （Pteryqota）

⑪ 直翅目 （Orthoptera）（全，杂）

⑫ 缨翅目 （Thysanoptera）（全，杂）

⑬ 半翅目 （Hemiptera）（全，不定，落，根，菌，材，捕）

⑭ 鳞翅目 （Lepidoptera）（幼，材，根，落）

⑮ 双翅目 （Diptera）（幼，材，根，落）

⑯ 鞘翅目 （Coleoptera）（全，幼，不定，捕，共，腐，粪，死，菌，材，杂）

⑰ 膜翅目 （Hymernoptera）（幼，全，不定，材，寄，杂）

由落叶阔叶林至山地苔原五个自然垂直带中，土壤动物的相对数量依次为昆虫无翅亚纲的弹尾目（40.2%）、蜱螨目（22.2%）、圆形动物的线虫纲（15.2%）、环节动物的姬蚯蚓（8.8%）、软体动物的腹足纲（3.9%）、昆虫有翅亚纲的双翅目（3.5%）、鞘翅目（2.0%）、膜翅目（1.2%），其他如涡虫、缓步动物、节肢动物中的蜘蛛目、拟蝎目、盲蛛目、甲壳纲、倍足纲、唇足纲，结合纲和昆虫中的直翅目、缨翅目、半翅目和鳞翅目均属少或稀少的种类不及1.0%（图1）。其中膜翅目主要为蚁科，它们在土壤中自然量分布极不均匀。在蚁窝附近除蚁或与蚁类共栖的动物外，其他动物种类均少。任意取样以干漏斗斥出的蚁类数不能反映其一般情况，但可反映出土体中活动个体的相对数量。据此可将弹尾目、蜱螨目和线虫纲动物列为优势类群，姬蚯蚓为次优势类群，腹足纲、膜翅目、双翅目、鞘翅目（后两者多为幼虫）为常见类群，其次为少见类群。其中蜱螨目和弹尾目种类的分化很明显，初步鉴定分属于9科（包括总科）和6科。另外，双翅目和鞘翅目的种类也较多，列举如下（表2）：

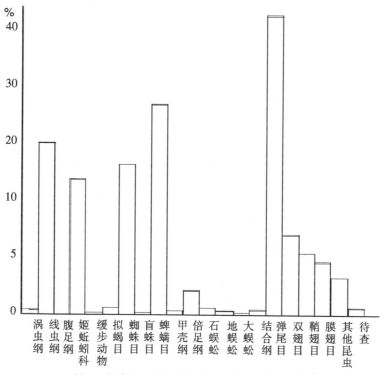

图1　长白山北坡土壤动物各类群的相对数量

表2

蜱螨目 （Acarima）	弹尾目 （Collembola）	双翅目 （Diptera）	鞘翅目 （Coleoptera）
寄生螨总科 （Parastitoidea）	跳虫科 （Poduridae）	摇蚊科 （Chiromomidae）	隐翅甲科 （Staphylinidae）
甲形螨总科 （Oribatoidea）	球角跳虫科 （Hypogastunridae）	蚋科 （Simuliidae）	埋葬甲科 （Silphidae）
甲形螨科 （Metripoppidae）	筒跳虫科 （Tomoceridae）	毛蛉科 （Psychodidae）	地胆科 （Meloidae）
蜱螨科 （Pelopidae）	圆跳虫科 （Sminthuridae）	光蝉科 （Fulqoridae）	
盲蛛螨科 （Caeculidae）	短角圆跳虫科 （Neelidae）	大蚊科 （Tipulidae）	
蝇螨科 （Macrocholide）	长角跳虫科 （Enlomobryide）		
龟螨科 （Phthiracaridae）			
赤螨科 （Erythraeidae）			
鼻螨科 （Bdelliidae）			

各个自然垂直带土壤动物个体的相对数量（图2），以阔叶林最多（于84cm²中有844个个体①，占各带总数的24%），针叶林、岳华林及山地苔原依次减少（山地苔原分别为534个个体，占15%），针阔混交林类似山地苔原，可能因采样点接近蚁窝有关。

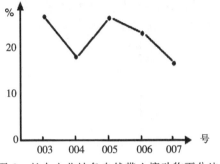

图2　长白山北坡各自然带土壤动物百分比

各带高级分类群（纲目或亚目）几乎是共同的，现在所知限于某带的个别类群，在采样增多时，可能亦为各带所共有。因而，可以认为高级类群在各带中的分布不存在替代现象，但桦木林带与山地苔原带有减少趋势。另外，生活于苔藓层的缓步动物门中的熊虫（苔缓步科）可能是山地苔原的代表动物。各类群和优势类群相对数量的变化，则有以下若干现象（图3、图4）：

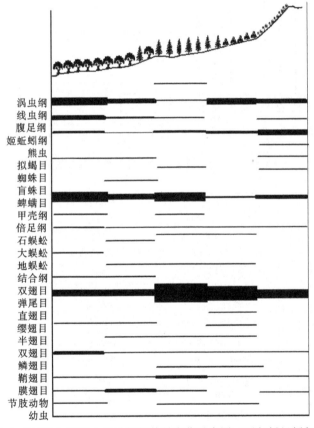

图3　长白山北坡各自然带土壤动物的数量变化示意图（不包括蚯蚓与原生动物）

1. 阔叶林带与针阔混交林带间差别不大，前者的蜱螨、线虫为各带之冠，弹尾则相反。

2. 针叶林带与上下各带均有较明的差别，弹尾为各带之冠，蜱螨数量仅次于阔叶林

___
① 若推算至1 m² 个体数可达10万以上。

带，并以隐气门亚目为主。

3. 针叶林带以上，弹尾随海拔增加而减少，但即便山地苔原亦较针叶林带以下各带为多；线虫在桦木林显然增多，仅次于阔叶林带；姬蚯蚓于山地苔原数量达到最高；蜱螨显著减少，但山地苔原比桦林带稍高，以隐气门为主。

4. 非优势类群相对数量变化目前所知，不太明显。

各自然带的土壤动物组成及其在土壤各自然发生层的特点，分述如下：

1. 落叶阔叶林带（003）：采样点附近乔木层有黑桦（*Betula davurica*）、紫椴（*Tilia amurensis*）、黄蘗（*Phellodendron amurense*）、山杨（*Populus davidiana*）、色木（*Acer mono*）、蒙古栎（*Quercus mongolica*）、榆（*Ulmus sp.*）等。下木除乔木幼树，有忍冬（*Lonicera sp.*）胡榛（*Corylus nandshurica*）、山梅花（*Philadelphus sp*）等灌木。草本层比较茂密，土壤动物优势类群依次为蜱螨（31%），弹尾（21%），线虫（20%）；常见类群为复足纲（12%），双翅目（7%），姬蚯蚓（6%）。凋落物层（Aoo）厚达7cm，56%的土壤动物集中于该层，上述优势常见类群以蜱螨（前气门亚目的寄生螨科和鼻螨科占绝对优势），线虫为主，弹尾居次，包括球角跳虫亚科、筒跳虫、短角圆跳虫科与跳虫科，以前者数量居首位。半腐解层（Ao）厚仅2cm，土壤动物明显减少为25%，以腹足纲与弹尾为主，腐殖质富集层（A₁）亦厚7cm，土壤动物减少为15%，类群亦减少，以弹尾最多，主要属球跳虫亚科。A₁层与淋溶层（B）间的过渡层（A₂）厚6cm，土壤动物明显减少，仅2.6%，弹尾较多属球角跳虫亚科。B层，只有极少数方单尾属球角跳虫亚科。

本带的蚯蚓有：杜拉属（*Drawila sp.*）和环毛属（*Pheretima sp.*）。

2. 针阔混交林带（004）：采样点附近，乔木层有红松（*Pinus koraiensis*）、黑桦、色木、蒙古栎、椴（*Tilia mandshurica*），次层有上述幼树和卫矛（*Evonymus sacrosancta*）、忍冬等灌木，并有五味子（*Schizandra chinensis*）、草本有五加（*Acanthopanax sessili florus*）、茜草（*Rubia sp.*）、唐松草（*Thalictrum sp.*）、玉竹（*Polygonathum druce var. plurflorum*）等。土壤动物优势类群依次为弹尾（31%）、蜱螨（24%）、线虫（23%）。常见类群为膜翅目（6%），腹足纲（4%），姬蚯蚓（4%），双翅目（3%），鞘翅目（1.6%）其中膜翅目因接近蚁窝，不能代表一般情况。土壤Aoo不厚（4cm）土壤动物数量不及Ao层，为31%，蜱螨为主，鼻螨科居多，弹尾次之，其中球角跳虫科，跳虫科与筒跳虫科数量差别不大，短角圆跳虫较少。Ao层（厚5cm）土壤动物最多，为49%，弹尾占首位，有球角跳虫科与跳虫科，两者比例约4∶1，蜱螨以幼体为主。A₁层类群减少，数量占15%，线虫为主。A₂层，类群更少，数量明显下降为3%，仍以线虫为主。B层在20cm以下出现灰化层，只有极少数的蜱螨和姬蚯蚓，数量仅0.3%。

本带的蚯蚓有：杜拉属（*Drawila Sp.*）、异唇属（*Alldopophora sp.*）。

3. 针叶林带（005）乔木层主要为鱼鳞杉（*Picea jezoensis*）、臭松（*Abiesnephrolepis*）、黄花松（*Larix olgensis*），林下除针叶树幼树还有青楷械和花楷械等，地被以午鹤草（*Maianthemum dilatatum*）、肾叶鹿蹄草（*Pyrola renifolia*）、林奈草（*Linnaea borealis*）和苔藓等为主，透光不好，阴暗潮湿。林下土壤动物以弹尾为主要优势类群占54%，其次为蜱螨占29%，以隐气门亚目中甲形螨科为主，常见类群依次为姬蚯蚓（4％），鞘翅目（3.5％）、线虫（3.2％），双翅目（1.5％），腹足纲（1％）。Aoo层虽很薄，仅2cm，但土壤动物集中，占54％，蜱螨和弹尾为主，其他数量均少。蜱螨中以甲形螨科为主，弹尾中以短角圆跳虫和长角跳虫两种为主，有筒跳虫科和跳虫科而缺乏球角跳虫科。Ao层"角"和"科"二字位置应互换稍厚3cm，土壤动物减至30％，弹尾占绝对优势，以球角跳虫科为主，其次为长角跳虫科。其他常见类群数量均不少。A$_1$层（厚3cm）只有弹尾、蜱螨和鞘翅目幼虫占13％，弹尾（球角跳虫科）数量占绝对优势。A$_2$层（厚5cm）土壤动物显著减少，仅3％，以球角跳虫科居多，及至B层（在灰化层，12cm以下）只有极少数的球角跳虫科，种类与上层相同。

本带的蚯蚓有：杜拉属（Drawila sp.）、异唇属（Alldopophora sp.）。

4. 岳桦林带（008）树种纯为岳桦（Betula ermanii），林下有大量牛皮杜鹃（Rhododendron aureum），少量金莲花（Trollius japonica）及苔藓，土壤动物优势类群为弹尾（55％），次优势及常见类群为线虫（18％），姬蚯蚓（10.5％），蜱螨（6.7％），双翅目（4％），鞘翅目（1.4％）。与以上各带不同，这些类群于本带均可出现于土壤各个层次，Aoo层（厚4cm）土壤动物不及Ao层，占28.6％，以弹尾、姬蚯蚓和螨为主，与前带类似，弹尾中以球角跳虫科为主，蜱螨中以甲形螨科为主。Ao层（厚4cm）土壤动物最多，数量占5.5％，优势及常见类群的次序与Aoo层略有不同，较特殊的是弹尾占绝对优势。A$_1$（厚4cm），土壤动物占12.1％，上述各类群数量除线虫显著增加外，其他均有明显减少。A$_2$层（厚6cm有灰化现象）占8.8％，以线虫与双翅目幼虫为主。B层（14cm以下）占1.2％，以球角跳虫科和线虫居先。

本带为发现蚯蚓。

5. 山地苔原带（007）只要生长越桔（Vaccinium uliginosum）、杜鹃（Rhododendron sp.），地被主要为苔藓与地衣层覆盖。土壤动物优势类群为弹尾（43％），姬蚯蚓（22.4％），次优势及常见类群为蜱螨（16.8％），线虫（13.6％），鞘翅目（1.3％），双翅目（0.9％）。Aoo层厚4cm，上覆有苔藓根层，土壤动物占52％，弹尾为主，以球角跳虫科最多，其次为跳虫科，筒跳虫、圆跳虫科数量少。蜱螨居次，主要属甲形螨科，鼻螨科亦不少，Ao层厚4cm土壤动物291个占34.6％，弹尾仍最多，几乎全属于球角跳虫科。其次为姬蚯蚓。A$_1$层厚4cm，土壤动物减少至11％，线虫为主。A$_2$层厚亦4cm，只是少数线虫与球角跳虫，数量占3％。B层在12cm以下，土层薄，只有极少球角跳虫，数量仅0.5％。

本带未发现蚯蚓。

各自然带土壤动物在土层的垂直分布特点大体相同，可归纳以下各点：

1. 土壤动物主要集中于凋落物层（Aoo）与凋落物腐解层（Ao），这两层的厚度影响土壤动物的数量。针阔混交林与岳桦林土壤Ao层均较Aoo层为厚，土壤动物数量均超过Aoo层。土壤动物最集中或次集中的Aoo层或Ao层土壤动物数量分别占全土壤层的49～56％与25～35％。

2. 各带A$_1$层土壤动物数量均较Aoo或Ao层成倍地减少，为11～15％。A$_2$层除岳桦林尚占9％外，其他各带减少更为显著，仅3％左右。B层土壤动物极少，只占0.1～1％。

3. 各带优势与常见类群的丰富程度与数量变化相似，Aoo至A$_1$层减少不显著。A$_2$至B层迅速减少，除阔叶林在B层尚有极少数蜱螨，线虫与姬蚯蚓外，其他各带只有弹尾中的球角跳虫科可以在该层发现。

五、小　结

1. 长白山北坡各自然带土壤动物均十分丰富，共计有 6 门，10 纲，17 个目。它们普遍分布，不存在带间替代现象，岳桦林带和山地苔原，类群略有减少，优势类群有弹尾目、线虫纲、姬蚯蚓科。

2. 以全部类群计，数量分布以阔叶林最高，大体上随海拔增高而减少，但各个类群在各带的分布各具特点：弹尾目在各带均属优势类群，在针叶林带最高，蜱螨目主要集中于阔叶林带和针叶林带，线虫只在阔叶林及针阔混交林为优势种，姬蚯蚓只在山地苔原为优势种。蚯蚓集中于针叶林带以下。

3. 土壤动物的活动主要在 Aoo—Ao 层，A_1 层数量成倍减少，A_1 层以下明显锐减，只有弹尾和蚯蚓可活动于土层下部。

参 考 文 献

[1] 青木淳一. 土壤动物学，1973.

[2] C. T. 布鲁斯等. 昆虫的分类（中译本），1959.

附表　　　　　　　　　　长白山北坡各自然带土壤动物数量统计

样地号	垂直带	土壤层	涡虫纲 (1)			线虫纲 (2)			腹足纲 (3)		
003	山地落叶阔叶林	一				114	3.249	13.507	54	1.589	6.398
		二				24	0.648	2.844	46	1.311	5.450
		三				26	0.741	3.080	—	—	—
		四				5	0.142	0.592	—	—	—
		五				—			—	—	—
		计				169	5.585	20.024	100	2.850	11.848
004	山地针阔混交林	一				18	0.513	3.249	20	0.570	3.610
		二				41	1.168	7.401	4	0.114	0.722
		三				53	1.150	9.567	—	—	—
		四				15	0.427	2.708	—	—	—
		五				1	0.28	0.181	—	—	—
		计				128	3.647	23.105	24	0.684	4.332
005	山地针叶林	一	4	0.114	0.476	5	0.143	0.595	5	0.143	0.595
		二	—	—	—	17	0.484	2.024	4	0.114	0.476
		三	—	—	—	2	0.057	0.238	—	—	—
		四	—	—	—	3	0.085	0.357	—	—	—
		五	—	—	—	—			—	—	—
		计	4*	0.114**	0.476***	27	0.795	3.218	9	0.257	1.071
006	山地岳桦林	一				12	0.342	1.628	—	—	—
		二				26	0.741	3.528	—	—	—
		三				69	1.966	9.362	—	—	—
		四				27	0.759	3.663	—	—	—
		五				2	0.057	0.271	—	—	—
		计				136	3.876	18.453	—	—	—
007	山地苔原	一				6	0.171	1.124	1	0.028	0.187
		二				22	0.627	4.120	—	—	—
		三				37	1.054	6.930	—	—	—
		四				8	0.228	1.498	—	—	—
		五				—			—	—	—
		计				73	2.08	13.670	1	0.028	0.187
			4			533			134		

续表 1

样地号	垂直带	土壤层	姬蚯蚓 (4)			熊 虫 (5)			拟蝎 (6)		
003	山地落叶阔叶林	一	36	1.026	4.265				1	0.028	0.118
		二	12	0.342	1.422				—	—	—
		三	3	0.085	0.355				—	—	—
		四	—	—	—				1	0.028	0.118
		五	—	—	—						
		计	51	1.453	6.043				2	0.056	0.237
004	山地针阔混交林	一	13	0.370	2.346				—	—	—
		二	4	0.114	0.722				1	0.028	0.181
		三	5	0.142	0.902				—	—	—
		四	1	0.028	0.181				—	—	—
		五	1	0.028	0.181				—	—	—
		计	24	0.684	4.332				1	0.028	0.181
005	山地针叶林	一	24	0.684	2.857						
		二	9	0.257	1.071						
		三	1	0.028	0.119						
		四	—	—	—						
		五	—	—	—						
		计	34	0.969	4.048						
006	山地岳桦林	一	44	1.254	5.970						
		二	26	6.741	3.528						
		三	5	0.143	0.678						
		四	2	0.057	0.270						
		五	1	0.028	0.136						
		计	78	2.223	10.583						
007	山地苔原	一	42	1.197	7.865	—	—	—	1	0.028	0.187
		二	72	2.052	13.483	—	—	—	—	—	—
		三	6	0.171	1.124	1	0.028	0.187	—	—	—
		四	—	—	—	—	—	—	—	—	—
		五	—	—	—	—	—	—	—	—	—
		计	120	3.419	22.472	1	0.028	0.187	1	0.028	0.187
			307			1			4		

样地号	垂直带	土壤层	蜘　蛛 （7）			盲　蛛 （8）			蜱螨（前） （9）		
003	山地落叶阔叶林	一							133	3.790	15.758
		二							22	0.627	2.607
		三							30	0.855	3.154
		四							5	0.142	0.592
		五							—	—	—
		计							190	5.415	22.512
004	山地针阔混交林	一				1	0.028	0.181	35	0.997	6.138
		二				—	—	—	40	1.140	7.220
		三				—	—	—	1	0.028	0.181
		四				—	—	—	—	—	—
		五				—	—	—	1	0.028	0.181
		计				1	0.028	0.181	77	2.194	13.899
005	山地针叶林	一	7	0.200	0.833				35	0.997	4.167
		二	5	0.143	0.595				23	0.655	2.738
		三	—	—	—				6	0.171	0.714
		四	—	—	—				3	0.085	0.357
		五	—	—	—				—	—	—
		计	12	0.343	0.238				67	1.909	7.976
006	山地岳桦林	一							10	0.286	1.357
		二							12	0.342	1.628
		三							2	0.057	0.271
		四							—	—	—
		五							—	—	—
		计							24	0.684	3.256
007	山地苔原	一	3	0.085	0.562				28	0.798	5.243
		二	—	—	—				6	0.171	1.125
		三	—	—	—				—	—	—
		四	—	—	—				—	—	—
		五	—	—	—				—	—	—
		计	3	0.085	0.562				34	0.969	6.367
			15			1			392		

样地号	垂直带	土壤层	蜱螨（中）(10)			蜱螨（隐）(11)			蜱螨（总计）(12)		
003	山地落叶阔叶林	一	8	0.228	0.948	44	1.254	5.213	185	5.272	21.919
		二	1	0.028	0.118	12	0.342	1.422	35	0.997	4.147
		三	1	0.028	0.118	2	0.057	0.237	33	0.940	3.910
		四	—	—	—	1	0.028	0.118	6	0.171	0.711
		五	—	—	—	—	—	—	—	—	—
		计	10	0.285	1.185	59	1.681	6.990	259	7.381	30.687
004	山地针阔混交林	一	9	0.256	1.625	16	0.456	2.888	60	1.710	10.830
		二	—	—	—	31	0.883	5.596	71	2.023	12.816
		三	—	—	—	2	0.057	0.361	3	0.085	0.542
		四	—	—	—	—	—	—	—	—	—
		五	—	—	—	—	—	—	1	0.028	0.181
		计	9	0.256	1.625	49	1.396	8.845	135	3.847	24.368
005	山地针叶林	一	8	0.228	0.952	162	4.617	19.286	205	5.842	24.405
		二	3	0.085	0.357	—	—	—	26	0.740	3.095
		三	—	—	—	3	0.085	0.357	9	0.256	1.071
		四	—	—	—	1	0.028	0.119	4	0.114	0.476
		五	—	—	—	—	—	—	—	—	—
		计	11	0.313	1.309	166	4.730	19.762	244	6.954	29.048
006	山地岳桦林	一	1	0.028	0.136	19	0.541	2.578	30	0.855	4.070
		二	—	—	—	2	0.057	0.271	14	0.399	1.899
		三	—	—	—	2	0.057	0.271	4	0.114	0.543
		四	—	—	—	1	0.028	0.136	1	0.028	0.136
		五	—	—	—	1	0.028	0.136	1	0.028	0.136
		计	1	0.028	0.136	25	0.712	3.392	50	1.425	6.784
007	山地苔原	一	4	0.114	0.749	40	1.40	7.490	72	2.052	13.483
		二	—	—	—	3	0.085	0.562	9	0.256	1.685
		三	—	—	—	9	0.256	1.685	9	0.256	1.685
		四	—	—	—	—	—	—	—	—	—
		五	—	—	—	—	—	—	—	—	—
		计	4	0.114	0.749	52	1.482	9.738	90	2.565	16.853
			35			351			778		

样地号	垂直带	土壤层	甲壳纲 (13)			倍足纲 (14)			石蜈蚣 (15)		
003	山地落叶阔叶林	一	1	0.028	0.118	2	0.057	0.237			
		二	—	—	—	3	0.086	0.355			
		三	—	—	—	—	—	—			
		四	—	—	—	—	—	—			
		五	—	—	—	—	—	—			
		计	1	0.028	0.118	5	0.142	0.592			
004	山地针阔混交林	一				4	0.114	0.722			
		二				1	0.028	0.181			
		三				—	—	—			
		四				—	—	—			
		五				—	—	—			
		计				5	0.142	0.920			
005	山地针叶林	一	—	—	—	—	—	—	—	—	—
		二	1	0.028	0.119	1	0.028	0.119	2	0.057	0.238
		三	—	—	—	1	0.028	0.119	—	—	—
		四	—	—	—	—	—	—	—	—	—
		五	—	—	—	—	—	—	—	—	—
		计	1	0.028	0.119	2	0.057	0.238	2	0.057	0.238
006	山地岳桦林	一				2	0.057	0.271	—		—
		二				1	0.028	0.136	2	0.057	0.271
		三				1	0.028	0.136	—	—	—
		四				—	—	—			
		五				—	—	—			
		计				4	0.114	0.543	2	0.057	0.271
007	山地苔原	一				1	0.028	0.187			
		二				—	—	—			
		三				—	—	—			
		四				—	—	—			
		五				—	—	—			
		计				1	0.028	0.187			
			2			17			4		

续表5

样地号	垂直带	土壤层	大蜈蚣 (16)			地蜈蚣 (17)			综合纲 (18)		
003	山地落叶阔叶林	一				—	—	—			
		二				1	0.028	0.118			
		三				—	—	—			
		四				1	0.028	0.118			
		五				—	—	—			
		计				2	0.057	0.237			
004	山地针阔混交林	一	1	0.028	0.181				1	0.028	0.181
		二	—	—	—				—	—	—
		三	—	—	—				—	—	—
		四	—	—	—				—	—	—
		五	—	—	—				—	—	—
		计	1	0.028	0.181				1	0.028	0.181
005	山地针叶林	一							—	—	—
		二							1	0.028	0.119
		三							—	—	
		四									
		五							—	—	—
		计							1	0.028	0.119
006	山地岳桦林	一							—	—	—
		二							1	0.028	0.136
		三							—	—	
		四							—	—	
		五							—	—	—
		计							1	0.028	0.136
007	山地苔原	一		0.028							
		二		—							
		三		—							
		四		—							
		五		—							
		计		0.028							
			1			2			3		

续表 6

样地号	垂直带	土壤层	双尾目 (19)			弹尾目 (20)			直翅目 (21)		
003	山地落叶阔叶林	一	—	—	—	63	1.795	7.464			
		二	2	0.057	0.237	39	1.111	4.620			
		三	—	—	—	64	1.824	7.583			
		四	—	—	—	8	0.228	0.948			
		五	—	—	—	1	0.028	0.118			
		计	2	0.057	0.237	175	4.987	20.735			
004	山地针阔混交林	一	—	—	—	43	1.225	7.762			
		二	2	0.057	0.361	109	3.106	19.675			
		三	—	—	—	17	0.484	3.068			
		四	—	—	—	2	0.057	0.361			
		五	—	—	—	—	—	—			
		计	2	0.057	0.361	171	4.873	30.866			
005	山地针叶林	一				174	4.959	20.716			
		二				168	4.788	20.000			
		三				91	2.593	10.833			
		四				16	3.305	1.905			
		五				2	0.057	0.238			
		计				451	12.853	53.690			
006	山地岳桦林	一				111	3.163	15.061	1	0.08	0.136
		二				280	7.979	37.992	1	0.028	0.136
		三				5	0.142	0.678	—	—	—
		四				6	0.170	0.814	—	—	—
		五				4	0.114	0.543	—	—	—
		计				406	11.570	58.088	2	0.057	0.271
007	山地苔原	一				138	3.933	25.843			
		二				78	2.223	14.607			
		三				7	0.199	1.317			
		四				2	0.057	0.375			
		五				3	0.085	0.562			
		计				228	5.927	42.696			
			4			1 431			2		

样地号	垂直带	土壤层	缨翅目 (22)			丰翅目 (23)			双翅目 (24)		
003	山地落叶阔叶林	一	2	0.057	0.237				47	1.339	0.569
		二	—	—	—				10	0.285	1.185
		三	—	—	—				—	—	—
		四	—	—	—				1	0.028	0.118
		五	—	—	—						
		计	2	0.057	0.237				58	1.653	6.872
004	山地针阔混交林	一	1	0.028	0.181	—	—	—	8	0.228	1.444
		二	—	—	—	1	0.028	0.181	6	0.171	1.083
		三	—	—	—				2	0.057	0.361
		四	—	—	—				—	—	—
		五	—	—	—				—	—	—
		计	1	0.028	0.181	1	0.028	0.181	16	0.456	2.888
005	山地针叶林	一				1	0.028	0.119	10	0.285	1.904
		二				3	0.085	0.357	3	0.085	0.357
		三				—	—	—	—	—	—
		四				—	—	—	—	—	—
		五									
		计				4	0.114	0.476	13	0.370	1.548
006	山地岳桦林	一	—	—	—	—	—	—	6	0.171	0.814
		二	—	—	—	—	—	—	1	0.028	0.136
		三	2	0.057	0.271				2	0.057	0.271
		四	5	0.142	0.678	1	0.028	0.136	22	0.627	2.985
		五	—	—	—				1	0.028	0.131
		计	7	0.199	0.950	1	0.028	0.136	32	0.912	4.392
007	山地苔原	一				1	0.028	0.187	4	0.114	0.749
		二				—	—	—	1	0.028	0.187
		三				—	—	—	—	—	—
		四									
		五				—	—	—	—	—	—
		计				1	0.028	0.187	5	0.142	0.936
			10			7			124		

样地号	垂直带	土壤层	鳞翅目 (25)			鞘翅目 (26)			膜翅目 (27)		
003	山地落叶阔叶林	一				6	0.171	0.711	1	0.028	0.118
		二				3	0.085	0.355	4	0.114	0.474
		三				3	0.085	0.355	—	—	—
		四				—	—	—	—	—	—
		五				—	—	—	—	—	—
		计				12	0.342	1.422	5	0.142	0.592
004	山地针阔混交林	一				5	0.142	0.902	5	0.142	0.902
		二				4	0.114	0.722	26	0.741	4.692
		三				—	—	—	3	0.085	0.542
		四				—	—	—	—	—	—
		五				—	—	—	—	—	—
		计				9	0.256	1.625	34	0.966	6.137
005	山地针叶林	一	1	0.028	0.119	6	0.171	0.714	2	0.057	0.238
		二	—	—	—	13	0.370	1.548	—	—	—
		三	—	—	—	9	0.256	1.071	—	—	—
		四	—	—	—	2	0.057	0.238	—	—	—
		五	—	—	—	—	—	—	—	—	—
		计	1	00.028	0.119	30	0.855	3.571	2	0.057	0.238
006	山地岳桦林	一	—	—	—	3	0.085	0.407			
		二	—	—	—	6	0.171	0.814			
		三	—	—	—	2	0.057	0.271			
		四	1	0.028	0.136	—	—	—			
		五	—	—	—	—	—	—			
		计	1	0.028	0.136	11	0.313	1.492			
007	山地苔原	一	2	0.057	0.375	5	0.142	0.936	—	—	—
		二	—	—	—	2	0.057	0.375	1	0.028	0.187
		三	—	—	—	—	—	—	—	—	—
		四	—	—	—	—	—	—	—	—	—
		五	—	—	—	—	—	—	—	—	—
		计	2	0.057	0.375	7	0.199	1.310	1	0.028	0.187
			4			69			42		

样地号	垂直带	土壤层	节肢动物（幼虫）(28)			合计	
003	山地落叶阔叶林	一	1	0.028	0.118	513	60.782
		二	—	—	—	179	21.208
		三	—	—	—	129	15.284
		四	—	—	—	22	26.066
		五	—	—	—	1	0.118
		计	1	0.028	0.118	844	(99.998)
004	山地针阔混交林	一				175	31.588
		二				274	49.458
		三				84	15.162
		四				18	3.249
		五				3	0.541
		计				554	(99.998)
005	山地针叶林	一	1	0.028	0.119	445	52.976
		二	2	0.057	0.238	255	30.357
		三	—	—	—	113	13.452
		四	—	—	—	25	2.936
		五	—	—	—	2	0.238
		计	3	0.085	0.357	840	(99.999)
006	山地岳桦林	一	1	0.028	0.136	211	28.629
		二	1	0.028	0.136	358	48.575
		三	4	0.114	0.476	94	12.754
		四	—	—	—	65	8.8195
		五	—	—	—	9	1.2211
		计	6	0.171	0.814	737	(99.998)
007	山地苔原	一				276	51.685
		二				185	34.644
		三				59	11.048
		四				11	2.059
		五				3	0.561
		计				534	(99.997)
			10			3 509	

注：＊个体数；＊＊个体数与总个体数的百分数；＊＊＊个体数与该林带内总个体数的百分数。

长白山北坡针叶林带土壤动物调查[①]

陈 鹏 张 一[②]

1980 年 6 月 16 日～7 月 8 日，东北师范大学地理系七七级师生赴长白山进行自然地理野外实习，其中对北坡针叶林带的土壤动物进行了初步调查。

长白山北坡针叶林带，大体上分布于海拔 1 100～1 800 m 左右。整个针叶林带从下至上可分为两个亚带：下部为红松云冷杉林亚带（1 100～1 400 m），上部为云冷杉林亚带（1 400～1 800 m）。我们是在下部红松云冷杉林亚带中调查的。这里的植被，乔木层主要有红松（*Pinus koraiensis*）、鱼鳞云杉（*Picea jezoensis*）、红皮云杉（*P. koraiensis*）、臭冷杉（*Abies nepholepis*）和黄花落叶松（*Larix olgensis*）。灌木层主要有越桔（*Vaccinium vifisidaea*）、蓝靛果忍冬（*Lonicera caerulea var. edulis*）、少刺大叶蔷薇（*Rosa acicularis*）、长白瑞香（*Daphne koreana*）、北极林奈草（*Linnaea borealis f. arctiea*）、宽叶杜香（*Ledum palustre var. dilatatum*）、尖叶茶藨（*Ribes maximowiczianum*）等。草本层主要有拂子茅（*Calamagrostis angnsfifolia*）、粗茎鳞毛蕨（*Dryopteris crassirhizoma*）、兴安一枝黄花（*Solidago virga－aurea*）、肾叶鹿蹄草（*Pyrola renifolia*）、午鹤草（*Maianthemum dilatatum*）、羽节蕨（*Gymnocarpus continentalis*）、败酱（*Patrinia scabiosaefolia*）、单侧花（*Ramischia obtusata*）、大二叶兰（*Lister major*）、七瓣莲（*Trientalis europaea*）等。苔藓地衣层主要有 *Hylocomuium splendens* 和 *Ptilium crista－Castrensis* 等。

本带土壤有山地棕色针叶林土、山地灰化棕色针叶林土和山地生草棕色针叶林土等。山地棕色针叶林土是本带内的主要土壤类型，其剖面特征如下：

0～7 cm　A_0——系未分解或半分解的枯枝落叶层，呈棕褐色，多菌丝体，松暄，当时地温为 10.5℃；

7～11 cm　A_1——腐殖质积聚层，黑褐色轻壤土，具有小团粒结构，疏松，多根系，pH5.5～6.0，土温 9.5℃，土壤水分 31.8%；

11～18 cm　A_2/B——灰棕色系过渡到下面的层次，砂壤土，略有小团粒和粒状结构，根系较少，pH5.5，土温 8.0℃，水分 25%；

18～29 cm　B——为不明显的淀积层，暗褐色砂壤土，松散，pH6.0，土温 7.9℃，水分 20%，下部入母质层，含有大小不等的岩石碎片。

山地灰化棕色针叶林土与山地棕色针叶林土主要区别在于灰化层，山地灰化棕色针叶

---

① 东北师范大学地理系七七级两个班 60 余名同学参加了土壤动物的野外调查工作。

② 【作者单位】东北师范大学地理系。

林土 A_2 层已较明显，基本呈一个完整发生层次，而棕色针叶林土 A_2 层不明显与 B 层呈过渡层次。山地生草棕色针叶林土，主要分布本带内平坦向阳处，或者在人为破坏后的林绿草地。一般来说，这些地方树木较稀少，透光条件好些，而林下草本植物较发达，所有此种土壤 A_0 层几乎缺失，而形成较厚的生草层（A_1），生草化作用较明显，同时土壤土体内较干，土壤温度高。

一、方 法

我们师生 60 余人，分成 6 个小组（每组 10 人左右），在针叶林带的下部红松云冷杉林亚带里，对原始针叶林生境和砍伐后的桦树林缘草地生境，分别进行了调查。采用手捡、Tullgren 法和 Baermann 法三种方式。每个生境同时取 3 个 50×50cm 的样地，将其枯枝落叶层及其腐解层（A_0）6～8cm 全部手捡。另以取土器（$50cm^3$ 环刀）从 A_0、A_1（腐殖质层）、A_2（淋溶层）、B（淀积层）各取 4 个土样（$200cm^3$），分别用 Tullgren 干漏斗装置和 Baermann 湿漏斗装置提取分离。用这三种方法配合所得材料，基本上可以反映土壤中大、中型土壤动物的组成和相对数量。

二、调查结果

在红松云冷杉林带采得大、中型土壤动物，分隶于 4 门 8 纲 18 类（目、科）。其中优势类群[1]为弹尾类（Collembola）、蜱螨类（Acarina）和线虫类（Nomatoda），三类共计占全捕量的 81.2%（表 1）。其次为姬蚯蚓类（Enchytraoidae）、缓步类（Macrobitidae）和蚁类（Formicidae），三类共计占全捕量的 9.5%。这 6 类动物构成了长白山北坡红松云冷杉林（6 月末～7 月初）的基本土壤动物群。它们占全捕量的 90.7%，其余 12 类仅占全捕量的 9.3%（表 1）。在长白山北坡针叶林带集中研究这 6 类动物，尤其是前三类，是具有很大意义的。它们粉碎枯枝落叶，加速其分解与转化作用，并促进土壤腐殖质和团粒结构的形成，增强通气性和透水性，可使土壤更加肥沃。

红松云冷杉林土壤动物群，主要集中于枯枝落叶层及其腐解层（A_0），调查中共捕 13 类，每平方米达 181 800 个，占全捕量的 74.4%（表 2）。随土壤深度的增加，土壤动物类群和数量显著减少（图 1）。腐殖质层（A_1），减少为 8 类，每平方米 53 400 个，占全捕量的 21.8%。A_2 和 B 层更少，在 B 层仅采到 1 类 1 个，占全捕量的 0.1%（表 2）。可见土壤动物集中活动，对土壤作用最大的范围是在 6～8 cm 的枯枝落叶层及其腐解层（A_0）。

在红松云冷杉林带中，不同的生境土壤动物的数量有较大的变化。我们分别调查了原始红松云冷杉林和砍伐后的桦树林缘草地 A_0 层的土壤动物，两地动物组成大体相同（15类），但数量相差悬殊，前者占全捕量的 74.6%，后者占全捕量的 25.4%（表 3）。同一类群动物在不同生境中数量多寡也有很大差异，比如弹尾类、蜱螨类、石蜈蚣类（Lithobiomorpha）、蜘蛛类（Aranoida）、蚯蚓类等，在原始红松云冷杉林中的数量大大超过桦树林缘草地中的数量。前者这 5 类各占全捕量的 82.2%～85.7%；后者这 5 类占全捕量的 14.3%～17.8%（表 3）。相反，姬蚯蚓类、蚁类、双翅类（Diptera）幼虫、倍足类（Diplopoda）等，在原始红松云冷杉林中的数量却少于桦树林缘草地中的数量。前者这 4 类各占全捕量的 21.4%～43.4%，后者这 4 类各占全捕量的 56.6%～78.6%（表

3）。这一事实反映了人类破坏原始林后，主要土壤动物类群的数量急剧减少（将近 3 倍）。

表 1   长白山北坡针叶林带（下部）土壤动物调查结果

（根据 1980 年 6 月 23 日～7 月 7 日，采用手捡、Tullgren 法和 Baermann 法的调查）

号	动物类群	个体数				等级	%		
		手捡	T	B	计				
1	弹尾类（Collembola）	22	873	6	901	＋＋＋	38.4		
2	蜱螨类（Acarina）	4	788	4	796	＋＋＋	33.9	81.2	
3	线虫类（Nematoda）	—	1	207	208	＋＋＋	8.9		90.7
4	姬蚯蚓类（Enchytraoidae）	74	2	13	89	＋＋	3.8		
5	缓步类（Macrobitidae）	—	—	75	75	＋＋	3.2	9.5	
6	蚁类（Formicidae）	55	3	—	58	＋＋	2.5		
7	双翅类幼虫（Diptera）	19	20	2	41	＋	1.7		
8	鞘翅类幼虫（Coleoptera）	13	16	1	30	＋	1.2		
9	鞘翅类成虫（Coleoptera）	15	15	—	30	＋	1.2		
10	石蜈蚣类（Lithobiomorpha）	15	13	—	28	＋	1.2		
11	蜘蛛类（Araneida）	20	6	—	26	＋	1.1		
12	地蜈蚣类（Geophilomorpha）	16	1	—	17	＋	0.7		
13	倍足类（Diplopoda）	14	1	—	15	＋	0.6		
14	蚯蚓类（Cligochaeta）	10	3	—	13	＋	0.6	9.3	
15	鳞翅类幼虫（Lepidoptera）	6	—	—	6	＋	0.3		
16	蚜类（Aphididea）	2	4	—	6	＋	0.3		
17	结合类（Symphila）	—	3	—	3	＋	0.2		
18	大蜈蚣类（Scolopendromorpha）	—	1	—	1	±	0.04		
19	缨翅类（Thysanoptera）	—	1	—	1	±	0.04		
20	膜翅类（Hymenoptara）	1	—	—	1	±	0.04		
21	双翅类成虫（Diptera）	1	—	—	1	±	0.04		
22	盲蛛类（Phalargida）	—	1	—	1	±	0.04		
	计	287	1 752	308	2 347		100		

注：根据青木淳一，>5% 为优势种（＋＋＋），5%～2% 为常见种（＋＋），<2% 为稀有种（＋）。（±）为极稀有种。

表 2   **长白山北坡红松云冷杉林不同土壤层中的土壤动物**

（根据 1980 年 7 月 1～7 日，采用 Tullgren 法和 Baermann 法的调查）

号	动物类群	土壤层次				计	个体数/m²	注
		A_0	A_1	A_2	B			
1	蜱螨类	384	49	13	1	447	89 400	
2	弹尾类	355	74	16	0	445	89 000	
3	线虫类	134	62	12	0	208	41 600	
4	缓步类（熊虫）	6	66	3	0	75	15 000	
5	姬蚯蚓类	5	8	0	0	13	2 600	
6	双翅类幼虫	11	2	0	0	13	2 600	
7	蜘蛛类	5	0	0	0	5	1 000	
8	鞘翅类幼虫	3	0	1	0	4	800	
9	蚜虫	2	2	0	0	4	800	
10	结合类	0	3	0	0	3	600	
11	鞘翅类成虫	1	0	1	0	2	400	
12	缨翅类（蓟马）	1	0	0	0	1	200	
13	大蜈蚣类	1	0	0	0	1	200	
14	盲蛛类	1	0	0	0	1	200	
	计	909	266	46	1	1 222		
	%	74.4	21.8	3.7	0.1	100		
	个体数/m²	181 800	53 400	9 000	200		244 400	

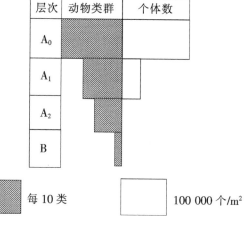

图 1   长白山北坡红松冷杉林土壤动物垂直分布图

表 3 长白山北坡红松云冷杉林不同生境中的土壤动物

（根据 1980 年 4 月 23 日东北师范大学地理系七七级同学在 A₀ 层中采集整理）

号	动物类群	红松云冷杉林		桦树林绿草地		计	注
		个体数	占全扑%	个体数	占全扑%		
1	弹尾类	388	85.1	68	14.9	456	
2	蜱螨类	287	82.2	62	17.8	349	
3	姬蚯蚓类	33	43.4	43	56.6	76	
4	蚁类	14	24.1	44	75.9	58	
5	鞘翅类成虫	19		9		28	A₀ 层包括枯枝落
6	双翅类幼虫	6	21.4	22	78.6	28	叶和半腐解层。
7	石蜈蚣类	24	85.7	4	14.3	28	仅采用手捡和
8	鞘翅类幼虫	15		11		26	Tullgren 法，未
9	蜘蛛类	18	85.7	3	14.3	21	用 Baermann 法，
10	地蜈蚣类	14		3		17	故缺少线虫类。
11	倍足类	5	33.3	10	66.7	15	
12	蚯蚓类	11	84.6	2	15.4	13	
13	鳞翅类幼虫	3		3		6	
14	蚜类	1		1		2	
15	膜翅类成虫（蜂）			1		1	
16	双翅类成虫	1				1	
	计	839	74.6	286	25.4	1 125	

三、小 结

1. 在长白山北坡红松云冷杉林带，共见土壤动物 4 门 8 纲 18 类（目、科）。其中优势类群为弹尾类、蜱螨类和线虫类，其次为姬蚯蚓类、缓步类和蚁类。

2. 土壤动物群，主要集中于枯枝落叶层及其腐解层（A₀）。随土壤深度的增加，土壤动物类群和数量显著地减少，其集中活动的下限大致在淋溶层（A₂）和淀积层（B）之间，至母质层（C），一般见不到什么土壤动物。

3. 红松云冷杉林带中的不同生境，土壤动物数量相差显悬殊。人为破坏后的次生桦树林绿草地，土壤动物主要类群的数量显著减少。

参 考 文 献

[1] 青木淳一．土壤动物学，东京：北隆馆，1973.

[2] 北沢右三．土壤动物生态研究法．东京：共立出版株式会社，1977.

（本文刊于 1981 年第 3 期《野生动物》杂志）

长白山北侧的自然景观带[①]

黄锡畴　刘德生　李　祯[②]

长白山位于北纬 40°58′～42°6′，东经 127°54′～128°18′；最高峰的白头峰，位于北纬 41°55′23″，东经 128°11′，海拔高度为 2 744 米，是我国东北的最高峰。长白山是一个靠近太平洋的东亚沿海季风区的山体，在大地构造单元上属中朝地台辽东复背斜，系高位玄武岩台地上的休火山。

地形因素对长白山自然景观带的形成起着主导作用，气温自下而上递减，而降水量自下而上递增的现象非常明显；同时地势愈高，寒冻风化作用愈显著，风力也愈强。长白山是松花江、鸭绿江和图们江等水系的发源地。松花江上游水势急湍，峡谷幽深，远望河道，常呈一条美丽的白链，所以有二道白河、三道白河等的名称。河流水源除天池水外，还有雨水、融雪水、地下水等。

由于地形、气候、水文等因素的直接影响，植被和土壤成明显的垂直带分布，从下而上为山地针阔叶混交林带、山地暗针叶林带、岳华林带和高山苔原带。

一、长白山北侧的地质和地貌

关于长白山的地址，日本人山成不二麿（1928）和浅野五郎（1943）曾作过比较详细的调查研究。构成长白山的硫性粗面岩，山成最早称为白头岩。浅野对长白山的岩石也提出三种分类：

第三纪上新世末至第四纪？	白头火山岩类	火山口生成后：浮石、泥熔岩质硫性粗面岩、泥熔岩质集块岩、凝灰岩
		火山口生成前：各种硫性流纹岩质粗面岩、硫性粗面岩、粗面玄武岩
第三纪上新世？	玄武岩类	
中生代以前	基盘岩类	中生代侏罗—白垩纪水成岩及火山岩
		古生代寒武—奥陶纪层、二迭石炭纪层
		前寒武纪结晶片岩、片麻岩、花岗岩

① 1959 年 7 月吉林师大地理系部分师生结合吉林省自然地理区划工作，经由安图、松江、二道白河登上长白山，到达天池，对长白山北侧自然景观作了初步观察。参加野外工作的除作者外，还有吉林师大地理系郎惠卿、金树仁、陈鹏等同志和朱一生、任永长、苏秀芬等同学。苏联科学院西伯利亚分院地理研究所所长 B. B. 索恰瓦通讯院士来我国时，对本文初稿提出一些宝贵意见，特此致谢。

② 【作者单位】东北师范大学地理系。

　　长白山属于圆锥型孤立的休火山。构成物质有熔岩和火山喷出物两种，并具有成层火山的特征。火山的下部基底，多为由碎屑物质构成的厚层集块岩。火山体的纵断面呈对称的圆锥曲线。山体顶部倾斜急峻，约在 30°以上，山腹多在 20°左右，山麓倾斜比较徐缓。山顶有火口湖。长白山系在熔岩台地上由火山喷发而成，因此山麓斜坡具有高原型。

　　关于长白山的地形，前人很少研究。我们根据其组成物质、主要营力和地貌类型的不同，分为山前熔岩台地、山麓斜坡和长白山火山体等三带。

　　1. 山前熔岩台地。长白山北侧，约自松江（旧安图）以南的三道白河至和平营子以北，地势比较平缓，海拔约在 600～1 000 m 之间，为由多孔的玄武岩所构成的平缓台地。根据我们在三道白河附近观察，熔岩层上部的玄武岩，气孔较细，而下部则较粗，这说明玄武岩浆溢流的先后顺序和所含挥发性成分的多少先后有所不同。三道白河、二道白河等河流，为改变地貌的主要营力，平缓的台地面成为切割台地。在河流两岸，既有较厚的冲积层（距火山愈近，冲积层中的火山砾、火山砂乃至火山灰也愈多），也有数级（一般为二级）高差不大、宽窄不等和不一定对称的河阶地，这与熔岩台地在形成之后间歇性上升有关。

　　发源于天池的二道白河，至二道白河屯附近（距天池 60 km）已具有早壮年河的特征。这里的河谷不宽（约 20 m 左右），下切较显著，河岸有的地方高于河面 8 米，但两岸已有由较厚的冲积层构成的河阶地和河漫滩，有些地方还可以证明河道曾经有过左右的摆动。二道白河的一级阶地，海拔约 784 m，一般宽 500 m，由粗砂、火山砾和浮石砾等组成。二级阶地海拔 790 m，宽约 100 多米，二级阶地斜坡坡度为 16°～18°，由有层理的细砂组成。二道白河的阶地，左右两岸并不对称，左岸一级阶地狭小，约 20 m 宽，并缺乏二级阶地，同时河流右岸排水不良，有沼泽化现象。这可能说明二道白河由于骤然从山地流入平川，发生过河道的自右向左的摆动。

　　山前熔岩台地上的阶地具有以下特征：（1）由于熔岩台地接近山地，河流由山地进入台地后落差变化较大，地势约束河身的作用骤减，因此可能引起小规模的河道摆动，这就影响形成不对称的河阶地；（2）河阶地多由细砂、粗砾、火山砾、浮石砾等组成；（3）因河阶地基底为具有水平层状的玄武岩，透水性不好，所以有些地方形成沼泽化的草甸子；（4）土壤剖面厚度不大，河阶地的高差小、规模不大等现象，可以推断河阶地是由近期的上升运动和河流的下切作用形成的。

　　2. 山麓斜坡。与山前熔岩台地相比，山麓斜坡的面积不大，系呈环状围绕着长白山火山体，海拔高度约为 1 100～1 800 m。

　　山麓斜坡由白头火山岩类所组成，主要见到的有凝灰岩、石英粗面岩、火山集块岩、火山角砾岩和玄武岩。在火山集块岩中，有石英粗面岩和玄武岩的岩砾。山麓斜坡亦有浮石和火山砾，可能是由火山体冲下来的。

　　山麓斜坡的地形微有倾斜，坡度约在 10°以内。山麓斜坡介于长白山火山体与熔岩台地之间，为一个过渡地带。这里冲沟很多，河流作用仍以侵蚀下切为主，河谷横剖面多呈"V"字型。三道白河在白山林场附近（1 360 m），因切凿于坚硬的火山岩面而形成一段两壁直立、谷底全没于水的嶂谷。

　　茂密苍郁的长白林海，主要是指此山麓斜坡的森林带而言。深厚的林床植被，对于地面侵蚀起了很大的保护作用。

3. 长白山火山体。长白山自 1 800 m 以上，山体陡立，与山麓斜坡迥然不同。

以天池为中心的长白山体的大部，主要岩类为各种火山喷出物，并伴有再生喷出物。最常见的有以灰白色为主（另有棕黄色、暗灰色的）的浮石，黑曜石，火山砾、火山砂，黑褐色、赤褐色、青灰色、灰绿色及杂色的具有柱状节理的硷性粗面岩，以及泥熔岩、集块岩（多由石英粗面岩的巨块以及灰绿色的凝灰质胶结而成）和凝灰岩等，其中尤以硷性的粗面岩为最多。在火山口内侧的上部，陡峭直立，有垂直节理，主要为黑褐色、赤褐色和杂色的粗面岩；内侧的中上部有一带倾斜 45° 的由上部崩落下来的粗面岩、浮石、黑曜石、凝灰岩、泥熔岩等组成的火山砾石坡；中下部至下部，倾斜较缓，约为 12～32°，此段已有零星植物和土壤的发育；下部则有一些岩锥和新冲沟，在湖滨有磨圆度很好的湖滨砾石，主要都是灰白色的浮石。天池附近是浮石和黑曜石分布最多的地方。另外，在天池气象站的西南方，经过侵蚀崩坍的火口壁上，我们曾观察到火山集块岩、灰绿色石英粗面岩和夹有石英粗面岩巨砾的红色、灰色凝灰岩的累积层（由下到上）。在上层的凝灰岩中，夹有其下层石英粗面岩的巨砾，这说明石英粗面岩及其以下的火山岩与其上的红色、灰色凝灰岩，不是同期生成的。在天池气象站附近，我们还看到高位熔岩流的遗痕。

自天池气象站（2 600 m）至 1 800 m 之间，主要岩类为硷碱性的石英粗面岩和凝灰角砾岩。在白山林场以南（高约 1 530～1 550 m），我们遇到夹有石英粗面岩巨砾和玄武岩砾的火山集块岩，这与上述在天池附近所见的高度不同，岩相、色泽亦有差异，似非同期形成。

长白山的顶部，以天池为中心，由 16 个峰环湖耸峙，海拔高度超过 2 700 m 的有白头峰（2 744 m）、白岩峰（2 741 m）和层岩峰（2 737 m），山势高耸，坡度陡峭，攀登吃力。

由于不同岩石性质和风化作用等影响，使峰顶、火口壁的内外侧以及山体上半部和下半部等具有不同的地貌形态。如具有垂直节理的部分，则山峰尖锐，山壁陡峭；在高山部分物理风化很强，风力特大，致使许多被风化崩解的碱性粗面岩岩块，由于重力作用和雨水冲刷而滚到山脚，形成许多崖锥、洪积锥、石流等。这些堆积均无分选现象。

长白山火山体曾经数次喷发，最近有历史记载的就有三次（1579、1668 和 1702 年），是一个休火山，火山外形保存完好。

天池是一个呈椭圆形的火口湖，南北径长为 6.5 km，东西最宽为 5 km，湖水面周长约 13.11 km，湖水最深处为 373 m，湖面海拔 2 194 m。天池水色深蓝，在一年中的水位变幅为 1 m 左右。五级风时浪高达 1 m，水为硷性，pH 值为 8.0。

天池火口壁的北端，有一称为闼门的宽约 20～30 m 的缺口，天池水经此外流，流量为 0.5 秒公方。在自天池向北流出 900 m 之间，坡降较小，为 0.011；自 900～1 250 m 之间，则坡降增大为 0.30；且在 1 250 m 处，有一个 68 m 高的落差，这就是著名的长白瀑布。长白瀑布为二道白河的上源。自长白瀑布至林营段相距 3 165 m，落差 313 m，坡降为 0.10。二道白河在此段为典型的山地河流，穿流于 "V" 型谷的底部，距瀑布 900 m 处有长白温泉，水温在 70℃ 以上。

关于长白火山岩的喷出顺序，山成不二磨（1928）认为在长白山形成以前，本区原为久经侵蚀的古老高原（朝鲜境内名盖马高原），曾发生许多裂罅，在第三纪末有硷性粗面岩喷出，长白山体初成。由于硷性粗面岩黏着性大，故呈块状或穹隆状喷出，同时熔岩表面因急剧冷却生成黑曜石的岩壳；在块状火山生成后，温度骤降，穹隆形的顶部发生陷落，形成天池的前身。第四纪玄武岩流溢出，广大斜坡被其覆盖，形成玄武岩熔岩台地。以后在天池处又有火山喷发，大量浮石喷出。

浅野五郎（1943）则认为，在隆起的古老岩基上，沿东北—西南方向的大裂罅曾有数次大规模的玄武岩喷流，形成玄武岩台地。之后依次喷出粗面玄武岩、碱性粗面岩（形成火山口）、泥熔岩、集块岩，最后为浮石喷出物，形成长白山火山体。

我们认为长白山火山岩的喷出顺序有如下所述。本区位于中朝地台北缘，至第三纪初，已准平原化。第三纪始新世纪在准平原面上有大规模的玄武岩浆沿裂罅流出，形成玄武岩熔岩台地。自第三纪末至第四纪初长白山火山岩类的喷发期间，在熔岩台地的基础上曾有数次活动：第一次喷出为下部粗面岩和集块岩，集块岩中含有玄武岩砾，这可说明其活动是在玄武岩台地形成之后；第二次喷出为上部的火山集块岩和灰绿色石英粗面岩，这时天池火山口已具雏形；第三次喷发为更上部的夹有石英粗面岩巨砾的灰色、红色凝灰岩和杂色石英粗面岩，形成环天池的 16 个峰，天池火口也进一步扩大了；最后则为近期的浮石喷出物，分布在天池附近，厚度较大。此火山活动虽开始于第三纪，但其活动是经过更新世，直到现代仍在继续着。今日之长白温泉可能与火山活动的余烬有关。

由于长白山的地势高耸，气候寒冷，风力强烈，在 2 050 m 左右的森林界线岳桦林带以上的高山部分，为无树的高山苔原。在背风背阳的山洼处，则终年积雪，但并未发现明显的冰川地貌。

必须指出的是，长白山区还存在有 2～3 级准平面，河谷下切较深，熔岩台地上有数级河阶地等现象，都说明它与新构造运动有关，但此问题有待进一步的研究。

二、自然景观带的特征

（一）山地针阔叶混交林带

山地针阔叶混交林带分布在海拔 600～1 600 m，占有最大的垂直宽度。由于这带绝大部分在平缓的玄武岩熔岩台地范围内，因此分布面积极广。长白山地区针阔叶混交林和大陆东岸针阔叶混交林一样，由于未曾受到第四纪冰川及很大的气候变迁的影响，故具有较古老的特点，组成树种多样，并保存有第三纪遗留种，如胡桃楸（*Juglans mand−schurica*）、黄檗罗（*Phellodendron amurense*）、紫杉（*Taxus cuspidata*）、人参（*Panax schinseng*）、葛枣（*Actinidia polygama*）、软枣子（*Actinidia arguta*）等。同时由于季风气候的影响，林内藤本植物很发达，有附生植物，因此与亚热带林很相似。但两者主要差别在于这里由于气温较低，没有生长常绿树种。

针阔叶混交林一般很茂密，郁闭度很大。树干直而高，乔木、灌木种类多样，结构层次甚多，仅乔木可分三层，林内灌木亦多。林下草也很发达，可分为三层。森林的茂密不仅决定于生态条件，同时与人类活动影响有关。

针阔叶混交林中的主要针叶树种为红松（*Pinus koraiensis*），其次为沙松（*Abies holophylla*）。随着海拔高度和湿度的增加，针叶树比重增大，除红松、沙松外，还有臭松（*Abies nephrolepis*）、鱼鳞松（*Picea jezoensis*）和红皮臭（*Picea koraiensis*）。因此有人将针阔叶混交林带的上部（海拔 1 300～1 400 m）划为下部针叶林带（竹内亮，1951）。此外，还有极少数的赤松（*Pinus densiflora var funebris*）和紫杉（*Taxus cuspidata*）。

阔叶树在数量上超过针叶树，主要阔叶树有枫桦（*Betula costata*）、紫椴（*Tilia amurensis*）、柞（*Quercus mongolica*）、香杨（*Populus koreana*）。在较低湿的冲沟等地长有春榆（*Ulmus propinqna*）、水曲柳（*Fraxinus mandshurica*）、胡桃楸、黄波罗等。

针阔叶混交林中较小的阔叶树很发达，构成乔木第二层，这是大陆东岸和我国针阔叶混交林的特点。阔叶树如色木（*Acer mono*）、花楷槭（*Acer ukurunduense*）、青楷槭（*Acer tegmeutosum*）、小楷槭（*Acer tschouoskii*）、山槐（*Maackia amurensis*）等。

针阔叶混交林下灌木很多，种类相当丰富，常见的有珍珠梅（*Sorbaria sorbifolia*）、胡榛（*Corylus mandshrica*）、马尿蒿（*Spiraea salicifolia*）、忍冬属（*Lonicera ruprechtiana*，*Lmaximowiczii*）、茶藨属（*Ribes bureiense*，*R. repens*）、刺五加（*Eientherococsus senticosus*）、大叶小檗（*Berberis amurensis*）。林下藤本植物也很多，有五味子（*Schizandra chinensis*）、山葡萄（*Vilis amurensis*）、刺南蛇藤（*Celastrus fragellaris*）等。

针阔叶混交林分布面积很广，林相结构复杂，局部不同的地理环境部分有不同的群系和群丛。我们对针阔叶混交林不同群系和群丛研究的很少。

红松针阔叶混交林分布面积最广，多分布在棕色森林土上，红松高达 30～35 m。阔叶树主要为紫椴、枫桦、色木、花楷槭、怀槐、暴马丁香（*Syringa amurensis*）等。

红松、沙松阔叶混交林分布在阴坡和中等湿度地方，红松、沙松、枫桦、椴构成第一层；阔叶树中有鹅耳枥（*Carpinus cordata*），构成第二层。此外，有假色槭、紫杉相伴而生。藤本植物更为发达。随着海拔高度增高、湿度增大、气温降低，针叶树逐渐增多，在弱灰化棕色森林土上形成鱼鳞松、红松阔叶混交林，有时伴杂有臭松。随着高度的不断增加，冷杉、云杉比重增大，渐渐过渡到上部暗针叶林带。云杉定居后形成郁密蔽阴林相，有云杉向红松侵入的倾向。但必须指出，红松在长白山北侧分布海拔有时可高达 1 500 m，这种现象可能与纬度位置有关。在较干旱的陡坡或岗脊上，分布有红松、柞树阔叶混交林。林下灌木主要为榛子和胡枝子（*Lespedeza bicolor*）。

此外，在贫脊而深厚的火山灰砂质土壤上，分布有赤松林，伴生有柞、黑桦（*Berula davurica*）等阔叶树。

落叶松（*Larix olgensis*）在这一带有广泛的分布。落叶松的分布与玄武岩台地有密切关系，在低洼处形成黄花松甸子。落叶松林在北侧分布较西侧更广，并常有大片纯林。落叶松由于生长条件不同，据候治溥[①]称（1958 年），大致可分为泥炭藓高位沼地落叶松林、塔头苔草落叶松林、流水沟地落叶松水曲柳混交林、杜香落叶松林、紫萁蕨落叶松林、藓类落叶松林、胡枝子落叶松等林型。

针阔叶混交林的气候特点为长冬夏短湿润气候型。根据二道白河（海拔 780 m）简易气象站一年（1958～1959 年）的气象资料，这带气温以一月为最低，平均−17.6℃，7 月为最热月，平均 17.5℃，年较差 35.1℃，年均温为 2.6℃。绝对最高气温 7 月达 32.4℃，而 1 月绝对最低温亦有−35.5℃的记录。

长白山北侧山麓地带，因处于雨影区域，所以降水量不如山脉南侧各地丰沛。年降水

---

① 据候治溥称，经郑万钧同志定名为 *Larix dahuria var. koreana*.

量仅 700 mm 左右，多集中于夏半年，5～9 月占全年降水量 60％以上，适与高温季节同时，因而有利于植物的生长。冬季因受极地大陆气团影响，降水甚少，干燥晴朗。因常年气温较低，蒸发不大，相对湿度平均在 75％左右，空气较湿润，风速一般不大，远较峰顶为小。这与地势和森林等阻碍气流有密切关系。最大风速可达 7 级，最多风向为西南风。

本带土壤主要为山地灰化棕色森林土。今以海拔 900 m，坡度 12°剖面为例：0～6 cm 为未经分解的褐色残落物层，较松；6～17 cm 呈暗灰色，根系发达，壤质，粒状结构，并见有白色菌丝；17～35 cm 为灰棕色种壤土，亦有少量石砾、角砾，根系较多，结持紧，结构与上层略同，剖面有少量 SiO_2 粉末，pH6.5；35～60 cm 呈黄棕色，中壤土，石块、角砾比上层为多，为核状结构，并有胶膜，pH6；60 cm 以下为灰褐色无结构的冲积粗砂及浮石风化残沥。

在落叶松林下主要为泥炭沼泽土，分布在玄武岩台地低洼处及河阶地附近。如二道白河屯东南 1 km，海拔 800 m 落叶松林附近，地形平缓，排水不良，地下水位距地表仅 18 cm。土壤剖面为：0～5 cm 为褐黄色未经分解的枯枝落叶层，疏松；5～7 cm 为暗黑色半分解的枯枝落叶层，疏松，pH6.5～7.0；7～20 cm 呈棕黑色的泥炭，分解很弱，草根盘结，含水；20～38 cm 为灰蓝色黏土，挂有铁锈，无结构，夹有玄武岩风化粒，PH6.5；38 cm 以下为玄武岩风化物。

（二）山地暗针叶林带

从山地针阔叶混交林带向上过渡为山地暗针叶林带。有人称此带为上部针叶林带（北川政夫，1941；竹内亮，1943，1951；杜铭奎、张学曾，1958）。本带位于海拔 1 600～1 800 m 处。下部与针阔叶混交林交界，有阔叶树侵入。暗针叶林主要由鱼鳞松和臭松等组成。冷杉云杉比针阔叶混交林适宜生长于较冷、湿的气候条件下，但比较落叶松要求较温和的气候条件。

这带的气候特点为降水量较大，多云雾，气温常年较低，蒸发弱，相对湿度大，1 月平均气温约在 -20℃，7 月平均气温约 15℃，形成寒温夏凉湿润的针叶林气候型。

鱼鳞松、臭松林发育较好，郁闭度在 70％～80％，一般高度可达 30 m 左右。林中杂有落叶松、香杨、花楸（Sorbus pohuashanensis）等。林内相当阴湿，林下灌木层和草本层不很发达。苔藓形成为林下郁密地被物，厚可达 10 cm，树干基部也常生有厚层苔藓。树枝上长有悬垂藓类（Leucodon pendula）和松萝（Usnea longissima）。云杉冷杉林最常见的有蕨类苔藓—暗针叶林和苔藓—暗针叶林两个群丛组。前者多分布在平缓分水岭和南坡上，除苔藓层发育很好外，还有蕨类（Athyrium brevifrous，Dryopteris crassirhizoma）；后者主要分布在较陡的北坡及西北坡上，这里鱼鳞松比臭松为多，有时鱼鳞松成纯林，林下木与草本很少，苔藓层很厚。在河谷中为暗针叶林杂草群丛组和暗针叶林—杂草—苔藓群丛组。

山地暗针叶林带主要分布有山地灰化棕色森林土，按 IO. A. 李维洛夫斯基教授称为棕色泰加林土。此带坡度较陡，母质为火山灰、凝灰岩石块、角砾与粗砂。土壤有较明显的灰化现象，各层均呈酸性反应。海拔 1 600 m 的土壤剖面是：0～4 cm 为枯黄褐色的残落物与苔藓遗体，软松，白色菌丝甚多，pH5.5；4～14 cm 为棕褐色未分解的残落物，疏松，根系密结，亦有菌丝，pH5.0；14～20 cm 呈灰褐色，砂壤质，柱状结构，白色菌丝较少，pH5.0；有腐殖质；20～40 cm 则为棕黄色砂壤质；呈块状结构，根系甚少，但仍有多量白色菌丝，石块，角砾很多，pH6.5；40 cm 以下为灰黄色，由粗砂，石块等组成的母质。

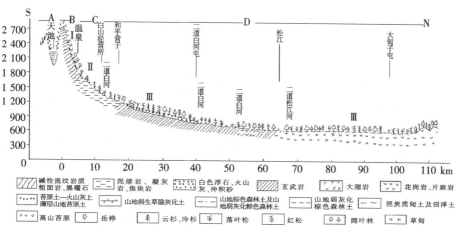

图1　长白山北侧自然景观剖面图

（三）岳桦林带

从暗针叶林带向上过渡为岳桦林带，分布在海拔 1 800～2 000 m 左右。有人将岳桦林带称为上部阔叶林带（刘慎谔，1955；竹内亮，1943），有人将它划入针叶林带（北川政夫，1941；竹内亮，1951；杜奎铭，1958）。

岳桦林带由岳桦（*Betula ermani*）组成，是从森林带过渡到高山苔原的过渡地带。从岳桦林带的组成成分、分布的垂直宽度和外貌形态等各方面来看，与其他构成垂直结构系列的各个带不同，因此把它划归针叶林带或称为上部阔叶林带都不能完全反映岳桦林带的性质。岳桦林是大陆东岸较普遍的森林界限的一种类型。在不同垂直带结构系列类型中，森性上限也有不同类型。森林上限有由针叶树组成的，也有由阔叶树组成的。如在阿尔卑斯山中部和喀尔巴阡山若干地方，森林上限由落叶松（*Larix decidua*）或松（*Pinus cembra*）组成；在比利牛斯山顶则由偃松（*Pinus uncinata*）组成；在高加索主要由桦（*Betula litwinowii*）和山毛榉（*Fagus orientalis*）组成。在形态上，森林上限也可有不同类型，在大陆西岸形成矮曲林（*криволесы*）、公园林（*парковыелеса*），在远东地区则为岳桦的矮疏林（*Редкостойиые деса*）[①]

森林上限决定于纬度、气候的大陆度、湿润状况、风、地貌、山体大小、坡向、坡度、土壤等条件。当然，决定森林上部界线的主要是气候条件。Л. С. 贝尔格曾指出，森林上限一般位于最暖月 10℃的等温线上（9～10.5℃）；但在大陆性气候条件下，可能位于较低的等温线上。换句话说，森林上限在大陆气候条件下比在海洋气候条件下海拔位置要高，这是因为在大陆气候条件下夏季气温较高，而在海洋气候条件下，夏季气温较低的缘故。

根据竹内亮的推算，长白山森林界限大约在 10.5℃等温线左右。根据我们的推算，

[①]　此为暂拟译名。

长白山北侧森林上限 7 月平均气温为 10～12℃。风对森林上限分布有很大的影响，如风大时，即使最暖月气温高达 10℃，也可能不能生长。因此，向风侧和背风侧的森林上限可以有差别，这种差别在长白山约为 50～100 m。另外，山体的大小对森林上限的分布也有影响，即在相同气候条件下，山体越大，上限越高。我们在吉林省东南部老岭山脉曾见到森林界线位于 1 300～1 400 m 之间，也就是说比长白山低 700～800 m，这可能与老岭几个山头山体较小、风较大有关。此外，其他许多地理因素都可能影响森林上限的高低。如在二道白河源由于风化岩屑堆的破坏，有森林上限下移的现象。

岳桦林呈疏林或散生林状况，林相比较简单，绝大部分成纯林，向下与暗针叶林带交接处可杂有针叶树（落叶松、臭松）。因此，岳桦林的下部界线交错不齐。下部岳桦生长较好，分布较密，树干较直也较高。海拔越高则分布渐稀疏，树高趋矮，在 10 m 左右，常成一株多杆从树基丛生，呈丛生或呈弯曲状。这种现象和苏联远东地区山地是一样的。

在长白山北侧，我们遇到最多的为岳桦—杜鹃林（*Rhododendron aureum*）、岳桦—越桔林（*Vaccinium vitis—idaea*）和岳桦——高草林（*Ccalamagrosts longidorfii*）等。

在苏联远东地区，岳桦不常形成完好的带状。长白山北侧岳桦林垂直宽度达 200～300 m，并成较好的带状分布。这可能与长白山纬度位置较低及火灾等原因有关。

岳桦生长在冷杉不宜生长的较严寒的气候条件和较瘦瘠的土壤条件下。岳桦具有各种生态特点：岳桦林形成森林界线可能与它要求一定的夏季温度有关。如夏季温度较高，季节较长较稳定，则生长较好。下部岳桦发育较好，可能与此有关。岳桦虽较耐寒，但在冬季雪盖较厚的地方生长较好。岳桦喜光，在暗针叶林中只有在较稀疏的地方才生长。岳桦抗风力很大，因此能生长在风力很强的森林上限，并有时伸入高山苔原中。

岳桦林土壤为山地弱生草隐灰化土，其成土过程受森林和高山植物的双重作用。这里坡度较大，母质为崩塌风化的石块、角砾和砂土，土壤呈酸性反应，pH 在 6.5 以下。以海拔 2 010 m 处、坡度 16°剖面为例：0～1 cm 为黄褐色植物遗体层，疏松，泥炭化不明显；1～3 cm 呈棕褐色，有半分解残落物层及泥炭化现象，根系较多，疏松，pH5.5～6.0；3～10 cm 呈暗灰褐色，多根系，疏松，腐殖质含量大，pH5.5，10～18 cm 为淡灰棕色，砂壤质，粒状结构，结持紧，有根系，多石块、角砾，腐殖质含量较上层为少，pH5.5；18～40 cm 为棕色砂土，小粒状，有须根，小孔，偏湿，疏松，pH5.5～6.0；40 cm 以下则为母质层，呈棕色砂土，无结构，无根系，角砾较多。

（四）高山苔原带

岳桦林带向上过渡到无林的高山苔原带（2 100 m 以上）。关于长白山森林带以上究竟属哪种景观类型，文献上有不同的记载。有人称为高山草原带（刘慎谔，1955），有人称为高山植物带或高山带（北川政夫，1941；竹内亮，1943，1951；林奎铭、张学曾，1958），有人则认为岳桦林带以上为高山草甸（竹内亮、祝廷成，1959）。我们认为称高山草原是不够恰当的。不管这里是否可能存在草原群落，但在温带大陆东岸沿海地区的山地中，高山草原不可能成为一个独立的景观带。称为高山带也不够明确，因为不同的高山带有不同的景观类型。同样，高山草甸作为一个独立的垂直景观带，在这里并不存在。В.В. 索恰瓦（1956）曾先后指出，在我国东北长白山等山地高山部分为山地苔原。接着他又提出（1958），在黑龙江流域内，只要山地达到一定高度，山地苔原成为这里所有山地森林带以上典型的景观类型。笔者（1958）也曾认为长白山在森林带以上为高山苔原带。

　　高山苔原是高山带的景观类型之一。山地苔原主要分布在泰加林地带和苔原地带的山地中。在不同的维度山地苔原分布在不同的高度。在大陆东岸山地的高山部分，主要景观类型为山地苔原，而高山草甸居次要地位，这与太平洋季风气候影响有关。山地苔原广泛分布在苏联西伯利亚东北部和远东地区诸山地。在我国东北、日本北部和朝鲜北部，若干山地分布有山地苔原。这是欧亚大陆山地苔原分布的南界。在亚热带山地中部存在高山苔原带。

　　B. B. 索恰瓦（1956）将山地苔原分为两个亚带。上部为苔原带本身，下部为狭窄的灌木带，相当于阔叶林地带和亚热带山地的亚高山灌木带。灌木带实际上具有过渡性质。长白山灌木带主要由牛皮杜鹃、越桔、西伯利亚桧（*Juniperus sibirica*）等灌丛组成。在长白山北侧，灌木丛为不连续分布，不成明显的带，很多地方岳桦直接过渡到苔原带。在长白山西南侧牛皮杜鹃分布较广、较高，这侧灌木带可能发育较好。牛皮杜鹃等不仅为灌木带的单独群丛，由时也为岳桦林下的灌木丛；在适宜的条件下，牛皮杜鹃分布在高山苔原带。

　　长白山森林带以上的灌木丛不仅在组成成分上不同于大陆西岸比利牛斯、阿尔卑斯、高加索诸山地的亚高山灌木带，在形态上这里灌木矮小得多。此外，必须指出，太平洋季风区亚高山灌木带广泛分布的指示性植物的偃松（*Pinus pumila*）（B. B. 索恰瓦和 A. H. 鲁基巧娃，1953），我们在长白山北侧并未遇到，这可能与长白山的纬度位置有关。据竹内亮称，曾有人在长白山东南侧发见过偃松。

　　B. B. 索恰瓦（1956）将山地苔原植被分为各种不同的结构类型：山地灌木苔原，矮灌木—地衣苔藓，矮灌木和草本矮灌木苔藓地衣苔原。按上述分法，在长白山北侧苔原带中分布最广的为矮灌木—地衣苔原和矮灌木苔藓地衣苔原。也可以遇到最后两种类型，但分布的面积和范围都不广。

　　长白山高山苔原植物和苔原带中的植物一样具有许多生态特点：如这里植物为多年生，植物都很矮小，通常不超过 10～20 cm，植株成匍匐状，根系很浅但很发达，在地下往往形成网状，植物群落层次简单等。

　　长白山高山苔原带分布最广的植物，如苞叶杜鹃（*Phododendron redowskianum*）、小叶杜鹃（*R. parvifolium*）、笃斯越桔（*Vaccinium uliginosum*）、松毛翠（*Phyllodoce caerulea*）、八瓣莲（*Dryas octopetala*）、园叶柳（*Salix rotundifolia*）、石蕊（*Cladonia rangiferina*）等，为太平洋沿岸地区山地苔原的典型植物。据竹内亮（1957）的观点，长白山高山植物中约有 80% 左右为极地或各高山植物种，20% 为朝鲜高山的特有种。

　　高山苔原由于微地貌和微气候的变化，分布有不同的植物群丛。关于高山苔原植物群丛的划分和分布规律，还须地植物学家深入进行研究。我们曾遇到笃斯越桔、地衣群丛、苞叶杜鹃苔藓地衣群丛；松毛翠（*Phyllodoce caerulea*）、苔藓地衣群丛等，从下而上分布在较平缓的、开阔的坡地上；小叶杜鹃、苔藓地衣群丛和八瓣莲、苔藓地衣群丛分布在较陡的和海拔较高的坡上。在沟洼背风地方，分布有牛皮杜鹃、地衣群丛；在雪斑附近及沟底因融雪湿度较大，分布有圆叶地榆—长景天（*Sangnisorba obtuse ＋ Sedum elongatum*）群丛，草本植物较多，可称为草甸苔原。在海拔较高的岩石裸露地方，植被成片状分布，有石蕊、地衣群丛等。

　　长白山高山部分的苔原型气候是有利于形成高山苔原景观的。这里冬季严寒而漫长，冬季三个月平均为－17.8℃，1月温度最低平均达－24.9℃，绝对最低温度可达－39.9℃（1959年1月23日）。夏季凉爽而短，夏季三个月平均温为6.7℃，8月最高温为8.8℃，夏季最热月平均气温不超过10℃。夏季有时亦可降雪，年平均温很低，在－6℃左右。

　　风对形成苔原景观有重大意义。在植物营养期，气温低、风力大是形成苔原的重要因素。长白山海拔2 700多米，气压低，1月为722.5 mm，10月最高为740.6 mm。高山地带地势开敞，常年多大风，风力常超过40 m/s（以1月频率为最大），1959年4、5两个月中有25天风力达12级以上，而4月平均气温为－7.9℃，5月为－0.2℃。长白山位于西风带影响下，所以高山风向多为西风和西南风。

　　长白山高山部分全年降水量约为1 700 mm左右，雨量多集中在5～10月，夏半年降水占全年降水量的77％左右，7月降水量多，为427 mm。冬半年因受陆风影响，降水很少，只占年降水量的23％左右，而冬季三个月降水量又仅为全年的10％左右。这里8月末就开始降雪，冬季常冷风夹雪，形成雪雾。积雪一般厚达1 m以上。在开旷的山坡处，积雪常被风吹扫一空，而低凹处则积成雪垅。此外，可常见雾凇，厚度一般在50 mm以上，有时可大于150 mm，常将电话线压断。

　　由于开旷的山坡上积雪，冬季时常被大风吹走，因此，春季地表融雪水不多，加以地表的火山灰等物质透水性较大，也促使土壤含水份较少。但温度低，蒸发弱，相对湿度很大（80％～90％），又利于苔藓植物的生长。上述特点和春季风大、温低等原因，就形成了宜于发展苔原景观的气候条件。

　　从欧亚大陆温带高山草甸的分布可以看出，形成高山草甸和高山苔原的气候条件有很大的差别。在大陆西岸的比利牛斯、阿尔卑斯、高加索等山地的高山带，受大西洋型气候的影响，冬季较温和，降雪较多，形成了高山草甸景观。阿尔泰山位于内陆，高山带受到来自大西洋、北冰洋和太平洋气流的影响，因此那里形成高山草甸、高山苔原及高山草原的错综分布。

　　有人认为高山草甸的分布与现代冰川有很大关系（B. B. 索恰瓦，1956；P. A. 叶列涅夫斯基，1940）。大陆西岸诸山地在2 500 m以上均为冰雪带，现代冰川分布在第四纪山地冰川范围内，同时因受到大西洋的影响，全年雨量分布均匀，冬季降雪多，为形成现代冰川提供有利条件。长白山虽高达海拔3 000 m，因受季风气候的控制，降水集中于夏半年，加以这里没有古冰川的遗留和地质条件不好等，都不利于形成现代山地冰川。长白山高山带在较低凹的地貌条件下，冬季积雪过夏不化，成为万年雪斑，呈冰雪状。

　　高山苔原带主要为发生在火山灰上的薄层山地苔原土。土壤剖面较薄，发育不明显；植物生长季短，微生物分解很缓慢，有机质堆积较多，有泥炭化过程，由于火山灰等母质蓄水性不好，泥炭层很薄。我们在天池气象站北2.5 km（海拔2 350 m）处看到的土壤剖面特征是，0～2 cm呈黄褐色，为非常松软的残落物；2～4 cm为棕褐色，疏松的泥炭化植物残体；4～8 cm呈暗褐色，泥炭质含量较多，小粒结构，草根较多；8～16 cm为棕黄色的砂壤土，多根系，呈小块状；16 cm以下为由火山角砾组成的母质层。

　　在斑状终年积雪处附近，表层则有未分解或半分解状态的有机质，底层有显著的潜育现象。如在白岩峰北坡（海拔1 260 m，坡度22°）土壤剖面为：0～4.5 cm为灰棕色砂土，有半分解的泥炭化现象；4.5～9 cm呈褐色，小粒状结构，湿润，pH为6.5；9～

19 cm为黄褐色砂壤，无结构，pH 为 6.0，有潜育现象；19 cm 以下为由火山砾组成的母质，呈冻土状。

综合上述，我们认为长白山高山为高山苔原带。必须指出，自然景观的苔原和作为植被类型的苔原概念不完全相符合。长白山高山苔原带内在低凹、背风的沟谷砾有岳桦的侵入，在背风较阴湿的地方，生长有散布的小片的高山草甸。

对亚欧大陆山地苔原的地理规律，B.B. 索恰瓦（1956）有精辟论述，他认为山地苔原几乎和平原苔原同时形成于第三纪末和第四纪初。关于长白山高山苔原的发生问题，尚须作进一步的研究。我们认为长白山山地苔原组成成分与大陆东岸其他山地苔原很近似，因此它的起源也可能比较早，但在最初可能分布面积不广。随着新构造运动的发生，长白山体抬高，山地苔原得到更大的发展。B.B. 索恰瓦将欧亚大陆山地苔原分为两大区：泛太平洋沿岸区和泛大西洋沿岸区。泛太平洋区包括西伯利亚东北部、贝加尔湖沿岸、远东地区诸山地以及黑龙江流域，长白山也在这一范围内。长白山的高山苔原不完全和上述地区相同，因此，我们认为长白山高山苔原是欧亚大陆泛太平洋沿岸区南部的一种类型。

长白山位于欧亚大陆东岸，其垂直景观带结构和大陆西岸及大陆内部诸山地的垂直景观带结构不同，我们认为可以将它归属于大陆东岸太平洋季风型（黄锡畴，1958）。

三、结 论

1. 长白山位于我国温带太平洋季风针阔叶混交林地带。

2. 长白山是一火山构造的锥状巨大山体，是我国东北最高山峰。地质构造、地貌都有明显垂直地带性结构，具有特有的山地气候，成垂直气候带的分布。与此相适应，自然景观带成垂直分带。

3. 由于长白山位于欧亚大陆东岸，太平洋季风影响很大，高山带为高山苔原。自然景观垂直带结构属于太平洋沿岸季风型。

关于专题卫星影像地图和地图集的编制实验[①]

张力果[②]

20世纪70年代以来，随着地球资源卫星发射成功和地面接收及信息处理等方面的一系列进展，特别是利用陆地卫星资料，有效地进行了地质探矿、石油勘测、农作物估产、森林保护、土地利用调查以及在海洋、地震、环境等问题研究方面得到了广泛应用，作为研究手段和成果表达方式的卫星影像地图和地图集的编制问题，也就提到日程上来了。在1974年举行的国际地图制图学术会议上，已把利用卫星相片制作地图问题列为专题进行了讨论。1976年举行的第八届国际地图制图学术会议上，美国发表了地球资源卫星相片在制图中的应用文章，介绍了利用多光谱图象编制广大地区的1：25万、1：50万和1：100万比例尺影像地图问题。1980年在日本举行的第十届国际地图制图学术会议上展出了不少影像地图，其中专题卫星影像地图和地图集引起了各国代表的重视。国际地图制图协会随之组建了卫星影像专题地图制图委员会，任务是搜集情报和组织学术交流。可见国际地图制图学界已将专题卫星影像地图的编制研究列为世界性的课题。近年来联合国亚远区域制图会议、环境遥感国际讨论会、国际制图协会等，也都将利用卫星相片编制中小比例尺专题解译图或专题地图问题，列为重要研究课题。美国、英国、法国、苏联、日本、德国等，都有中小比例尺的专题影像地图或地图集问世。我国对于专题卫星影像地图的编制研究，还处于起步阶段。笔者有机会参加了吉林省长白山天池幅专题影像地图集和山西省太原幅专题卫星影像系列图的编制实验，遇到了一些问题，敬请指教。

一、关于专题卫星影像地图问题

内容是专题的，表示专题内容的线划是符号化的，再加上经过纠正的反映出丰富内容的卫星影像，三者有机结合起来，就是专题卫星影像地图。而专题卫星影像地图集，则是由多幅相关内容的专题卫星影像地图有机组合而成。也可以说，它是由一整套具有共同目的任务要求、内容联系紧密、在统一基础底图上，用统一符号系统和表示方法以及整饰规格，表达某一区域各项地理相关要素的分布和相互联系以及时间变化的多幅专题卫星影像地图构成，它是地图作品的高级形式。

专题卫星影像地图有很多优点：①多波段卫星影像所反映的地面信息丰富、真实；②同一地区的多时相卫片能反映出地景的动态变化；③相隔数日就可取得制图区域的相片，其现势性强；④影像的地域广大，所反映的信息总体概念清楚；⑤改变了编制线划图的工艺模式，成图速度快；⑥可当作信息源进行定性定量研究；⑦经过信息提取和影像增强，

---

① 参加本专题实验的有褚广荣、王伯堂、要云鹏、祁承留、唐鸦芝、刘克旭等。

② 【作者单位】东北师范大学地理系。

专题内容突出。

但也有一些缺点：①影像的数学基础差，定位精度低，必须进行几何纠正；②影像分解力差，对内容的解译，需要一定的设备和必要的专业知识，并不直观。

线划地图的优点恰恰可以补救其不足：①数学基础好，定位精度高；②用符号所表达的内容，只要制图综合处理得好，可以达到清晰直观易读的效果。

专题卫星影像地图就是将两者的优点结合起来，取长补短，构成内容丰富、清晰易读、精度适用、现势性强、成图速度快的新型专题地图。

二、关于卫星影像的几何纠正问题

我国曾大量引进美国粗制的陆地卫星多光谱相片，这些相片都存在着不同程度的误差（精制片的位置误差达242公尺），平面位置精度低，不经过纠正，只能用于解译，不能直接用于量测与制图。

关于美国陆地卫星多光谱相片的几何精度问题，国际上也存在着不同的看法，有的认为有几何误差，但可以改正，有的认为存在着多方面的随机的偶然误差，是不可克服的，不象航空相片那样有规律，对于纠正持否定态度。我们从实际情况出发，在不具备计算机和图象处理系统设备的条件下，以国家基本地形图为标准，用大型光学纠正仪进行了两次核准并进行了两次纠正试验，一次是用点控制方法进行，拟纠正为近似等积圆锥投影；一次是以面控制的方法进行，拟纠正为高斯—克吕格投影，两次试验的结果，几何精度都提高了，但后者优于前者。

等积投影点控制纠正方法的工艺是：先在陆地卫星胶片上，找出对称的而又易于定位的点或线性交点、顶点作为控制点，进行刺点并编号，然后在1：10万比例尺的国家基本地形图上找出和卫片相应的同名点，并量算出各点的高斯—克吕格投影坐标值，用投影变换原理，将各同名点坐标值变换为适用于资源地图要求的等积正轴圆锥投影的坐标值，并用展点仪按所需比例尺精确展点，绘出控制点图，并按同名点编号，在纠正仪上放好刺点图和展点图，调正纠正仪将两者的同名点一一对准，使其误差在规定的容许误差范围内，然后将中性感光片放在相应位置上，根据卫片的总密度确定曝光量，四个波段要在纠正仪固定的条件下，一一分别曝光，然后冲洗、晾干即成。

对于山西省太原幅卫星影像几何纠正的技术要求是：控制点刺点误差不得超过± 0.1 mm；在地形图上刺点误差也不应大于± 0.1 mm，并要求用精度钢板尺量测控制点的坐标值三次取平均值；按1：45万比例尺展点其误差不应大于± 0.1 mm；在纠正仪上对点误差不应大于± 1.0 mm。

纠正是请总局测绘研究所进行的。共选出12个控制点，进行一次性纠正，纠正后的同名点矢量误差分别为0.8、0.8、0.6、0.3、0.1、0.4、0.3、0.4、0.6、0.7、0.4、0.5 mm。其分布情况是0.8、0.7、0.6的各点均分布在图幅的边缘，0.3、0.4、0.5、0.1等点均分布在图幅中部，约控制图幅面积的五分之四。

经过光学的一次性纠正，获得近似等积投影，图上面积变形精度经计算可提高三倍多，达$\pm 0.06\%$，我们认为，在不具备计算机图象处理系统设备条件下，又要求制作多波段不同组合方案的专题卫星影像地图时，这种方案是可行的，可以满足专题地图的精度要求。当然，如果分块纠正可以提高精度，但四个波段皆分块纠正镶嵌，其镶嵌精度也达不到象元点精度要求，不能实现使影像分波段合成，我们放弃了分块纠正的方法，认为这样做更实际些。

　　等角投影面控制纠正方法的工艺是：按要求先将1∶50万比例尺的国家基本地形图，分块镶嵌在展有高斯—克吕格投影坐标点的展点图上，然后将卫片和展点图放在纠正仪的相应位置上，使投影影像一条河一条山脊线的有顺序地与地形图的相应河、山所构成的面对准，当中间大部分地区完全吻合时，即可将中性感光片放在地形图位置上，曝光、冲洗、晾干即成。四个波段的卫片，均采取同一步骤进行纠正。

　　对于长白山天池幅卫片进行上述纠正的情况是：地形图镶嵌精度不大于±0.2 mm，面复合精度以最大的误差部位量测结果不大于0.3 mm，从精制卫片所具有的位置误差为242公尺计，纠正的对准误差仅为150公尺，应该说几何精度是可以的。

　　关于卫片的光学纠正，国外有些国家也如此进行，如美国地质调查所制作的佛罗里达州彩色卫星影像地图就是在地形图上选取控制点，进行几何纠正光学镶嵌彩色印刷制成的。美国还利用阿波罗九号获取的红外光谱图象，用地图和相片上的同名点对图象进行光学纠正，编制成1∶25万比例尺的影像地图。先进的图象处理系统设备是好，要很好地掌握和应用，但不可多得，对于现有设备，应更好地发挥作用，尽量提高卫片的几何精度，将专题影像地图编好。

三、关于基础底图问题

　　基础底图是编制专题卫星影像地图集不可缺少的重要组成部分，是保证地图集科学性的根本，是决定地图集各图幅间内容的完备性、协调性和对比性的关键。

　　专题卫星影像地图集的基础底图，应由两部分组成，一是统一的影像基础地图，一是统一的线划基础底图。统一的影像基础底图是将经过纠正的、影像清彻并与专题内容协调的、同一制图地区、同一日期四个波段的卫片确定为影像基础底图，在地图集中，只要编制专题影像地图，其影像均以此为底，既可用几个波段合成影像为底，也可用其某一波段为底，要根据表示法和线划符号的载负量大小来定。另一类是线划基础底图，通过该底图的线划把同一制图区域的各种专题地图或专题影像地图的地理基础要素的符号和表示法统一起来，使它成为成套的专题影像地图的线划基础。对线划基础底图的要求是：线划要简洁，能提供制图区域内各种现象的空间分布的基本轮廓和骨架，能提供各专题要素在空间的制约关系，有利于定位和相互对比。

　　在线划底图的编制实验中，遇到了如何使基础线划与基础影像吻合的问题。按纠正的第一方案，由于投影变化使影像的位置误差在周边部分大到0.8 mm，原地形图的线划无法直接用来作为影像地图的基础线划。第二方案虽然两者在投影上比较接近，影像的位置误差也比较小，但也有0.3 mm的误差，因此编制影像地图集的线划基础底图和编制线划地图集的基础底图的根本区别，就在于后者是根据现势性强的国家基本地形图为基础，由大比例尺线划图缩编为制图所需的较小比例尺线划图，是由线划到线划，经过制图综合而成。而影像地图的基础线划，必须根据纠正过的确定为影像基础底图的某一日期的影像，按照编图要求和该日期的地面景观特征，经过取舍和少许概括，严格精细地在透明蒙片上按照影像的位置和图形绘出线划符号，以此作为线划基础底图。

　　根据陆地卫星相片译制专题地图时，需要编制两种线划基础底图。一种是供解译者编绘原图用的线划底图，其内容应是全要素的，线划载负量可大些；一种是供制版印刷用的线划基础底图，它应在全要素的线划基础底图上经分涂取得。制印用底图，还要根据专题内容对地理基础线划要求不同，再细分为二到三种系列底图。无论哪种线划底图，其线划要素都不应干扰影像与专门内容的清晰性。

关于影像的和线划的基础底图的编制，最好和地图集中表示这一制图区域的普通地理状况的普通影像地图结合起来，否则就会造成很大混乱，使整个图集杂乱无章。

关于底图的比例尺系统和内容选取问题，这里不赘述了。

四、关于图例的统一协调问题

从遥感影像的解译标志到线划符号的图例，都相当于表达思想意识的语言或文字，直接反映地图内容，但影像的解译标志，常常由于信息提取的方案不同或方法不同，同一景物在不同的遥感相片上所表达出的颜色也不相同，但它们的影像基础还是一致的，只要分别注明就可以了，可是，线划符号则不然。线划符号是人们对地面景物的概括，而这种概括在地图集中应是一致的，否则就无法比较和阅读了，因此线划符号的图例统一问题就十分必要了。

图例的统一协调是受地图内容决定的。各专题地图的内容，有的可以比较，如按发生学原则对地质、地貌、土壤、植被等进行分类，其分类等级又相同，那么，相互间就可以比较，也就可以进行统一协调。有的两者根本就不发生关系，也就不存在比较和协调的问题，如一个是以数量为指标的分类，一个是以质量为指标进行的分类，就无法比较了。

在地图集中，内容的分类系统和表现形式的图例系统是不完全一致的，但两者有很紧密的联系。图例系统的统一，应首先考虑统一的分级。在地图集中以多级制的分类为妥，而且各级应相应一致，使确定的制图单元和图例单位可以比较，并使图例的名称相一致，图例的排列次序合乎逻辑顺序。长白山天池幅卫片解译自然条件地图集各图的分类分级就是按这一原则划分的，如植被类型图与土壤类型图的分类（表1）。

表1   **长白山天池幅卫片植被与土壤类型**

天池幅植被类型图	天池幅土壤类型图
1. 苔原	1. 苔原土
1.1 半荒漠苔原	1.1 原始苔原土
1.2 苔原	1.2 苔原土
2. 岳桦林	2. 山地生草森林土
3. 针叶林	3. 棕色针叶林土
3.1 落叶松林	3.1 灰化棕色针叶林土
3.2 岳桦云杉冷杉林	3.2 生草棕色针叶林土
3.3 云杉冷杉林	3.3 棕色针叶林土
3.4 红松云杉冷杉林	4. 暗棕壤
4. 针阔混交林	4.1 暗棕壤
4.1 针叶混交林	4.2 草甸暗棕壤
4.2 阔叶混交林	5. 白浆土
5. 阔叶林	6. 草甸土
5.1 杂木林	7. 沼泽土
5.2 山杨白桦林	
5.3 栎树林	
6. 草甸	
7. 沼泽	

但遥感图象经信息提取处理后，由于地物波谱的不同，反映在图象上的密度也有差

别，有时会把某一级的特殊地物突出出来，而有的则不能提取，只能进行高一级的分类。因此，在遥感解译图象的分类上，就不能完全按照发生学的层次进行严密的划分，如山西太原幅的森林图，以落叶松为例，落叶松林在太原幅区内是零散分布的，其光谱特性和油松等针叶林差别较大，而和阔叶林比较接近，因此在卫片上落叶松林的影像色调和其他针叶林不同，可是和阔叶林相似，所以把落叶松并入到阔叶林中。太原幅森林图的一级分类为：①常绿叶林；②落叶针叶阔叶林；③常绿和落叶混交林。这种适合遥感解译特点的分类是应该被允许的。

五、关于轮廓界线的协调问题

在以遥感图象为绘画基础的专题内容的轮廓界线，只要是与分类分级的制图单元相对应，其轮廓界线的统一要比根据野外考察资料在地图上进行逻辑推演的办法画出的轮廓界线要一致得多。如果由于认识上的差异而出现轮廓界线不一致的，面对图象进行研讨，很容易取得一致意见，其轮廓界线的走向和通过的地点，都能得到一致认识。当然不能强求那些本来分属于不同范畴的现象，其轮廓界线本不应重合时，就不能人为地勉强要求一致。

对于现象的轮廓界线所构成的图形要反映出它的天然形态，且各幅图均应一致的要求，这在遥感图象的基础上绘出其真实轮廓是比较容易办到的。

六、关于专题影像地图的合成问题

影像地图是遥感影像和线划符号按地图制图学原则合成起来的一种新型地图。如果线划符号只是普通地理要素，就称为普通影像地图，如果线划符号为专题内容，就称为专题影像地图，其影像为卫星遥感图象的，就称之为专题卫星影像地图了。

专题卫星影像地图比普通影像地图在合成上有诸多困难。一是专题内容在地图上的表示方法多种多样，而那些布满全图面的表示方法（如质底法）且制图对象的图斑又极细碎的情况下，往往给合成带来极大困难，因此如何运用表示方法，如何分析线划符号的载负量，如何进行整饰使其清晰易读，就成为图型研究的新课题了。

地图上所采用的表示方法是受专题内容和地图类型所决定的。在自然条件图上多用质底法反映专门现象的类型，用范围法表示现象的分布状况，用等值线法反映现象的变化程度和特征，这在线划图上已经比较固定下来了。但专题影像地图也如法炮制，就会因又增加一个层面的影像而加倍了图面负载，必然造成相互干扰混乱难读。为此，将各幅专题解译图的专题内容表示法的线划进行量算分析，然后分类研究作不同的合成处理是必要的。根据线划的载负量和表示法，可分成四类：一类是运用质底法表示的专题内容的图斑较小线划较密的，如土地利用现状图；一类是线划较密但图斑较大的，如地貌；一类是图斑大小取中而线划载负也不大的，如储水构造图；一类是线划稀疏图斑大的，如区划图。

对于第一类地图也要进行分析，如果山区图斑较大，平原图斑较小，可采取比值法，减弱线划大的部分的影像，保留线划少的部分的影像，并将影像印成浅色调，使两者合成起来；或者将专题内容的线划符号印在透明叠置片上，放在影像上叠加阅读。对于第二类地图，可采取在质底法所反映的类型轮廓界线内，不普染成色斑；二是用带有不同颜色的不同文字的符号表示不同类型，然后印上影像，这样可以减少色斑符号对影像的干扰；第三类可在线划图上印成单色调的某一波段的影像，使线划与影像合成起来阅读；第四类可在标准假彩色合成的影像上印出粗实或露白的区划线符，构成专题影像地图，只要主（区划）次（影像）分明，效果颇佳。

专题影像地图的线划符号与影像两者所用的颜色，对这类新型地图的清晰易读效果影响极大，要排除干扰，积极试验，在实践中获取真知。

作为一本专题影像地图集，不应只是专题影像地图的集合，可以包括少量的线划地图，也应有足够的卫片解译图和解译标志，也应有必要的文字说明等。但这些都必须构成一个整体，成为有机联系的不可分割的组成部分。